"十二五"职业教育国家规划教材

编审委员会

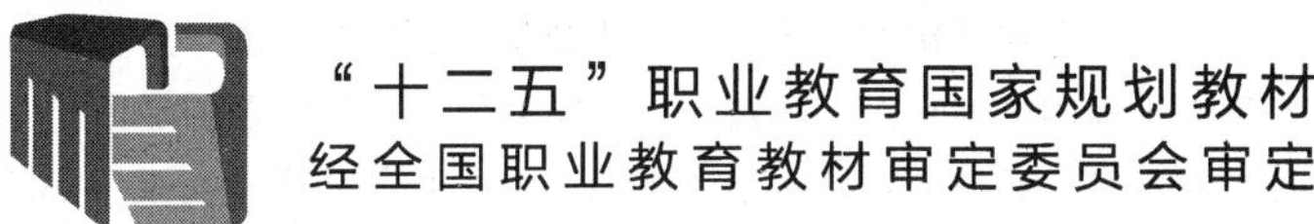

电子设计自动化项目教程——Protel 99 SE

第二版

张宏 陈巍 主编

化学工业出版社
·北京·

Protel 99 SE是目前国内比较流行的EDA软件之一，本书介绍了使用Protel 99 SE进行电路板设计应用的各种基础知识，包括印刷电路板的发展历史及分类用途、原理图设计、PCB板的设计，并考虑到知识的难易程度，由浅入深，由简单到复杂，以项目化的结构进行介绍知识点及技能训练，并安排了九个项目，通过这九个项目的学习达到培养学生正确的电路板设计思路，提高学生解决实际问题的能力。

本书可作为高职院校电子类、电气类、通信类各专业学生的教材，也可供电子爱好者及从事电子产品设计与开发的工程技术人员参考。

图书在版编目（CIP）数据

电子设计自动化项目教程：Protel 99 SE/张宏，陈巍主编.—2版.—北京：化学工业出版社，2015.3（2018.6重印）
“十二五”职业教育国家规划教材
ISBN 978-7-122-23050-8

Ⅰ.①电… Ⅱ.①张…②陈… Ⅲ.①印刷电路-计算机辅助设计-应用软件-高等职业教育-教材 Ⅳ.①TN702

中国版本图书馆CIP数据核字（2015）第034071号

责任编辑：张建茹　潘新文　　　　装帧设计：刘剑宁
责任校对：宋　玮

出版发行：化学工业出版社（北京市东城区青年湖南街13号　邮政编码100011）
印　　装：三河市延风印装有限公司
787mm×1092mm　1/16　印张15　字数375千字　　2018年6月北京第2版第2次印刷

购书咨询：010-64518888（传真：010-64519686）　售后服务：010-64518899
网　　址：http：//www.cip.com.cn
凡购买本书，如有缺损质量问题，本社销售中心负责调换。

定　　价：32.00元

第二版前言

本书是在第一版的基础上对一些设计项目和图例进行了修改。对第一版中没有提到的有些理论知识再加以补充，使这本教材更加完善。学生通过项目化教学实现对理论的理解，并通过一个完整的设计项目实训使学生学会理论方法的实际运用，易教易学，力求通俗易懂。在重新修订的教材中，教学内容以“工学结合”为总体要求，以“任务驱动，项目教学”为教改方向、以项目设计繁简合理、数字化资源齐全为目标，修订后的第二版大多设计项目都是围绕单片机的应用来进行项目设置的，以充分反映当前课程改革的最新成果。

目前全国高职院校使用的电子设计自动化教材大都以知识介绍的形式编写，知识点介绍较多但对知识的应用技巧介绍不多。特别是对一个具体项目的完整设计应该用的知识点的介绍就更欠缺，为了填补这个知识空白，编者重新修订编写《电子设计自动化项目教程——Protel 99 SE》这本教材。

使用计算机设计电路原理图和电路板图是把电子技术从理论到实际应用的第一步，在学习了模拟电路和数字电路之后，首先应该学的就是画电路原理图和电路板图。只有会设计电路原理图和电路板图才能进行电子产品的研究与开发。作为国家首批 28 所示范性高职院校仪表自动化示范专业建设的一部分，本书的编写目的就是帮助学生从理论走向实际，掌握电子产品开发的基本技能。

Protel 99 SE 是 Protel 公司推出的第六代产品。其主要的功能模块包括电路原理图设计系统、印刷电路板设计系统、自动布线器、可编程逻辑器件设计系统和模/数混合信号仿真器等，它是业内人士首选的电路板设计工具。为更好地掌握电子设计自动化（EDA）技术，本书以项目化的知识结构进行编写，打破了按顺序进行知识介绍的惯例，而是以项目的需要来安排知识的介绍和技能的训练。项目的设置由易到难，由简单到综合，逐步深化学生对该软件在实际应用中的能力。在项目的内容安排上是按工程设计顺序来进行的，因此，在不同项目中虽然出现了相同的标题，但在具体内容上是有区别的，而且具备不同的知识点和设计技巧。

本书的特点是以学生熟悉的电子技术、数字电路及单片机原理及接口技术中接触到的电路作为训练项目，使学生容易理解电路工作原理。通过这些熟悉电路的设计，让学生尽快掌握软件中各种菜单和工具的使用方法及整体硬件设计思路，做到从入门到提高，最后达到熟练使用的教学目的。

项目内容的安排是先知识、后技能的顺序，在每个项目之后又安排了一定的习题，供学生课后思考和训练，以及方便老师进行相关知识点和技能的考核。部分单片机类的项目还给出了参考程序，以便学生制作完成 PCB 板后进行调试。在书后的附录中还提供了 Protel 99 SE 操作中遇到的一些英文提示符和与电路板设计有关的英文缩写的中文含义，供学生在使用中查阅。

本教材的主编和参编人员都具有多年的电子技术、单片机原理理论、实践教学经验和文字编辑能力。

本书由张宏、陈巍任主编；其中项目 1、项目 3 由张军编写；项目 2、项目 6 由汪霞编写；项目 4 由闫姝编写；项目 5、项目 8、项目 9 由张宏编写；项目 7 由陈巍编写。全书由张宏统稿，张军校对。

在本书的编写过程中兰州石化职业技术学院的陈宏希和贾达两位老师给予大力帮助和技术指导，在此表示感谢。

限于编者的水平，在书中难免有疏漏之处，恳请广大读者批评指正，以便进行修改，更好的服务读者。

编　者

2015 年 1 月

目　　录

项目1　电路设计自动化基础知识认知

项目综述

印制电路板（覆铜板）作为电子工业的基础材料，是进行电路设计的实物载体，承载着电子工业互连封装的历史使命。电子工业日新月异的技术进步，要求覆铜板也要随着技术的进步不断发展。覆铜板的物理形态虽似没有什么改变，但其化学形态、技术性能已发生了巨大的变化。面对电子工业全球化的浪潮，只有持续的技术进步，才能满足世界电子工业先进技术的需求；只有加快技术进步速度，紧紧跟上世界电子工业技术的发展，才能在竞争中不被淘汰。

本项目将对PCB的基础知识进行介绍，希望读者能够对PCB的发展历史、基本构成元素、设计流程和加工工艺等有一个清晰的认识。

任务1.1　了解印制电路板的发展历史

任务能力目标

① 印制电路板简介。

② 印制电路板的历史。

知识技能

1.1.1　印制电路板简介

印制电路板，英文简称PCB（Printed Circuit Board），中文名称为印制电路板，又称印刷电路板，是在敷铜板上用腐蚀等方法除去多余的铜箔而得到的焊接电子元件的电路板。由于它是采用电子印刷术制作的，故被称为“印刷”电路板。

印制电路板是电子产品的重要部件之一。用印制电路板制造的电子产品具有可靠性高、一致性好、机械强度高、重量轻、体积小以及易于标准化等优点。几乎每种电子设备，小到电子手表、计算器，大到计算机、通信设备、电子雷达系统，只要存在电子元器件，它们之间的电气互连就要使用印制电路板。在电子产品的研制过程中，影响电子产品成功的最基本因素之一是该产品的印制电路板的设计和制造。

1.1.2　印制电路板的历史

印制电路板的发明者是奥地利人保罗·爱斯勒（Paul Eisler），他于1936年在一个收音机装置内采用了印制电路板。1941年，美国在滑石上漆上铜膏作配线，以制作近接信管。1943年，美国人将该技术大量使用于军用收音机内。1947年，环氧树脂开始用作制造基板。同时NBS开始研究以印刷电路技术形成线圈、电容器、电阻器等制造技术。1948年，美国正式认可这个发明用于商业用途。自20世纪50年代起，发热量较低的晶体管大量取代了真空管的地位，印刷电路版技术才开始被广泛采用。而当时以蚀刻箔膜技术为主流。1950年，日本使用玻璃基板上以银漆作配线和以酚醛树脂制的纸质酚醛基板（CCL）上以铜箔作配线。1951年，聚酰亚胺的出现，使树脂的耐热性再进一步，也制造了聚亚酰胺基板。1953

年，Motorola 开发出电镀贯穿孔法的双面板。这方法也应用到后期的多层电路板上。印刷电路板广泛被使用是在 20 世纪 60 年代后期，其技术日益成熟。而自从 Motorola 的双面板面世，多层印刷电路板开始出现，使配线与基板面积之比大为提高。1996 年，东芝开发了 B2it[1] 的增层印刷电路板。就在众多的增层印刷电路板方案被提出的 20 世纪 90 年代末期，增层印刷电路板也正式大量地被实用化，直至现在。

在印制电路板出现之前，电子元器件之间的互连都是依靠电线直接连接实现的。而现在，连线电路面板只是作为有效的实验工具而存在；印刷电路板在电子工业中已经占据了绝对统治的地位。

中国的印制电路板研制工作始于 1956 年。1963～1978 年，逐步扩大形成印制电路板产业，到 1978 年全国覆铜板产量首次突破 1000t。改革开放后，由于引进国外先进技术和设备，单面板、双面板和多层板均获得快速发展，国内印制电路板产业由小到大逐步发展起来。到 2000 年，中国覆铜板产值约 55 亿元，产量约 6400m^2，成为产量名列世界前几位的大国。

任务 1.2　了解印制电路板的基本构成元素

任务能力目标

① 印制电路板的工作层面。
② 元器件封装。
③ 印制电路板上的导线。
④ 印制电路板上的焊盘。
⑤ 印制电路板的过孔。

知识技能

PCB 的基本构成元素包括工作层面、元器件封装、导线、焊盘和过孔等，它们组成了一个非常复杂的设计实体，从而完成一个复杂的功能。

1.2.1　工作层面

根据电路板导电层数的不同，PCB 可以为单层板、双层板和多层板。在多层 PCB 的设计过程中，往往会遇到工作层面的选择问题，因此根据不同的设计要求，应该选择什么样的工作层面成为一个非常重要的设计问题。可见，掌握 PCB 的各个工作层面的含义和具体功能是十分重要的。

PCB 的工作层面主要包括信号层（Signal Layer）、电源/接地层（Internal Plane）、机械层（Mechanical Layer）、防护层（Mask Layer）、丝印层（Silkscreen Layer）和其他工作层面（Other Layer）。下面对它们进行简单介绍。

（1）信号层

信号层主要用来放置与信号有关的对象，它分为顶层、底层和中间层。通常，顶层和底层用来放置元器件和布线；中间层主要用来进行布线操作。

（2）电源/接地层

---

[1] B2it（Buried Bump Interconnection Technology）是东芝开发的增层技术。先制作一块双面板或多层板，在铜箔上印刷圆锥银膏，放黏合片在银膏上，并使银膏贯穿黏合片，把上一步的黏合片粘在第一步的板上，以蚀刻的方法把黏合片的铜箔制成线路图案，不停重复步骤，直至完成。

电源/接地层主要用来放置电源和接地线，为电路提供电源和接地点，使得元器件接电源和接地的端子不需要经过任何铜膜导线而直接连接到电源和接地线上，这样可以避免一些设计问题的出现，例如地环路干扰等。

（3）机械层

机械层的功能是用来描述电路板的机械结构和放置标注说明等，没有具体的电气连接特性。例如，机械层可以用来定义电路板的物理边界，以避免元器件等放置到物理边界之外。一般来说，大多数的PCB设计软件都可以提供很多层的机械层，可以满足设计的需要。

（4）防护层

防护层可以分为两大类：阻焊（Solder Mask）层和助焊（Paste Mask）层。其中：阻焊层用来保护铜线和防止元器件被焊到不正确的地方，一般称之为绿油。为了使PCB适应波峰焊等焊接形式，一般情况下PCB上焊盘以外的地方都有阻焊，以阻止这些部位上锡。

助焊层用来提高焊盘的可焊性能。在PCB上，经常看到的比焊盘略大的各浅色圆斑就是通常所说的助焊。在进行波峰焊等焊接之前，常在焊盘上涂上助焊剂，这样可以提高PCB的焊接性能。

（5）丝印层

丝印层用来标识各元器件在PCB上的具体位置，例如元器件封装的外观轮廓和字符串等，目的是方便电路的安装和维修。通常，PCB上的白色文字和符号就是设计人员常说的丝印。在PCB中，丝印内容包括元器件标号、标称值、元器件外廓形状和厂家标志、生产日期等。如图1-1所示。

图1-1　印制线路板的丝印层

（6）其他工作层面

PCB中还具有一些特殊的工作层面，设置这些工作层面的目的是为了满足具体设计的需要。例如，PCB中具有的其他工作层面还有4种：Keep-Out Layer（禁止布线层）、Drill Guide（钻孔导引层）、Drill Drawing（钻孔图层）和Multi- Layer（复合层）。

1.2.2　元器件封装

元器件封装是指实际的电子元器件或者集成电路的外观尺寸，例如元器件端子的分布、直径以及端子之间的距离等，它是使元器件端子和PCB上的焊盘保持一致的重要保证。如图1-2所示。

图1-2　PCB板上的元件与焊盘

由于元器件封装只是元器件的外观和端子的位置分布，因此纯粹的元器件封装仅仅是一个空间的概念。也就是说，不同的电子元器件可以使用同一个封装，而同种元器件也可以有不同的封装形式，例如“RES”通常代表电阻，它可以有AXIAL-0.3、AXIAL-0.4和AXIAL-0.6等几种封装形式。可见，在取用需要焊接的元器件时，设计人员不仅要知道电子元器件的名称，而且还要知道电子元器件的封装形式，否则在设计过程中将会出现问题。

一般来说，元器件封装可以分为端子式封装和表贴封装两大类。

（1）端子式封装

一般是针对端子类元器件而言的。具有端子式封装的元器件在进行焊接时，首先要将元器件的端子插入到焊盘的元器件孔上，然后才能进行相应的焊接操作。

(2) 表贴封装

一般是针对表贴元器件而言的。具有表贴封装的元器件在进行焊接时，要求它的焊盘只能分布在电路板的顶层或者底层。

在PCB的设计过程中，元器件封装的编号原则为：元器件类型+端子距离（或者端子数)+元器件外形尺寸。例如，元器件封装的编号为AXIAL-0.3，表示元器件封装为轴向的、两端子间的距离为300mil；元器件封装的编号为DIP-16，表示元器件封装为双列直插式、端子数目为16个；元器件封装的编号为RB7.6-15，表示元器件封装为极性电容类、两端子间的距离为7.6mm、元器件的直径为15mm。

对于元器件来说，常见的分立元器件封装主要包括二极管类、电容类、电阻类和晶体管类等；常见的集成电路类主要包括单列直插式和双列直插式等。

(1) 二极管类

二极管类封装的编号一般为DIODE-*xx*，其中数字*xx*表示二极管类端子间的距离。例如，封装编号为DIODE-0.5表示端子间的距离为500mil。

(2) 电容类

电容类封装可以分为非极性电容类和极性电容类。其中，非极性电容类封装的编号为RAD*xx*，数字*xx*表示封装端子间的距离。极性电容类封装的编号为RB*xx*-*yy*，数字*xx*表示端子间的距离，数字*yy*表示元器件的直径。

(3) 电阻类

电阻类封装可以分为两类：普通电阻类和可变电阻类。其中，普通电阻类封装的编号为AXIAL-*xx*，数字*xx*表示端子间的距离。可变电阻类封装的编号为VR*x*，数字*x*表示元器件的类别。

(4) 晶体管类

晶体管类封装的形式多种多样，编号原则也略有不同。

图1-3 DIP-16封装形式

(5) 集成电路类

常用集成电路类封装主要包括两类，它们分别是单列直插式和双列直插式。其中，单列直插式封装的编号为SIL-*xx*，数字*xx*表示单列直插式集成电路的端子数。双列直插式封装的编号为DIP-*xx*，数字*xx*表示双列直插式集成电路的端子数。集成电路的封装形式较多，如图1-3所示的封装形式为DIP-16。

1.2.3 导线

导线是覆铜板经过电子工艺加工后在PCB上形成的铜膜走线，通常也称为铜膜导线。导线的主要功能是用来连接PCB上的各个焊点，它是PCB中最为重要的部分。

导线的主要指标包括两个：导线宽度和导线间距，这两个方面的尺寸是否合理将直接影响到元器件之间能否实现电路的正确连接关系。

导线宽度主要取决于PCB的生产因素，例如生产底板精度、生产工艺、导线厚度的均匀性和导线所能承受的电流负荷的大小。一般来说，规定的导线宽度既包括设计宽度和允许的误差外，也包括规定的最小线宽。导线宽度的选择原则是在不违反实际电气连接特性的前提下，尽量设计宽度较大的导线。

导线间距是指相邻导线之间的间距，通常希望相邻导线之间的间距必须足够宽，目的是用来满足电气连接的具体需要，同时也便于操作和进行生产加工。除此之外，导线间距的大小还应该考虑导线之间的电压大小，这个电压包括正常的工作电压、附加的波动电压、过电压以及一些重复或者偶尔产生的峰值电压。

另外，除了导线宽度和导线间距之外，还有一个安全间距的概念。在PCB设计中，为了避免或者减小导线、过孔、焊盘以及元器件之间的相互干扰现象，需要在这些对象之间留出一定的间距，这个距离一般称为安全间距。

在PCB的绘制过程中，还有一个预拉线的概念。预拉线是在系统装入网络报表后自动生成的，它只是用来指引PCB布线的一种连线，有时候也称为飞线。需要注意的是，预拉线与导线有着本质的区别。

① 预拉线只是在形式上表示PCB中各个焊盘之间的连接关系，实际上并没有任何电气连接意义。

② 导线则是根据预拉线指示的焊盘连接关系，在PCB上布置的具有实际电气连接意义的连线。

1.2.4 焊盘

PCB上所有元器件的电气连接都是通过焊盘来完成的，它是PCB设计中最常接触、最为重要的基本构成元素。根据焊接工艺的不同，PCB中的焊盘可以分为两种类型：一种是非过孔焊盘，用于单层板中表贴元器件的焊接；一种是元器件孔焊盘，用于双层板和多层板中端子式元器件的焊接。

对于非过孔焊盘来说，它的参数主要包括孔径尺寸和焊盘尺寸。通常，孔径尺寸跟PCB的制造精度和需要焊接的元器件或者组装件的端子尺寸直接相关。具体的设计原则是：非过孔焊盘的孔径尺寸稍大于元器件或者组装件的端子尺寸即可；焊盘尺寸应该在保证焊接质量和电气性能的基础上尽可能小。

在PCB设计中，用来安装元器件或者组装件端子的焊盘通常是采用圆形焊盘。对于过孔焊盘来说，圆形焊盘的主要尺寸是孔径尺寸和焊盘尺寸，焊盘尺寸一般是孔径尺寸的两倍；对于非过孔焊盘来说，圆形焊盘的主要尺寸是焊盘尺寸，用来作为测试焊盘、定位焊盘和基准焊盘等。

一般来说，设计人员需要根据元器件的形状、大小、布局情况、受热情况和受力方向等因素来综合进行考虑选择焊盘的具体形状，而不应该千篇一律地只使用圆形焊盘。目前，PCB的设计软件通常能够提供圆形、矩形、八角形和圆方形等焊盘，但在实际设计中这些焊盘有时并不能够满足要求，这时设计人员需要自己编辑焊盘。

设计人员自己编辑焊盘时，除了考虑元器件的形状、大小、布局情况、受热情况和受力方向等因素外，还需要考虑以下原则。

① 在焊盘形状长短不一致时，要考虑连线宽度与焊盘特定边长的大小差异不能过大。

② 在元器件端子比较密的情况下，为了保证阻焊绿油，可以根据实际元器件情况对焊盘宽度适当调整。

③ 各元器件焊盘孔的大小要按照元器件端子粗细分别编辑确定，原则是孔的尺寸比端子直径大0.2～0.4mm。

④ 在信号换层的过孔附近放置一些接地的过孔，以便为信号提供最近的回路。甚至可以在PCB上大量放置一些多余的接地过孔。

由于过孔在PCB中的重要性，因此过孔对电路设计的影响是很明显的，不好的过孔设计是产生电路故障的主要原因之一。过孔设计经常遇到的问题是由于过孔镀层的断裂而导致电路的印制导线开路，后果是导致电路不能正常工作。

1.2.5 过孔

为了实现双层板和多层板中相邻两层之间的电气连接，这时需要在连通导线的交汇处钻上一个公共孔，这个公共孔通常称为过孔（Via）。从制造工艺上来讲，过孔的孔壁圆柱面上通常采用化学沉积的方法镀上一层金属，目的是连通中间各层需要连通的铜箔，而过孔的上下两面一般做成普通的焊盘形状，用来直接与上下两面的电路相通，当然也可以不进行连接。可见，过孔是多层 PCB 的重要组成部分之一，它的作用可以分为两类：一是用作各层间的电气连接；二是用作器件的固定或定位。

根据过孔的制作工艺，它可以分为盲孔（Blind Via）、埋孔（Buried Via）和通孔（Through Via）三种类型。

① 盲孔位于 PCB 的顶层和底层表面，具有一定深度，用于表层电路和下面的内层电路的连接，孔的深度通常不超过一定的比率（孔径）。

② 埋孔是指位于 PCB 内层的连接孔，它不会延伸到电路板的表面。

③ 通孔是穿过整个电路板，可用于实现内部互连或作为元器件的安装定位孔。

这里，盲孔和埋孔都位于电路板的内层，层压前利用通孔成形工艺完成，在过孔形成过程中可能还会重叠做好几个内层；通孔在工艺实现上更容易、成本较低，因此绝大部分 PCB 都采用它，而不用另外两种过孔。如果不加特殊说明，本书所说的过孔均作为通孔考虑。

过孔的主要参数包括过孔孔径和过孔外径。其中：过孔孔径是指过孔的内径，它一般与 PCB 的板厚和密度相关。过孔孔径不宜太大，孔径过大将使生产加工变得困难，同时会增加成本；过孔外径是指过孔的最小镀层宽度。通常，过孔外径的大小主要也是和生产厂家的制作水平密切相关的，同时过孔的内外径大小一般应该满足不大于它的最大比例，即内径/外径＝60％。

过孔对于 PCB 的设计来说是十分重要的。一般来说，设计人员对于过孔的使用应该遵循以下几个原则。

① 尽量少用过孔，一旦选用了过孔，务必处理好它与周边各实体的间隙，特别是容易被忽视的中间各层与过孔不相连的线和过孔的间隙。

② 过孔尺寸不宜太大，否则会增加成本，也会带来生产加工的困难。

③ 过孔需要的载流量越大，所需的过孔尺寸越大，例如电源层和地层与其他层连接所用的过孔应当大一些。

④ 电源和地的端子要就近打过孔，过孔和端子之间的引线越短越好，因为它们会导致电感的增加。同时电源和地的引线要尽可能粗，以减少阻抗。

⑤ 在信号换层的过孔附近放置一些接地的过孔，以便为信号提供最近的回路。甚至可以在 PCB 上大量放置一些多余的接地过孔。

由于过孔在 PCB 中的重要性，因此过孔对电路设计的影响是很明显的，不好的过孔设计是产生电路故障的主要原因之一。过孔设计经常遇到的问题是由于过孔镀层的断裂而导致电路的印制导线开路，后果是导致电路不能正常工作。

孔内壁中间断裂的原因是基板制造时镀金的工艺不够好，而在转弯处的断裂主要是由于热循环造成的。因此，生产厂家保证 PCB 的镀金工艺是解决过孔好坏的重要途径。另外，用来解决过孔的断裂问题还可以采用两种其他的方法：一种方法是正确设计过孔的孔径尺寸和外径尺寸；另一种方法是在生产过程中，可以采用焊锡或者阻焊剂将过孔完全填充起来。

任务 1.3　印制电路板分类

PCB 的主要材料是覆铜板，而覆铜板是由基板、铜箔和胶黏剂构成的。基板是由高分子合成树脂和增强材料组成的绝缘层板；在基板的表面覆盖着一层电导率较高、焊接性良好的纯铜箔，常用覆铜板的厚度有1.0mm、1.5mm和2.0mm三种。

任务能力目标

① 按绝缘材料和胶黏剂不同分类。

② 根据电路层数分类。

知识技能

1.3.1 按绝缘材料和胶黏剂不同分类

按绝缘材料不同可分为纸基板、玻璃布基板和合成纤维板；按胶黏剂树脂不同又分为酚醛、环氧、聚酯和聚四氟乙烯等。

（1）覆铜箔酚醛纸层压板

酚醛纸基板，是以酚醛树脂为胶黏剂，以木浆纤维纸为增强材料的绝缘层压材料。酚醛纸基覆铜板，一般可进行冲孔加工，具有成本低、价格便宜、相对密度小的优点。但它的工作温度较低、耐湿性和耐热性与环氧玻璃纤维布基板相比略低。

纸基板以单面覆铜板为主。但近年来，也出现了用于银浆贯通孔的双面覆铜板产品。它在耐银离子迁移方面，比一般酚醛纸基覆铜板有所提高。

酚醛纸基覆铜板最常用的产品型号为FR-1（阻燃型）和XPC（非阻燃型）两种。

（2）覆铜箔酚醛玻璃布层压板

是用无碱玻璃布浸以环氧酚醛树脂经热压而成的层压制品，其一面或双面敷以铜箔，具有质轻、电气和机械性能良好、加工方便等优点。其板面呈淡黄色，若用二氰二胺作固化剂，则板面呈淡绿色，具有良好的透明度。

环氧玻纤布基板的机械性能、尺寸稳定性、抗冲击性、耐湿性能比纸基板高。它的电气性能优良，工作温度较高，本身性能受环境影响小。在加工工艺上，要比其他树脂的玻纤布基板具有很大的优越性。主要在工作温度和工作频率较高的无线电设备中用作印制电路板。这类产品主要用于双面PCB，用量很大。

（3）复合基板

复合基板，它主要是指CEM-1和CEM-3复合基覆铜板。以木浆纤维纸或棉浆纤维纸作芯材增强材料，以玻璃纤维布作表层增强材料，两者都浸以阻燃环氧树脂制成的覆铜板，称为CEM-1。以玻璃纤维纸作为芯材增强材料，以玻璃纤维布作表层增强材料，都浸以阻燃环氧树脂，制成的覆铜板，称为CEM-3。这两类覆铜板是目前最常见的复合基覆铜板。

复合基覆铜板在机械性能和制造成本上介于环氧玻璃纤维布基和纸基覆铜板之间。它可以冲孔加工，也适于机械钻孔。国外有些厂家制造出的CEM-3板在耐漏电痕迹性、板厚尺寸精度、尺寸稳定性等方面已高于一般FR-4的性能水平。用CEM-1、CEM-3去代替FR-4基板，制作双面PCB，目前已在世界上得到十分广泛的采用。

（4）特殊性树脂玻璃纤维布基板

特殊性树脂玻璃纤维布基板，在以追求高电性能、高耐热性为主目的之下，产生出众多特殊性树脂玻璃纤维布基板。常见的有聚酰亚胺树脂（PI）；聚四氟乙烯树脂（PTFE），是以聚四氟乙烯板为基板，敷以铜箔经热压而成的一种敷铜板，主要用于高频和超高频线路中作印制板用；氰酸酯树脂（CE）；双马来酰亚胺三嗪树脂（BT）；热固性聚苯醚类树脂（PPE或PPO）等。它们多在性能上表现出高耐热性（高T_g）、低吸水性、低介电常数和介质损耗角正切值。但一般都存在着制造成本高、刚性略大、PCB加工工艺性比FR-4基材差的问题。

1.3.2 根据电路层数分类

根据电路层数分类分为单面板、双面板和多层板。常见的多层板一般为 4 层板或 6 层板，复杂的多层板可达十几层。

(1) 单面板 (Single-Sided Boards)

覆铜只在基板的一面，零件集中在其一面，导线集中在另一面上。因为导线只出现在其中一面，所以这种 PCB 叫作单面板 (Single-sided)。单面板在设计线路上有许多严格的限制，所以只有早期的电路才使用这类的板子。

(2) 双面板 (Double-Sided Boards)

这种电路板的两面都有覆铜，为了让两面的电路有联系，必须要在两面间有适当的电路连接才行。这种电路间的“桥梁”叫作过孔 (Via)。过孔是在 PCB 上充满或涂上金属的小洞，它可以与两面的导线相连接。因为双面板的面积比单面板大了一倍，而且因为布线可以互相交错 (可以绕到另一面)，它更适合用在比单面板更复杂的电路上。

(3) 多层板 (Multi-Layer Boards)

为了增加可以布线的面积，多层板用上了更多单层或双层的布线板。用一块双面板作内层、两块单面板作外层或两块双面板作内层、两块单面板作外层的印刷线路板，通过定位系统及绝缘黏结材料叠加在一起，且导电图形按设计要求进行互连的印刷线路板就成为 4 层、6 层印刷电路板了，也称为多层印刷线路板。板子的层数就代表了有几层独立的布线层，通常层数都是偶数，并且包含最外侧的两层。大部分的主机板都是 4～8 层的结构，不过技术上理论可以做到近 100 层的 PCB 板。

PCB 的层数就代表了有几层独立的布线层，通常层数都是偶数，并且包含最外侧的两层。由于可以充分利用多层板来解决电磁兼容问题，可以大幅度地提高电路的可靠性和稳定性，所以多层电路板的应用越来越广泛。由于多层板布线层数多、走线方便、布通率高、连线短以及面积小等优点，目前大多数较为复杂的电路系统均采用多层 PCB 的结构。

任务 1.4 了解印制电路板设计流程

印制电路板的设计是以电路原理图为根据，实现电路设计者所需要的功能。简单的版图设计可以用手工实现，复杂的版图设计需要借助计算机辅助设计 (CAD) 实现。

任务能力目标

① 印制电路板设计的技术要求。
② PCB设计的原则。
③ PCB 的总体设计流程。
④ 原理图的绘制流程。
⑤ PCB 的绘制流程。
⑥ PCB 设计的基板选择。
⑦ PCB 的工厂加工流程。

知识技能

1.4.1 印制电路板设计的技术要求

在进行 PCB 设计之前，设计人员应该对电路的设计要求有一个总体的了解，只有这样，设计人员才能够在 PCB 的设计中始终做到有的放矢，目标明确。

PCB的总体设计要求体现在以下四个方面。

（1）正确

正确是PCB设计最基本和最重要的要求，如果不能保证正确性，那么设计也就失去其意义了。正确是要保证准确实现原理图的连接关系，同时避免出现设计电路板不能按要求工作的问题出现。

（2）可靠

可靠是PCB设计中较高层次的一种要求。通常，连接正确的PCB不代表其可靠性高，例如板材选择不合理、板厚及安装固定不正确、元器件布局布线不当等都可能导致PCB不能可靠地工作。可见，设计人员在保证设计正确的基础上，要尽可能地保证其可靠性或者说尽量提高其可靠性，这样设计出来的PCB才有其应用价值。

（3）合理

与正确和可靠相比，合理是更高层次的一种要求。对于PCB的设计来说，从PCB的制造、检验、装配、调试到整机装配、调试，直到使用维修，无不与PCB的合理与否息息相关，例如PCB形状选得不好导致加工困难、引线孔太小导致装配困难、没留测试点导致测试困难、板外连接选择不当导致维修困难等。因此，设计人员应该尽可能合理地进行设计，它需要具有很高的专业知识和很强的责任心，同时要在设计过程中不断地总结经验。

（4）经济

经济是任何设计人员都需要追求的目标，降低成本是任何设计所不能忽略的问题。例如，在保证性能、可靠性的基础上可选择低价的板材、PCB尺寸尽量小、连接用直焊导线、选用便宜的表面涂覆、选择价格最低的加工厂等，这些都可以降低PCB的成本。

1.4.2 PCB设计的原则

在PCB的设计过程中需要遵循一些设计原则，这些原则主要包括布局、布线以及文档输出等内容。掌握这些设计原则，相信会对PCB的设计有很大的帮助。

（1）PCB布局

① PCB的布局要确定PCB的尺寸大小。确定PCB的尺寸大小主要考虑两个方面：PCB的尺寸因受机箱外壳大小限制，应以能恰好安放入外壳内为宜；同时应该考虑PCB与外接元器件或部件（主要是电位器、插口或其他PCB）的连接方式。

② 确定PCB的尺寸大小后，布局要遵循先难后易、先大后小的原则。根据要求先将有定位要求的元器件固定并锁定；然后再参考原理图以核心电路为中心，根据信号流向规律放置其他元器件或部件。

③ 对于安装在PCB上的较大的组件，需要加金属附件固定，目的是提高耐振、耐冲击性能；需要对所选用组件以及各种插座的规格、尺寸、面积等要有清晰的认识；需要对各个部件的位置安排做合理的考虑，主要考虑的因素包括电磁兼容性、抗干扰性、电源和地之间的退耦等方面。

④ PCB的布局要保证布线的布通率，保证总的连线尽可能短，关键信号线最短。另外，强信号、弱信号、高电压信号和弱电压信号要完全分开；模拟信号和数字信号也需要分开；高频元器件之间要进行充分隔离。

⑤ 布局的优化要按照均匀分布、重心平衡、板面美观的标准来进行。相同结构电路部分尽可能采取对称布局，目的是便于生产和调试。

⑥ 元器件的放置要便于调试和维修，大元器件边上不能放置小元器件，需要调试的元器件周围应有足够的空间。

⑦ 发热元器件应有足够的空间以利于散热；热敏元器件应远离发热元器件；使用同一

种电源的元器件应考虑尽量放在一起，以便于将来的电源分割。

⑧ 元器件放置应距离板外边有5mm，至少保留5mm的工艺边；双列直插元器件相互的距离要大于2mm；阻容等贴片小元器件相互距离大于0.7mm；表面贴装元器件焊盘外侧与相邻插装元器件焊盘外侧要大于2mm；压接元器件周围5mm不可以放置插装元器件；焊接面周围5mm内不可以放置表面贴装元器件。

(2) PCB布线

① PCB的布线要精简，尽可能短，尽可能少拐弯。

② PCB的导线间距、覆铜间距、电源和地线的宽度等要符合标准要求，对于电源层不包含的电源，引出连线根据实际情况加宽。

③ 对于端子相邻的连接，用导线直接跨过两个或多个焊盘的连接方式不要采用，否则在焊接时会造成短路的发生。

④ 特殊的时钟信号（大于50MHz）。要求在时钟信号的两侧加地线屏蔽，地线线宽不小于10mil，并且要求尽可能少的过孔，过孔应小于3个。

⑤ 具有同步关系的时钟信号要保持相同的长度。

⑥ 规范要求的信号要特殊处理，例如有一些差分信号，需要PCB相同的走线，同时这些差分信号通过的区域不能有其他信号走线。

⑦ 布线、电源和地覆铜时，应与PCB外边有大于1mm的空白。

(3) PCB的输出文件

PCB设计的最终目的是生产符合技术要求和功能需求的PCB，通常设计人员需要提供给生产厂商Gerber文件，需要的Gerber文件包括如下内容。

① 顶层和底层Routing Gerber文件。

② 中间层Routing Gerber文件。

③ Plane层Gerber文件（如果电源或地层设置为Plane层）。

④ 顶层和底层丝印Gerber文件。

⑤ 顶层和底层Paste Mask Gerber文件。

⑥ 顶层和底层Solder Mask Gerber文件。

⑦ Drill Drawing Gerber文件。

⑧ NC Drill Gerber文件。

另外，还需要附有制板说明文档一份，文档必须说明PCB的板材、厚度、焊盘是否镀金、过孔是否上绿油以及生产数量等参数。

1.4.3 PCB的总体设计流程

采用EDA工具来绘制PCB，主要包括两个过程：一个是原理图的绘制过程，另一个是PCB的绘制过程。

一般来说，PCB的总体设计流程主要包括以下步骤。

(1) 项目的提出

一个实际项目的提出总是对应于某种社会需求或者功能需求。为了满足这种社会需求或者功能需求，设计人员需要对其各个方面加以深入研究，形成项目所需要的各种指标，例如性能要求、平均寿命、环境温度和能耗等。

(2) 设计规划

在前期调研的基础上，需要进行项目的整体设计规划。有的项目可能需要一块单板即可完成，但大多数产品都是由不同的单板组成的复杂系统。因此需要在前期调研形成的指标上，仔细考虑各个单板之间的联系，细化到各个单板的指标，只有明确细致的分工和合作才能设计出好的产品。

（3）原理图元器件设计

虽然 EDA 开发工具带有丰富的原理图元器件库，但是并不可能包含所有的元器件。因此在选定元器件后，就需要自己动手设计原理图元器件，建立自己的元器件库。通常，一个公司应该有专人负责原理图元器件库和封装库的设计和维护，这样可以避免不必要的错误，同时有利于产品的标准化。

（4）原理图的绘制

原理图绘制是整个设计的重要基础，其过程是利用 EDA 开发工具中的原理图编辑器来完成的。在这一绘制过程中，设计人员可以充分利用 EDA 开发工具提供的各种原理图设计工具、丰富的元器件库资源、强大的编辑功能以及便利的电气规则检查等来达到绘制原理图的目的。根据具体电路的复杂程度，决定是否采用层次电路图。原理图绘制完毕后，需要利用软件的 ERC（电气规则检查）工具查找是否有错误，如果有错误，则根据具体原因加以修改，直到没有错误为止。

（5）网络报表的生成

原理图设计向 PCB 设计的转化在 PCB 的设计过程中占有十分重要的地位，这一步进行得好坏将直接影响到 PCB 设计的全过程。对于大多数的 EDA 开发工具来说，这一转化过程是通过网络报表来进行连接的，因此网络报表可以称作是 PCB 自动布线的灵魂。随着 EDA 开发软件的不断发展，目前很多设计软件都采用了真正的双向同步设计，因此可以不用生成网络报表来实现原理图文件的导入。可见，这一步骤是可以省略的。

（6）元器件封装设计

PCB 封装设计是 PCB 设计中的一个重要环节。同原理图元器件库一样，有时候也需要自己动手设计元器件封装，建立自己的封装库。同样，建议应该有专人负责建库，这样可以保证产品的标准化，避免不必要的错误。

（7）PCB 的绘制

PCB 的绘制是整个 PCB 设计过程中最为重要的环节，产品的所有思想都需要通过 PCB 来体现。PCB 绘制前首先要确认原理图的正确性。在保证原理图的正确性后，根据系统设计或者工艺要求，绘制出 PCB 的边界；然后导入网络报表或者采用同步方式将原理图输入到 PCB 中；接下来在设计规则和原理图的指引下进行布局和布线；最后利用 DRC 工具对整个设计进行检查并加以修改，直到没有错误为止。

（8）文档的输出与整理

在 PCB 设计完成后，一般需要产生 Gerber 文件和钻孔文件并送制板厂进行加工。另外，还需要准备元器件清单报表等文件以准备焊接时使用。除此之外，有时也需要对原理图、丝印图等文件加以整理保存，从而完成整个项目文件的设计工作。良好的文档和整理文件会给产品的生产、维护和改进带来很大的方便，因此建议设计人员一定要养成良好的设计文件整理习惯。

1.4.4　原理图的绘制流程

在印制电路板（PCB）的总体设计流程中，原理图的绘制是整个 PCB 设计的第一步，同时它也是 PCB 设计的根基。原理图绘制的好坏将会直接影响到后面的设计工作，因此原理图的绘制应该引起足够的重视；另一方面，掌握原理图的绘制流程也是十分重要的。

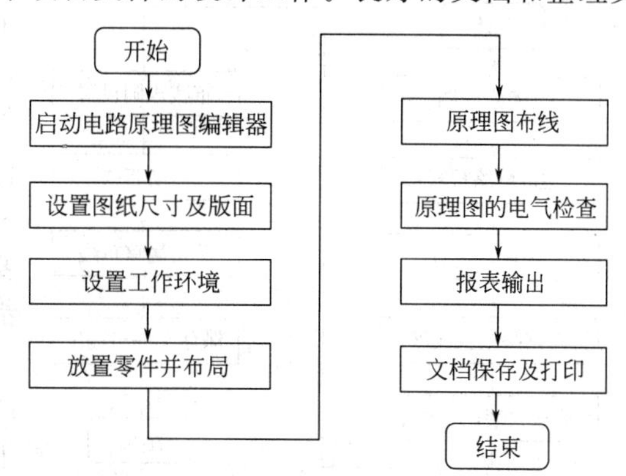

图 1-4　原理图的绘制流程

采用PEDA开发工具绘制原理图的流程如图1-4所示。可以看出，原理图的绘制流程主要包括以下几个步骤。

(1) 启动原理图编辑器

对于原理图的绘制来说，首先要做的工作就是启动EDA开发工具中的原理图编辑器。启动后展现在用户面前的只是一个设计桌面，用户必须通过新建或打开一个原理图文档，启动原理图编辑器，进入原理图编辑环境才能进行原理图编辑。

(2) 设置原理图图纸

这一步骤的主要工作是根据个人的绘图习惯、公司的标准化要求以及实际设计电路的规模和复杂程度等来设置原理图图纸的尺寸、方向、标题栏以及颜色等参数。设置合适大小的图纸是设计原理图的第一步。

(3) 设置工作环境

设置工作环境就是对原理图设计中的系统参数进行个性化的设置，使原理图设计系统的开发环境、界面风格和操作习惯符合设计人员的需要。

(4) 放置零件并布局

在这个阶段，用户应根据实际电路图的需要，将零件从零件库里取出放置到图纸上，并对放置的零件进行标识、零件的封装等属性进行定义或设定。另外，还需要对放置的零件进行合理的布局。

(5) 原理图布线

原理图布线是利用原理图编辑器提供的各种布线工具或者命令，将所有元器件的对应端子用具有电气意义的导线或者网络标号等连接起来，从而建立满足电路设计要求的电气连接关系。布线后，还需要对原理图进行进一步的调整，从而构成一幅连接可靠、设计准确、画面美观的电路原理图。

(6) 原理图的电气检查

完成原理图的绘制工作后，需要对布线后的原理图进行检查。采用电气规则检查工具，通过检查工具能够迅速找出原理图设计中存在的一些缺陷和错误，而且会给出详细的检查报告并在原理图中给出标记，便于进行修改。

(7) 网络报表及其他报表的生成

网络报表是电路原理图和PCB之间的重要连接纽带，因此需要利用相应的工具来生成设计的网络报表。另外，利用EDA开发工具的报表生成工具还可以生成其他形式的报表，这些报表包含有原理图设计的各种信息。

(8) 文件存储及打印

原理图绘制的最后工作是将原理图绘制过程中的设计文件以及相应的报表文件进行存盘或者打印输出，目的是对设计的项目进行存档，结束设计工作。

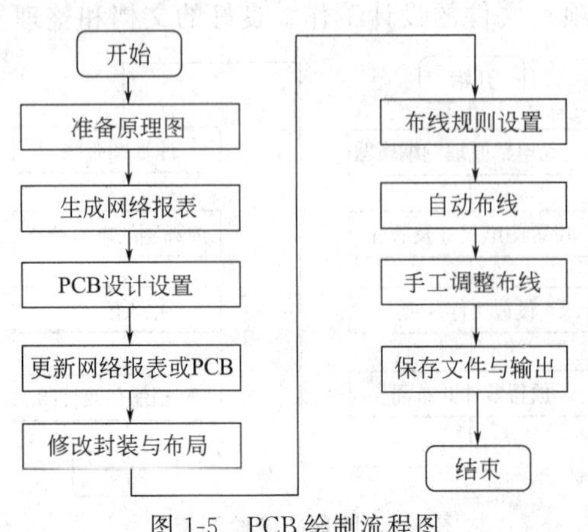

图1-5 PCB绘制流程图

1.4.5 PCB的绘制流程

PCB的绘制是整个电路系统设计中最为重要和最为关键的一步，因为几乎所有的电路设计都是通过PCB来实现的。

采用EDA开发工具绘制PCB的流程如图1-5所示。可以看出，PCB的绘制流程主要包括以下几个步骤。

(1) 设计的先期工作

电路板设计的先期工作主要是利用原理图设计工具绘制原理图，并且生成网络表，这个内容前面已经介绍过。当然，有些特殊情况下，例如电路比较简单，可以不进行原理图设计而直接进入 PCB 设计系统，在 PCB 系统中或者手工布线或者利用网络管理器创建网络表后进行半自动布线。

（2）设置 PCB 设计环境

这是印刷电路板设计中非常重要的步骤。主要内容有：规定电路板的结构及其尺寸，板层参数，格点的大小和形状，布局参数等。大多数参数可以用系统的默认值。

（3）更新网络表或 PCB

网络表是 PCB 自动布线的灵魂，也是原理图和印刷电路板设计的接口，只有将网络表引入 PCB 后，Protel 99 SE 才能进行电路板的自动布线。

（4）修改封装与布局

在原理图设计的过程中，电气规则检查不会涉及元件的封装问题。因此，原理图设计时，元件的封装可能被遗忘或使用不正确，在引入网络表时可以根据实际情况来修改或补充元件的封装。正确装入网络表后，系统自动载入元件封装，并根据规则对元件自动布局产生飞线。自动布局不够理想，还需要手工调整元件布局。

（5）布线规则设置

布线规则是设置布线时的各个规范，如安全间距、导线宽度等，这是自动布线的依据。布线规则设置也是印刷电路板设计的关键之一，需要一定的实践经验。

（6）自动布线

Protel 99 SE 自动布线的功能比较完善，也比较强大，它采用最先进的无网格设计，如果参数设置合理，布局妥当，一般都会很成功地完成自动布线。

（7）手动调整布线

很多情况下，自动布线后会发现布线不尽合理，如拐弯太多等问题，这时必须进行手工调整布线。

（8）保存文件与输出

保存设计的各种文件，并打印输出或文档输出，包括 PCB 文档、元件清单等。设计工作结束。

1.4.6 PCB 设计的基板选择

工厂对 PCB 加工前要进行基板的选择，选择绝缘性能很高的材料对于 PCB 的设计是非常关键的，因此可以说选择合适的材料是 PCB 加工流程中的第一步，也是重要的一步。一般来说，PCB 加工中这种绝缘性能很高的材料称作基材，而把覆铜板称作基板。为了更好地进行 PCB 的加工设计，常常需要根据电路的设计要求、耐温要求、工作频率和电压高低等来选择合适的基板，同时结合电路的复杂程度来确定工作层面的数目。

对于 PCB 的加工厂商来说，一个好的基板应该具备以下特征。

① 具备良好的机械强度，能够承受一定的振动、撞击和扭曲。

② 具备足够的平整度，能够适应自动化的组装工艺要求。

③ 具备良好的电气性能，例如阻抗和介电常数等。

④ 具备满足 PCB 厂商制造工艺的性能。

⑤ 具备承受组装工艺中热处理和冲击的能力。

⑥ 具备承受多次返修的能力，能够进行多次的拆除和焊接等操作。

下面给出 PCB 加工所需基板材料的分类表，如表 1-1。

表 1-1 PCB 基板材料分类表

分类	材质	名称	代码	特征
刚性覆铜薄板	纸基板	酚醛树脂覆铜箔板	FR-1	经济性,阻燃
			FR-2	高电性,阻燃(冷冲)
			XXXPC	高电性(冷冲)
			XPC 经济性	经济性(冷冲)
		环氧树脂覆铜箔板	FR-3	高电性,阻燃
		聚酯树脂覆铜箔板		
	玻璃布基板	玻璃布-环氧树脂覆铜箔板	FR-4	
		耐热玻璃布-环氧树脂覆铜箔板	FR-5	Gll
		玻璃布-聚酰亚胺树脂覆铜箔板	GPY	
		玻璃布-聚四氟乙烯树脂覆铜箔板		
复合材料基板	环氧树脂类	纸(芯)-玻璃布(面)-环氧树脂覆铜箔板	CEM-1,CEM-2	CEM-1 阻燃;CEM-2 非阻燃
		玻璃毡(芯)-玻璃布(面)-环氧树脂覆铜箔板	CEM3	阻燃
	聚酯树脂类	玻璃毡(芯)-玻璃布(面)-聚酯树脂覆铜箱板		
		玻璃纤维(芯)-玻璃布(面)-聚酰树脂覆铜板		
特殊基板	金属类基板	金属芯型		
		包覆金属型		
	陶瓷类基板	氧化铝基板		
		氮化铝基板	AIN	
		碳化硅基板	SIC	
		低温烧制基板		
	耐热热塑性基板	聚砜类树脂		
		聚醚酮树脂		
	挠性覆铜箔板	聚酯树脂覆铜箔板		
		聚酰亚胺覆铜箔板		

1.4.7 PCB 的工厂加工流程

在完成原理图和 PCB 的绘制操作后，接下来的工作就是将生成的 Gerber 文件和钻孔文件等生产文件送到加工厂，这样，PCB 的设计就进入到了工厂加工阶段。图 1-6 所示为 PCB 板生产流水线设备。

制造印制电路板的工艺方法很多，但制造工艺基本上分两大类，即减成法（铜箔蚀刻法）和加成法（添加法）。前者是在覆铜板层上用防护抗蚀材料形成图形，用化学蚀刻法去掉没有用印制电路板的制造工艺流程抗蚀材料防护的铜箔。蚀刻后，将抗蚀层除去，就留下有铜箔构成的需复制图形（即印制导线等），也可用雕刻机雕刻印制电路板。后者是在绝缘基板上，用化学沉铜的方法，形成电路图形（即导线图形等）。目前应用最多的是减成法，

图 1-6 PCB板生产流水线设备

下面简要介绍该方法制作印制电路板的工艺流程。

(1) 下料

按照电路板设计尺寸，从一定板厚和铜箔厚度的整张覆铜板大料上剪出便于加工的尺寸。

(2) 照相底图

照相底图是制造印制图形的依据。在印制电路板设计完成后，即可绘制照相底图。照相底图要求按2∶1、4∶1或8∶1的放大比例绘制，尤其是一些特别复杂的图形。

照相底图的制作可以是自动的也可以是人工的。自动制作照相底图的方法有CAD笔绘法、打印法和光绘法；手工制作照相底图一般采用描图法和贴图法。

(3) 照相制版

用照相的方法对照相底图拍照以得到照相底片，照相底片要按比例缩小（用与绘制照相底图相反的比例），以得到设计所规定的印制图形尺寸。

(4) 印制电路板的机械加工

印制电路板的外形和各种用途的孔（引线孔、中继孔、机械安装孔、定位孔、检测孔等）都是通过机械加工完成的，随着电子技术的发展，其加工尺寸和精度要求越来越高。印制电路板的机械加工方法通常有冲、钻、剪、铣、锯等。根据加工零件的形状，可把印制电路板的机加工分为外形加工和孔加工。

(5) 过孔的金属化和去钻污

过孔也称镀通孔，它在多层PCB上将信号由一层传输到另一层。因此，需要将印制导线的孔金属化。过孔金属化就是在孔内电镀一层金属，形成一个金属筒，与印制导线连接起来。过孔金属化工艺就是在孔内壁表面化学沉铜后，通过全板电镀铜或图形电镀来实现层间可靠的互连。

为了确保孔金属化的高质量、可靠性，钻孔后的预处理采用新型的凹蚀与去钻污工艺即低碱性高锰酸钾法，这样能加工非常优异的孔壁表面，消除了楔形槽和裂缝缺陷，提高孔壁的湿润性，采用先进的直接电镀工艺、真空金属化工艺、黑孔化工艺和其他工艺方法，能满足多种类型印制电路板的小孔、微孔、盲孔和埋孔孔金属化的需要。黑孔化工艺采用含炭微粒的黑孔化溶液取代化学镀铜工艺，污染小，是具有发展前途的工艺。

(6) 图形转移

图形转移就是将电路图形由照相底片转移到印制电路板上去。常用的方法有光化法和丝网漏印法，前者精度较高，后者精度较低。

(7) 蚀刻

蚀刻是在覆铜箔印制电路板的生产中，用化学或电化学的方法将涂有蚀剂并经感光显影后的印制电路板上的未感光部分铜箔腐蚀掉，在印制电路板上留下所需电路图形的过程，包括内层蚀刻。

蚀刻的工艺流程是预蚀刻-蚀刻-水洗-浸盐酸处理-水洗-干燥-去抗蚀膜-热水洗-冷水冲洗-干燥-修板。

(8) 剥离有机抗蚀剂或洗孔

印制电路板无论采用正像图片或是负像图片，均需使用显像的溶膜，在蚀刻后应剥去此膜。剥膜的工艺流程是入料（蚀刻后的PCB板）-强碱剥膜-水洗-酸洗-水洗-烘干-出料。

(9) 褪锡铅

在印制电路板的制造过程中，图形电镀后，要在加厚的镀铜图形（线、孔与焊盘等）上镀上锡铅或锡镀层，用来保护图形在蚀刻中不被腐蚀破坏。图形蚀刻完成后，需将此保护图形的镀层除去，即褪锡铅。

(10) 黑化或棕化（化学氧化）

对铜表面进行化学氧化，使其表面生成一层氧化物（黑色的氧化铜、棕色的氧化亚铜或两者的混合物），以进一步提高表面黏结力。

(11) 叠层

多层叠板是指分别将内层板、半固化片、外层板（或铜箔）、离型膜（纸）、缓冲层、不锈钢隔离板等借助定位销钉，遵照工艺要求放置在上、下热压模板之间。半固化片主要由树脂和增强材料组成，在温度和压力的作用下具有流动性并能迅速地固化和完成黏结过程，与增强材料一起构成绝缘层。

(12) 层压

把内层与半固化片，铜箔叠合一起经高温压制成多层板，4层板需要一张内层，2张铜箔；6层板需要2张内层，2张铜箔。4层板增重约15%～25%，6层板增重约30%～40%。层压全过程包括预压、全压和保压冷却3个阶段。

(13) 打靶标孔

在多层板照相底片的图形外设置3个定位标靶，并用数字化编程方法编入钻孔数据。

(14) 印制插头的电镀

在印制电路板边沿的接触片插头上镀金，正常镀金厚度是0.5～1.5μm。

(15) 固化

固化的目的是使阻焊模完全固化交连。通常在40～150℃的烘箱中烘40～60 min即可完成。

(16) 丝印阻焊油墨或贴阻焊干膜

在板上印刷一层阻焊油墨，大约35μm厚，质量增加大约2%～4%；或贴上一层阻焊干膜，经曝光、显影后做成阻焊图形。

(17) 喷锡

在板上需要焊接的地方喷上一层铅锡，便于焊接，同时也可防止该处铜面氧化，质量增重约1%～2%。

(18) 字符

在板上印刷一些标志性的字符，重量增加较少，主要便于下游客户安装方便。

(19) 外形

根据客户要求加工出板的外形，重量大约减少5%～10%。

（20）出厂检验

PCB 出厂之前需要对其进行最后的检查工作，这一步骤主要包括电气导通测试、阻抗测试、焊锡性能和热冲击耐受性试验，同时还要以适度的烘烤来消除电路板在加工过程中所吸附的湿气和积存的热应力。PCB 的出厂检查工作完成后，可以将 PCB 进行真空封装后进行出货，最终送到用户手中。

项目练习

1. 简述印制电路板发展的历史。
2. 印制电路板的分类有几种，各种的主要用途是什么？
3. 简述工厂生产印制电路板的工序。

项目 2　Protel 99 SE 软件初识

项目综述

Protel 99 SE 是 Protel 公司近十年来致力于 Windows 平台开发的最新成果，能实现从电学概念设计到输出物理生产数据，以及这之间的所有分析、验证和设计数据管理。因而今天的 Protel 最新产品已不是单纯的 PCB 设计工具，而是一个系统工具，覆盖了以 PCB 为核心的整个物理设计。最新版本的 Protel 软件可以毫无障碍地读 Orcad、Pads、Accel（PCAD）等知名 EDA 公司设计文件，以便用户顺利过渡到新的 EDA 平台。

对于电子爱好者以及普通用户来说，Protel 99 SE 的功能已经绰绰有余，完全能够满足一般电路设计的需要，且对计算机的配置要求又不是很高。本项目将对它的组成、运行、窗口、设计数据库的新建及设计文档的建立及管理做一详细介绍。

任务 2.1　Protel 99 SE 认知

任务能力目标

① Protel 99 SE 的主要组成。
② Protel 99 SE 的运行环境。

知识技能

2.1.1　Protel 99 SE 的主要组成

Protel 99 SE 主要由原理图设计系统、印制电路板设计系统两大部分组成。

（1）原理图设计系统

这是一个易于使用的具有大量元件库的原理图编辑器，主要用于原理图的设计。它可以为印制电路板设计提供网络表。该编辑器除了具有强大的原理图编辑功能以外，其分层组织设计功能、设计同步器、丰富的电气设计检验功能及强大而完善的打印输出功能，使用户可以轻松完成所需的设计任务。

（2）印制电路板设计系统

它是一个功能强大的印制电路板设计编辑器，具有非常专业的交互式布线及元件布局的特点，用于印制电路板（PCB）的设计并最终产生 PCB 文件，直接关系到印制电路板的生产。Protel 99 SE 的印制电路板设计系统可以进行多达 32 层信号层、16 层内部电源/接地层的布线设计，交互式的元件布置工具极大地节省了印制板设计的时间。

同时它还包含具有专业水准的 PCB 信号完整性分析工具、功能强大的打印管理系统、先进的 PCB 三维视图预览工具。此外，Protel 99 SE 还包含功能强大的基于 SPICE 3f5 的模/数混合信号仿真器，使设计者可以方便地在设计中对一组混合信号进行仿真分析。同时，它还提供了一个高效、通用的可编程逻辑器件设计工具。

2.1.2　Protel 99 SE 的运行环境

Protel 99 SE 对计算机硬件要求不高，建议使用奔腾Ⅲ以上处理器，内存必须在 128MB 以上，显示器最好在 15in 以上，32 位色，分辨率不能低于 1024×768，最好是 1280×1024，当分辨率为 800×600 或者更低时，将不能完全显示 Protel 99 SE 窗口的下侧及右侧部分。硬盘空间不低于 8GB。

软件环境：在 Win9x、Win2000、WindowsNT4.0、WinXP 等操作系统运行。

由于系统在运行过程中要进行大量的运算和存储，所以配置越高越能充分发挥它的优点。

任务 2.2　Protel 99 SE 的窗口界面认识

任务能力目标

① Protel 99 SE 的安装。

② 启动 Protel 99 SE。

知识技能

2.2.1　Protel 99 SE 的安装

将 Protel 99 SE CD-ROM 插入 CD-ROM 驱动器，如果硬盘有 Protel 99 SE 安装软件，也可以从硬盘安装。

① 首先，在安装文件中双击【setup.exe】文件，出现 Protel 99 SE 安装向导，如图 2-1

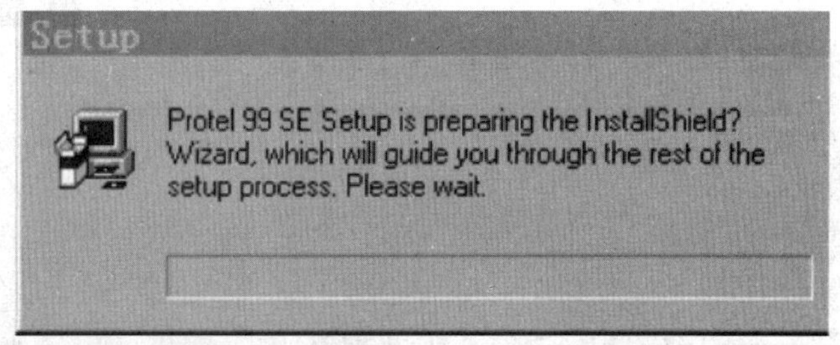

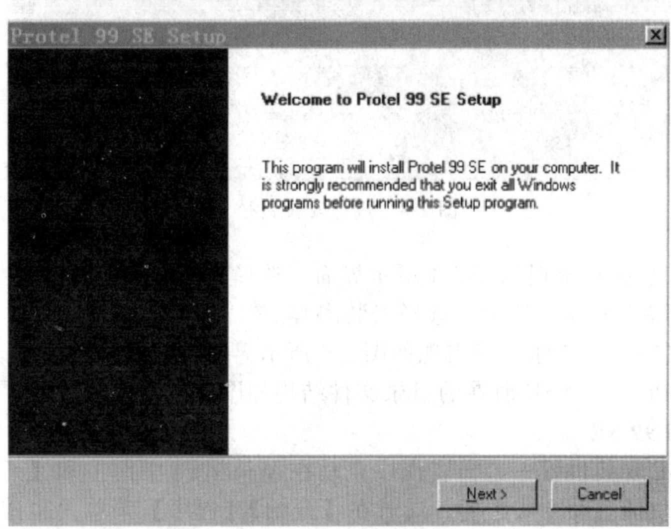

图 2-1　安装向导

所示。

② 点击【Next】按钮，出现如图 2-2 所示界面，输入序列号。

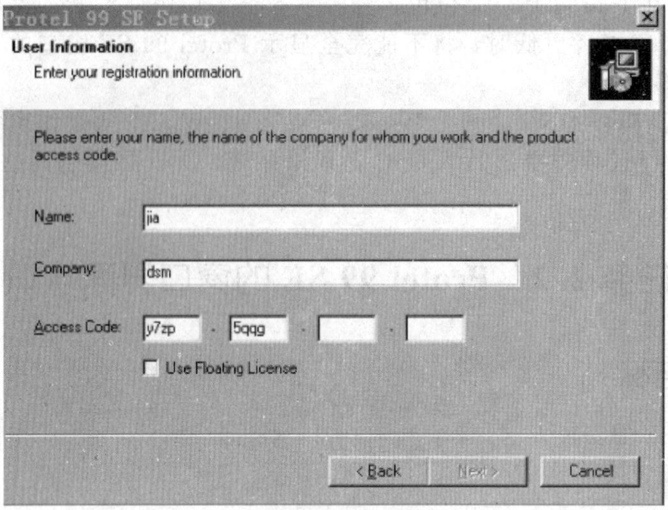

图 2-2　输入序列号

③ 一般不使用浮动注册，使用起来很麻烦。点击【Next】按钮，出现如图 2-3 所示界面，确定安装路径。

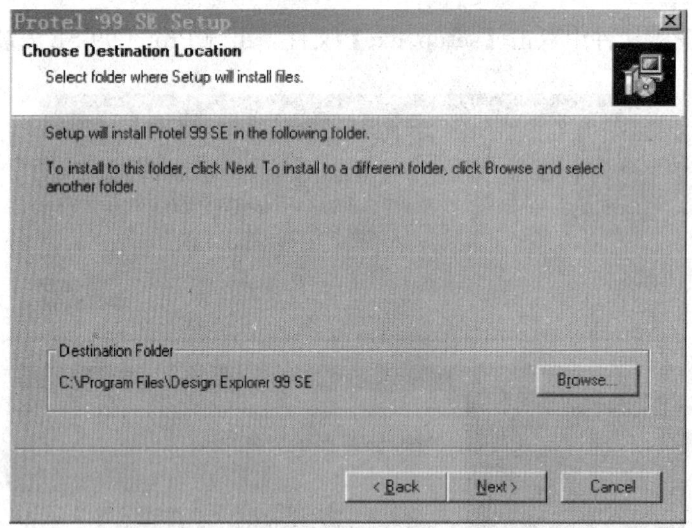

图 2-3　选择安装路径

④ 点击【Next】按钮出现如图 2-4 所示界面，选择安装方式。

⑤ 接下来的界面如图 2-5 所示，选择安装内容。

⑥ 连续点击【Next】按钮，当出现如图 2-6 所示界面时，安装完成。

安装完成后，Protel 99 SE 所在的目录文件结构如图 2-7 所示。

2.2.2　启动 Protel 99 SE

在 Protel 99 SE 安装过程中，安装程序自动在 Windows 桌面上和【开始】菜单内建立【Protel 99 SE】的快捷启动方式图标，同时在【开始】/【程序】菜单内也建立了【Protel 99 SE】的快捷启动方式菜单。

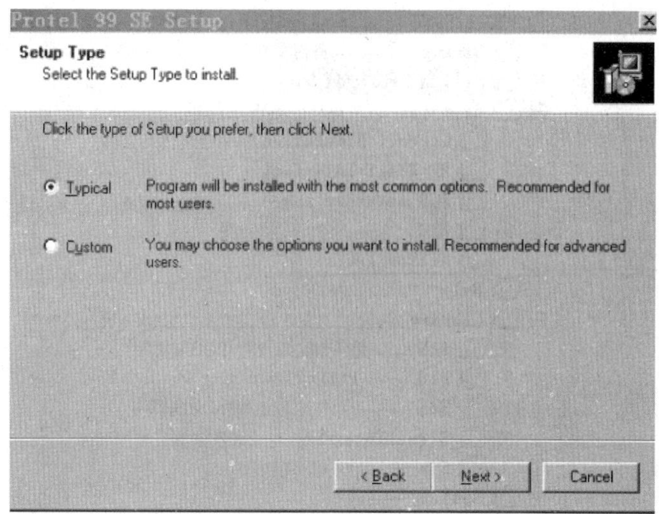

图 2-4　选择安装方式

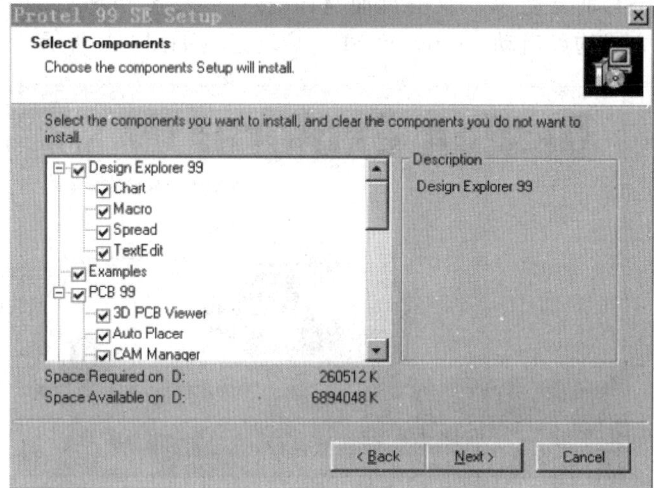

图 2-5　选择安装内容

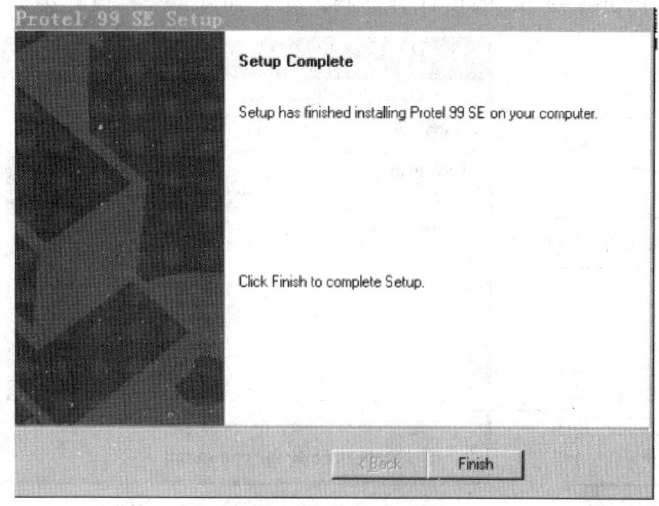

图 2-6　安装完成

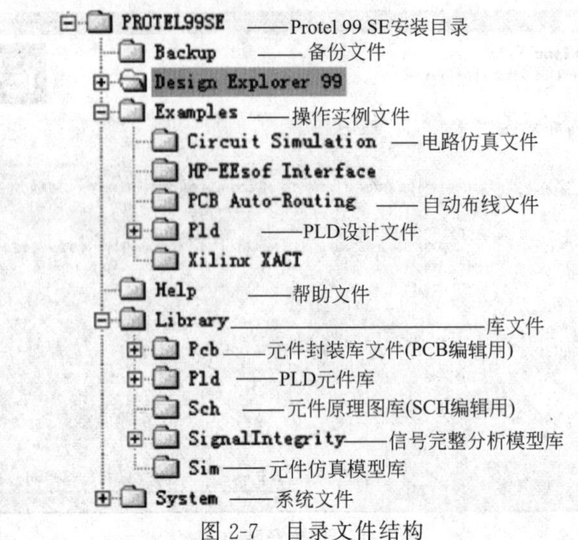

图 2-7 目录文件结构

启动 Protel 99 SE 非常简单，双击桌面【Protel 99 SE】快捷启动方式或双击【开始】菜单内的快捷启动方式均可启动 Protel 99 SE。启动过程如图 2-8 所示。

图 2-8 启动过程

启动后进入到 Protel 99 SE 的设计浏览器，在 Protel 99 SE 设计浏览器中，主要包括工

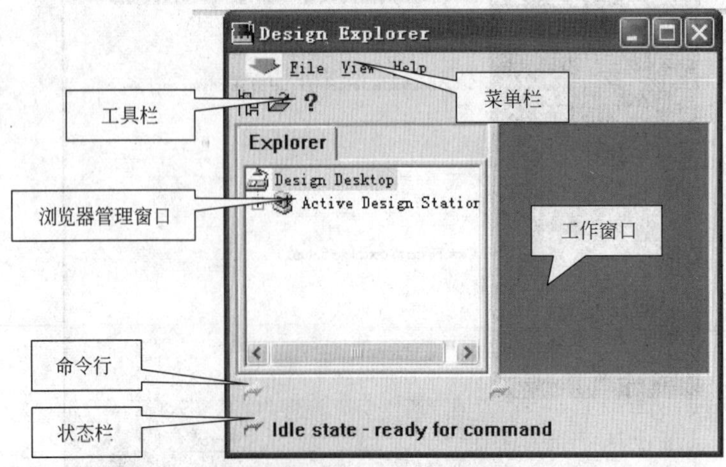

图 2-9 Protel 99 SE 设计浏览器

具栏、菜单栏、浏览器管理窗口、工作窗口、命令行和状态栏。如图 2-9 所示。

Protel 99 SE 的设计浏览器是电路板设计的大平台。在这个大平台上，用户可以进行原理图设计，PCB 编辑器进行电路板编辑，还可以完成电路分析和仿真设计等。

任务 2.3 设计数据库的创建与管理

任务能力目标

① Protel 99 SE 文件的存储方式。

② 设置访问密码。

知识技能

2.3.1 Protel 99 SE 文件的存储方式

单击菜单栏【File/New】新建命令，出现 Protel 99 SE 设计数据库界面，如图 2-10 所示。

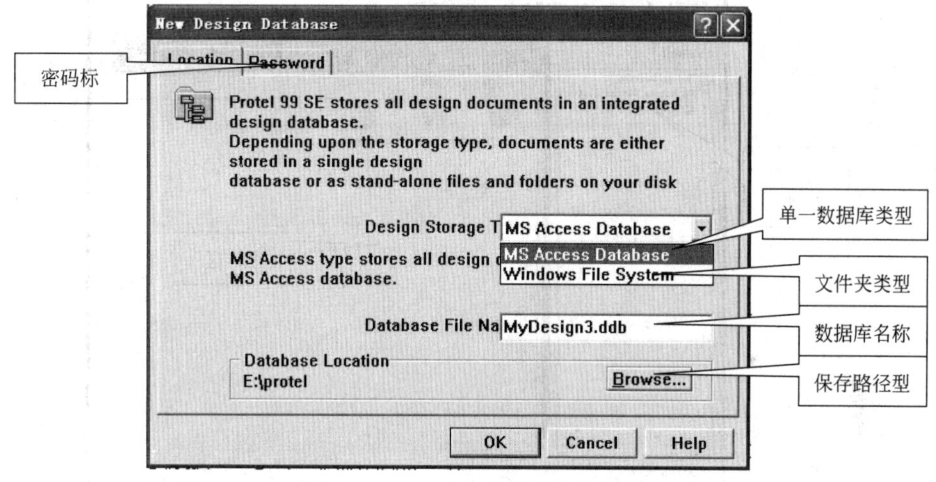

图 2-10 Protel 99 SE 设计数据库

Protel 99 SE 系统为用户提供了两种文件存储方式，即【Windows File System】(文件夹类型) 和【MS Access Database】(单一数据库类型)。

①【Windows File System】 选择以文件夹类型存储电路板设计文件时，系统首先会创建一个文件夹，然后将所有的设计文件存储在该文件夹底下。在 Windows 资源管理器可以看见单个的原理图文件（*.sch)、印刷版图（*.PCB)、网络文件表等。可以对它们进行复制、删除等操作。

②【MS Access Database】 选择以单一数据库方式存储电路板设计文件时，系统只在指定的硬盘空间存储一个设计数据库文件。所有的原理图文件（*.sch)、印刷版图 (*.PCB)、网络文件表等都存在一个 *.ddb 文件中，在 Windows 资源管理器中只能看见唯一的 *.ddb 文件。

一般情况下，利用 Protel 99 SE 设计电路板时，通常采用设计数据库方式组织和管理设计文件。

2.3.2 设置访问密码

单击图 2-10【Password】标签，可以设置该数据库文件（*.ddb）的访问密码。设置密码后，再编辑、浏览该数据库文件时要求输入密码，这样可以有效阻止其他人非法浏览、修改该项目内的设计文件。

任务 2.4 文档的创建与管理

任务能力目标

① 文档的创建。

② Protel 99 SE 中的文件管理。

知识技能

2.4.1 文档的创建

选择【MS Access Database】文件存放路径并输入文件名后，单击【OK】按钮，即可进入到 Protel 99 SE 的设计状态。如图 2-11 所示。

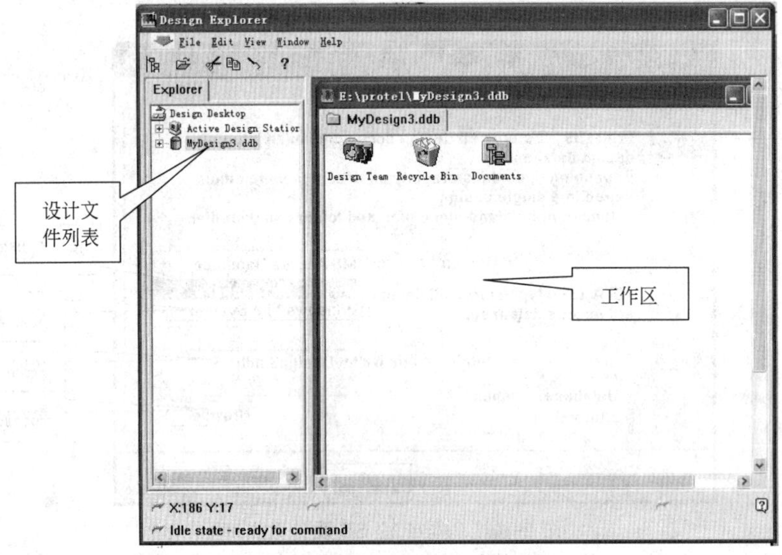

图 2-11 创建设计文件库后的界面

在设计文件列表窗内，单击设计文件库（MyDesign3. ddb）前的小方块（或直接双击 MyDesign3. ddb），即可看到设计文件库（. ddb）内文件夹结构，再单击各文件夹前的小方块即可显示或隐藏文件夹内文件目录结构，如图 2-12 所示。

图 2-12 中，【Design Team】文件夹内存放了设计队伍（存放在【Members】文件夹内）、文件访问权限（不同人员对设计文件的访问权限存放在【Permissions】文件夹内）以及会议记录等日常设计管理信息，【Recycle Bin】是设计文件回收站，其作用类似于 Windows 95/98 桌面上的“回收站”，用于存放删除的设计文件，必要时可以从中恢复。设计文件，如原理图文件、元件清单、模拟仿真波形文件、印制板文件以及各种各样的报表文件等均存放在【Documents】文件夹内。

单击设计文件管理器窗口内的【Documents】文件夹或工作窗口内的【Documents】标签，【File】（文件）菜单内即刻出现【New…】（创建新文件）命令。执行【File】菜单下的【New…】（创建新文件）命令，将弹出如图 2-13 所示的新文档【New Document】选择窗口。

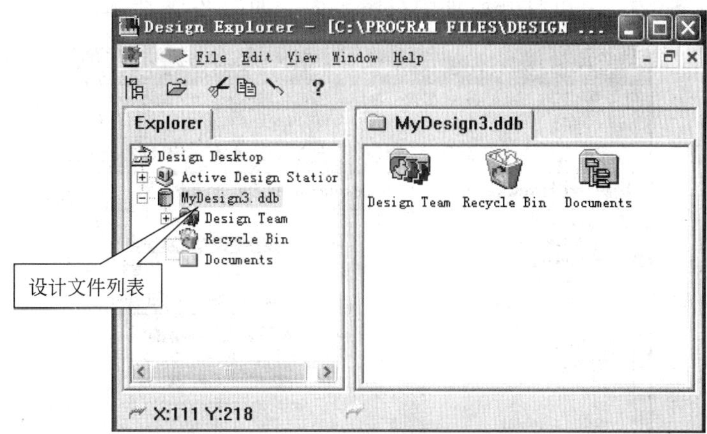

图 2-12 设计文件库（.ddb）的结构

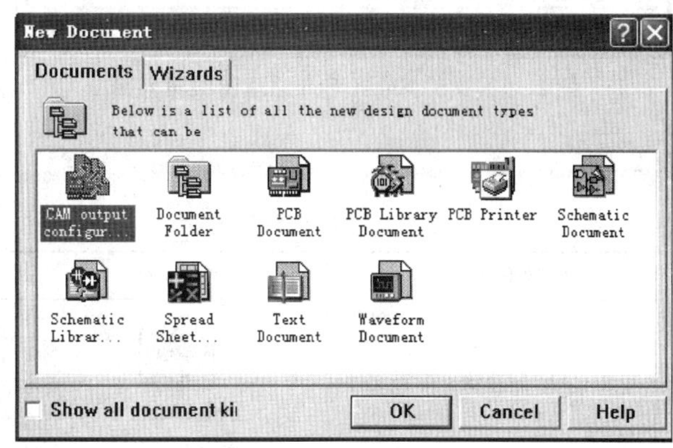

图 2-13 新文档选择窗

选择相应文件类型，如【Schematic Document】（原理图文件），单击【OK】按钮，将生成相应的设计文件，如图 2-14 所示。此时一般采用缺省文件名作为设计文件名。如缺省的原理图文件为“sheet n”（$n=1,2,3$ 等），缺省的印制板 PCB 文件名为 PCB n，缺省的 PCB 元件封装图文件名为 PCBLib n，缺省的元件电气图形库文件名为 SchLib n。

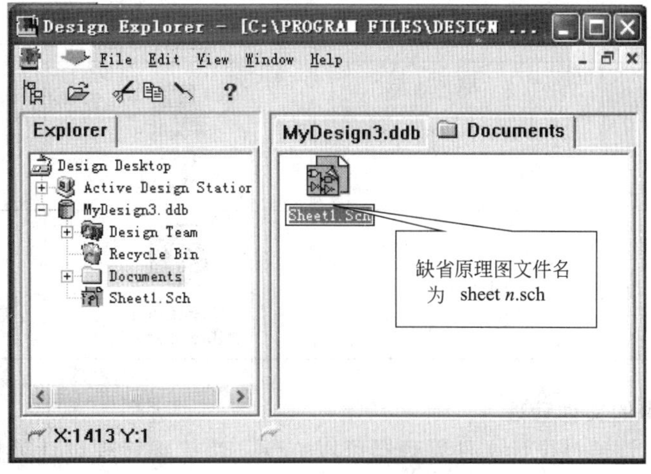

图 2-14 系统创建的原理图文件名

双击【Sheetl. Sch】，可以打开原理图编辑界面，如图 2-15 所示。

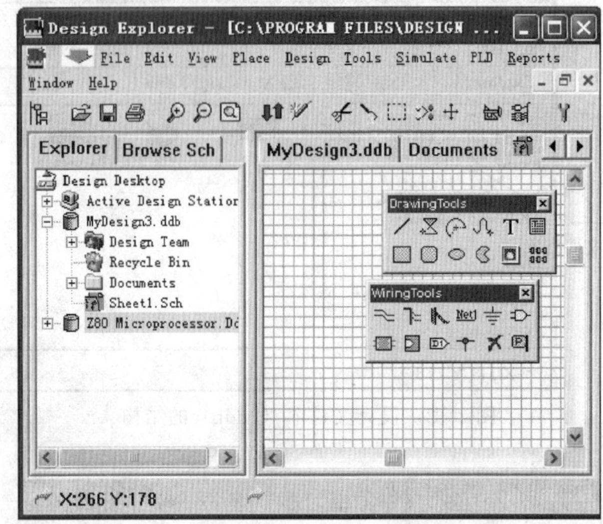

图 2-15　文件 Sheet. Sch 原理图编辑界面

新建文件类型如表 2-1 所示。

表 2-1　文件类型

图　标	文件类型	图　标	文件类型
CAM output configur...	生成 CAM 制造输出配置文件	Schematic Document	原理图文件
Document Folder	文件夹	Schematic Librar...	原理图文件库文件
PCB Document	PCB 文件	Spread Sheet...	表格文件
PCB Library Document	PCB 元件封装文件	Text Document	文本文件
PCB Printer	PCB 打印文件	Waveform Document	波形文件

2.4.2　Protel 99 中的文件管理

在 Protel 99 中，通过设计文件管理器可以方便、快捷地管理设计项目中数目庞大的不同类型设计文件。“设计文件管理器”的使用方法与 Windows 中“资源管理器”的使用方法完全相同。

（1）打开设计文件

执行【File】菜单下的【Open…】命令（或直接单击工具栏内的“打开”按钮），在如图 2-16 所示的【Open Design Database】窗口内，在【文件类型】下拉列表窗内选择设计文件类型（如．“ddb”），在文件列表窗内找出并单击待打开的设计文件名（如【Design Explorer 99】\【Examples】文件夹下的演示文件库 Z80 Microprocessor. ddb），单击【OK】按钮（或直接双击文件列表窗内的设计文件），即可打开一个已存在的设计文件库，如图 2-17 所示。

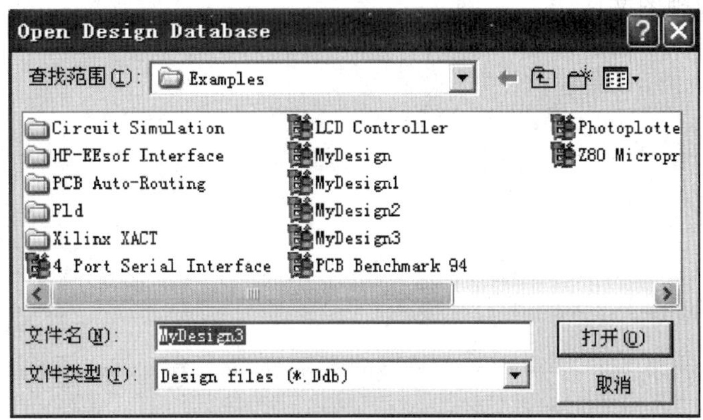

图 2-16　打开设计文件库选择窗

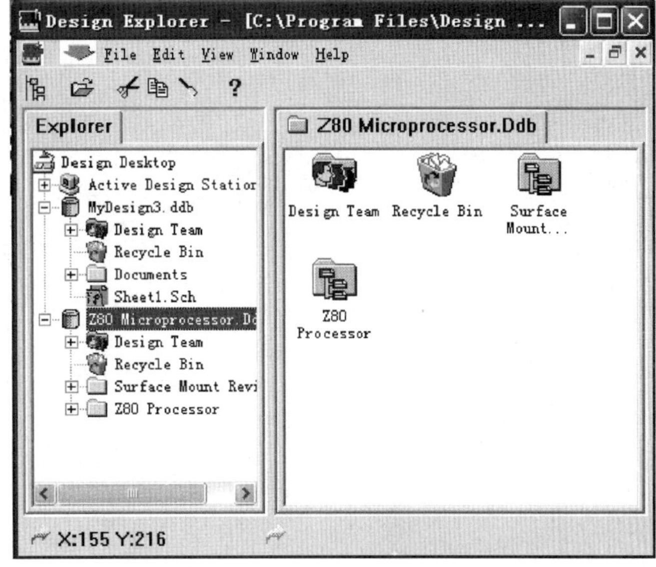

图 2-17　设计文件库 Z80 Microprocessor . ddb 结构

（2）列出或隐藏设计文件或文件夹内的目录结构

在“设计文件管理器”窗口内，单击设计文件库前的小方块，即可显示或隐藏设计文件库目录结构；单击设计文件库内文件夹前的小方块即可显示或隐藏文件夹内的文件目录结构。

（3）文件切换

在“设计文件管理器”窗口内，直接单击文件夹或文件夹内的文件时，可迅速打开文件夹，或切换到相应设计文件的编辑状态。

（4）文件删除、改名及复制

为了防止在文件复制、删除、改名等操作练习过程中改变系统提供的演示设计文件，不妨先在D盘上创建一个临时文件夹。

项目练习

1. 安装运行 Protel 99 SE 软件。
2. 新建一个数据库文件。
3. 新建一个原理图文件。

项目3　软启动可调稳压电源电路原理图设计

项目综述

绘制电路原理图是电路设计的首要环节，它提供了各个器件间连线的依据，是进行后面各种工作的前提，它的正确性直接关系到具备指定功能的PCB电路板的正确性。同时，清晰美观的电路原理图具有很高的可读性，设计人员之间的交流更加方便。

本项目主要介绍原理图环境参数的设置、电路原理图的设计流程。通过一个简单的例子引导读者快速理解原理图设计的基本过程。

任务3.1　认识电路原理图设计流程

任务能力目标

① 设计电路原理图的基本原则。

② 原理图设计的基本流程。

知识技能

3.1.1　设计电路原理图的基本原则

电路设计就是指实现一个电子产品从设计构思、电学设计到物理结构设计的全过程。电路原理图的正确性是完成设计目标的关键。如果电路原理图错误的话，其他后面的工作都无从谈起。虽然Protel 99 SE可以为用户提供原理图的电气规则检查，但这个电气规则检查最终依赖于用户对每个元器件原理图符号乃至每个端子进行的合理设置，因此要保证原理图的正确性，还需要设计者的细心和耐心。

为便于技术交流，在保证连线正确的前提下，设计者应该对电路原理图的清晰美观性进行进一步的调整，避免其他人员在读图时由于连线混乱、信号流向不清晰及注解标注不明确等原因而曲解电路的功能原理。

为达到上述目的，在绘制电路原理图的过程中，设计者通常需要遵循以下原则。

① 信号流向尽量保证左进右出。

② 信号的流入、流出端口最好在图纸边框附近。

③ 功能相关的项目集中放置。

④ 绘制导线时尽量避免导线的交叉和折弯。

⑤ 电路原理图疏密恰当，确保清晰美观以及方便后续项目的补充和插入。

3.1.2　原理图设计的基本流程

设计者在使用Protel 99 SE进行设计时，自己先要绘制电路原理图。在Protel 99 SE中有单原理图和层次原理图之分，形式的选择主要依据电路的复杂程度来确定。绘制单原理图的主要流程如图3-1所示。

（1）设置图纸信息

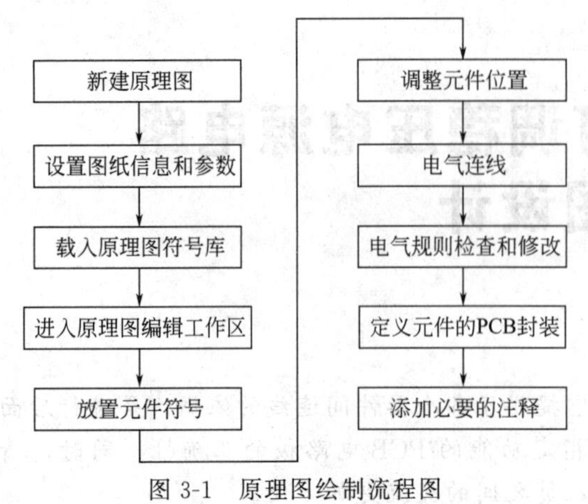

图 3-1 原理图绘制流程图

根据特定的标准化要求，设计者要对原理图图纸的大小、方向以及标题栏的外观等参数进行设置，填写诸如设计人姓名、单位组织及修改日期等信息，另外还可以根据个人的绘图习惯，设置诸如绘图栅格大小及电气捕获栅格等选项。

(2) 载入元器件符号库

根据设计需要将需要用到的元器件符号库载入到当前设计环境中，以便随时取用其中的元器件。对于不常用的元器件库，设计者可以将其中所要用到的元器件复制到常用的自建元器件符号库中，这样不仅可以减少载入元器件库的个数，而且还可以减少计算机系统的负担，提高运行效率。

(3) 放置元件符号

根据原理图的绘制进程，按照清晰美观的设计要求，分阶段放置元件符号，并调整元件的位置，同时设置元件的编号等属性。

(4) 电气连线

将放置好的元器件端子通过具有电气意义的连线及网络标号等连接起来，使电路原理图能够达到表达电路功能的目的。为使连线更加清楚，应避免电气连线的交叉和拐绕，在电气连线的过程中，经常需要进入元器件库中对所用元器件原理图符号的端子位置等进行编辑。

(5) 电气规则检查和修正

完成原理图的初步绘制后，设计者可以用 Protel 99 SE 提供的各种校验工具对电路原理图进行检查和修改，确保电路原理图不出现简单错误。

(6) 定义元件的 PCB 封装

完成电路的电气检查后就可以设置每个元件的封装形式，为后面的网络表输出打下基础。

(7) 添加必要的注解

为了提高所绘电路原理图的可读性和美观性，设计者可以在电路原理图上添加一些相应的文字说明及图片等元素，对原理图进行补充说明。

任务 3.2 原理图设计环境的设置

任务能力目标

① Protel 99 SE 的启动。

② 熟悉原理图设计工具栏中的各种命令。

③ 掌握原理图设计环境的设置。

知识技能

3.2.1 Protel 99 SE 的启动

双击桌面上（或单击【开始】菜单内）的 Protel 99 SE 的快捷启动方式图标，启动 Protel 99 SE，启动后进入系统主界面，如图 3-2 所示，图中左下侧为设计文件管理器，通过【打开】/【关闭设计文件管理器】按钮，打开和关闭设计文件管理器，其右下侧为工作区。

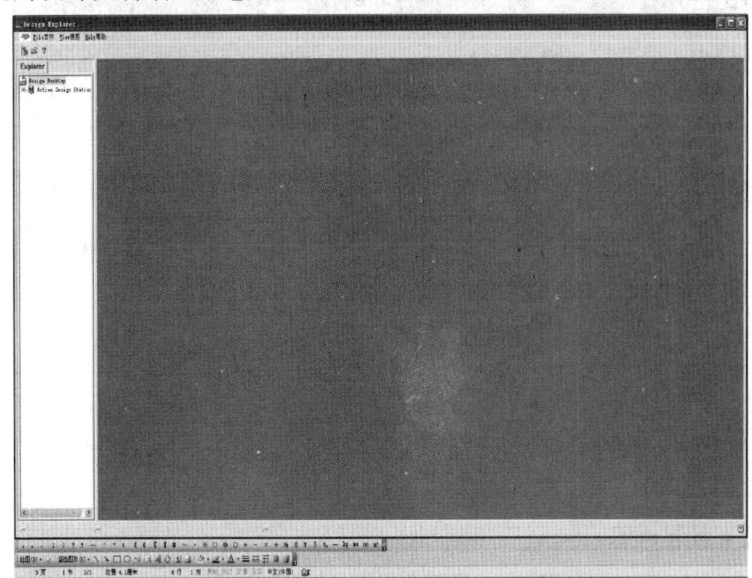

图 3-2　Protel 99 SE 系统主界面

3.2.2　原理图的建立与打开

单击如图 3-2 所示的 Protel 99 SE 主界面【File】（文件）菜单下的【New】命令，打开【新建设计数据库】对话框，即可创建一个新的设计数据库（.ddb）。对话框如图 3-3 所示。【Design Storage Type】设计数据库保存类型。可以选择【MS Access Database】类型，即单一数据库类型，所有原理图（*.Sch）、印制电路板图（*.PCB）、网络文件表等都存在一个 *.ddb 文件中。在 Windows 资源管理器中，只能看到唯一的 *.ddb 文件；【Windows File System】类型，文件夹型，所有文件都单个保存在这个文件夹中，默认保存位置在 Protel 99 SE 根目录下的【Examples】文件夹中，如图 3-4 所示。Windows 资源管理器中可以看见单个的原理图、印制电路板图等，可以单独对它们进行复制、删除等。

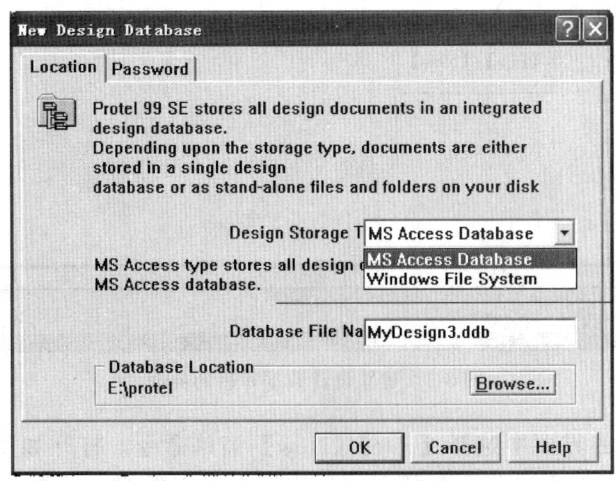

图 3-3　新建设计数据库对话框

【Database File Name】设计数据库名称。

【Database Location】文件路径，可以通过【Browse】按钮更改文件路径。

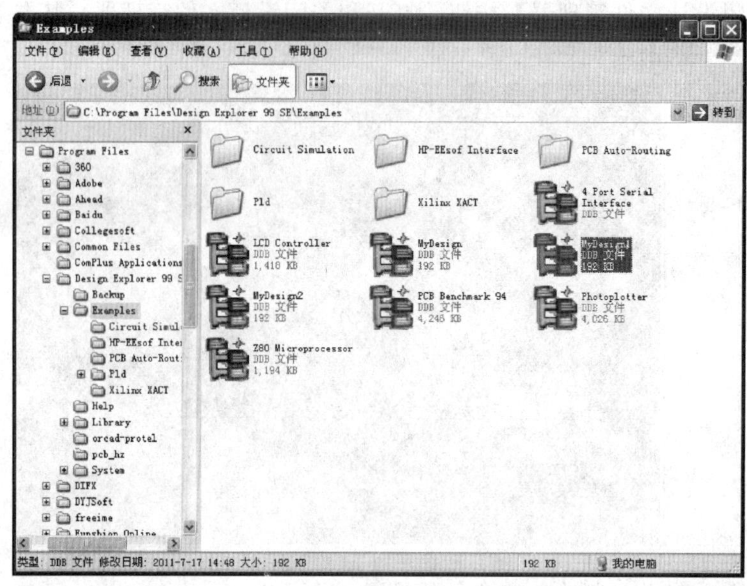

图 3-4 新建数据库文件保存位置

新建设计数据库设置完毕后，单击【OK】按钮，即可进入 Protel 99 SE 建立数据库后的界面，如图 3-5 所示。

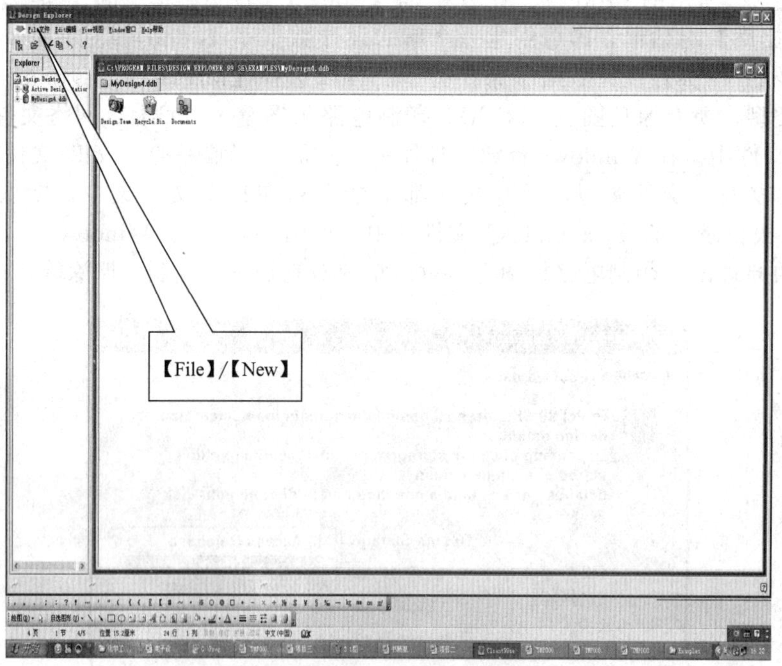

图 3-5 建立设计数据库后的界面

在如图 3-5 所示的界面中选择【File】/【New】菜单命令，打开如图 3-6 所示的【New Document】（新建文件）对话框，在该对话框中选择要创建的文件类型，选择【Schematic Document】（原理图文件），单击【OK】按钮。建立原理图文件后的界面如图 3-7 所示。

此时系统以默认文件名作为设计文件名，可以更改该文件名，其默认的原理图文件名为 Sheet1. Sch，默认的印制电路板 PCB 文件名为 PCB1. PCB *n*。

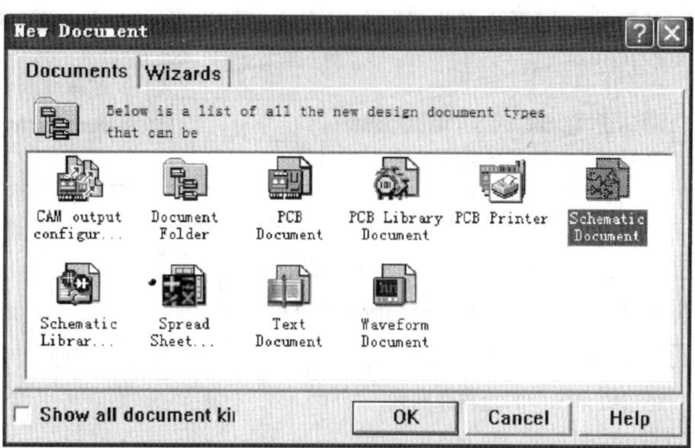

图 3-6　New Document 对话框

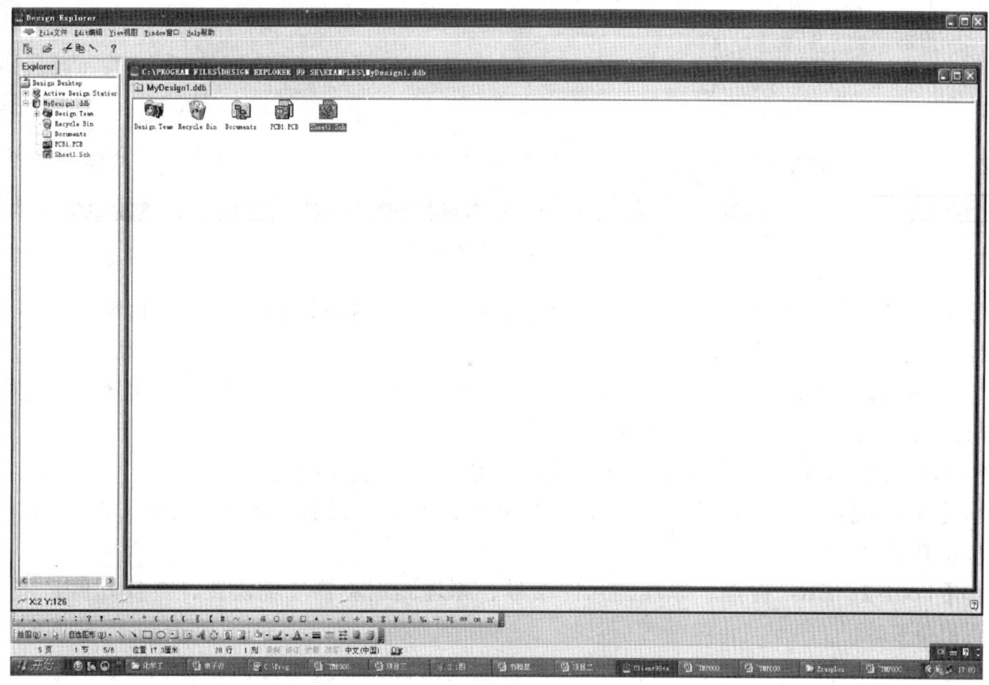

图 3-7　建立原理图文件后的界面

单击“设计文件管理器”中的 Sheet1. Sch 图标，进入原理图编辑环境。也可以通过打开已有的设计数据库，从“设计文件管理器”中选择相应的原理图文件打开，进入原理图编辑界面。原理图编辑界面如图 3-8 所示。Protel 99 SE 在不同界面下的菜单和工具是有所不同的。

3.2.3　原理图编辑环境介绍

打开上面建立的【Sheet1. Sch】文件，单击屏幕左侧浏览器标签【Explorer Browse Sch】中的【Browse 】选项卡后，进入如图 3-8 所示的原理图编辑器环境，在这个环境中就可以进行电气原理图的操作。

整个编辑环境主要由菜单栏、工具栏、状态栏及设计文件管理器 4 个部分组成。

(1) 主菜单

主菜单中的各种命令能够完成 Protel 99 SE 的各种功能。主要菜单功能如下。

①【File】：文件操作菜单，可以完成新建、打开、关闭、打印、导入、导出等功能。

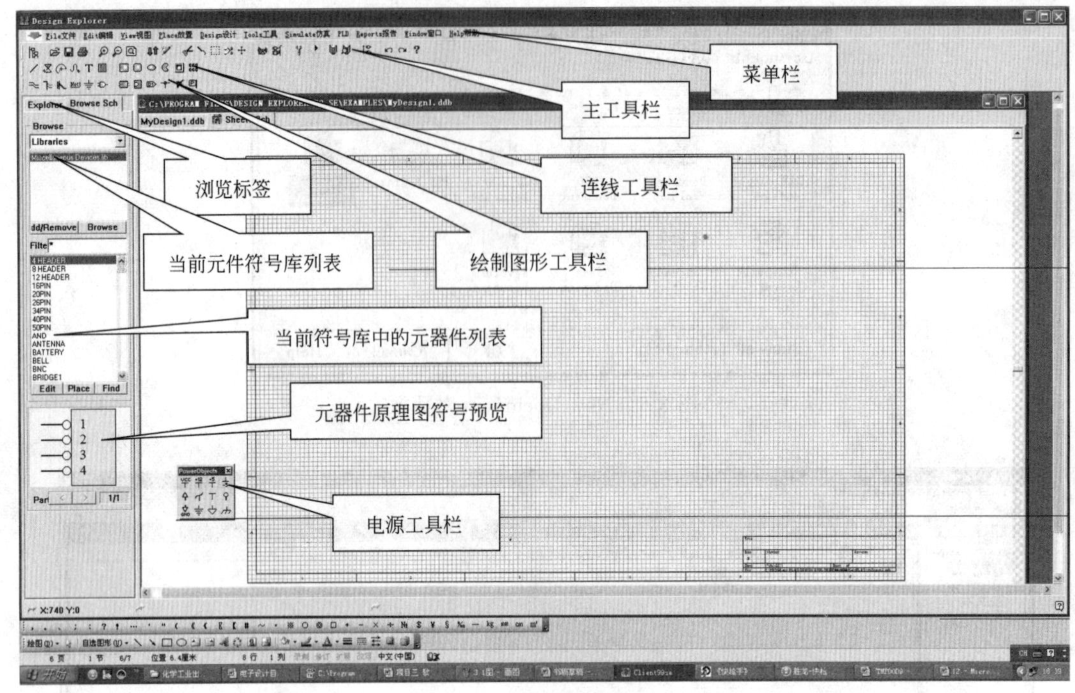

图 3-8 原理图编辑界面

②【Edit】：文件编辑操作菜单，可以完成重做、取消、复制、剪切、粘贴、选取、撤销、移动、拖动、跳转等功能。

③【View】：显示操作，可以完成窗口的放大、缩小、工具栏的显示或关闭、状态栏的显示与关闭、栅格的显示与关闭等功能。

④【Place】：向原理图编辑窗口中放置各种电气对象或非电气对象。

⑤【Design】：元件库的管理、网络表的生成、电路图设置、图纸模板管理、印制电路板同步更新等功能。

⑥【Tools】：ERC 检查、原理图元件编号、原理图编辑器环境设置、查找元件、层次电路图切换等功能。

⑦【Simulate】：仿真命令，其中包含设置电气仿真和放置电源激励等命令。

⑧【PLD】：可编程逻辑器件菜单，其中包含可编程逻辑器件的仿真和汇编等命令。

⑨【Reports】：报表菜单，其中包含生成元器件报表和设计层次报表等命令。

⑩【Help】：帮助菜单，读者应该学会使用系统提供的帮助，帮助设计人怎样使用 Protel 99 SE 提供的版本信息。

(2) 工具栏

工具栏可以认为是菜单栏中很多命令的快捷方式，合理使用工具栏可以大幅度提高设计者的绘图效率。在编辑电路原理图时，设计者经常使用到的工具栏有主工具栏、连线工具栏、电源工具栏及绘制图形工具栏等。用户可以根据需要对这些工具栏进行管理，各快捷键的功能如下。

① 文件管理器的打开或关闭按钮。菜单命令【View】/【Design manager】该命令执行一次，文件管理器的打开或关闭状态切换一次。

② 保存文件的打开按钮。菜单命令【File】/【Open】。

③ 保存文件的按钮。菜单命令【File】/【Save】。

④ 当前图纸的放大与缩小。放大菜单命令为【View】/【Zoom In】，快捷键为【Page Up】或【Z】+【I】；缩小菜单命令为【View】/【Zoom Out】，快捷键为【Page Down】或【Z】+【O】。

⑤ 全部显示绘图区命令。菜单命令为【View】/【Fit Document】，快捷键为【Z】+【S】。

⑥ 层次电路图层次转换。

⑦ 放置探测点。

⑧ 选中区域的剪切。

⑨ 粘贴。

⑩ 选择区域内的对象。

⑪ 取消全部选择。

⑫ 移动选中对象。

⑬ 打开、关闭放置非电气图件工具栏。

⑭ 打开、关闭放置电气图件工具栏。

⑮ 仿真分析设置。

⑯ 仿真运行。

⑰ 增加、减少元件。

⑱ 快速放置元件。

⑲ 增加元件的单元号。

(3) 状态栏

状态栏用于显示光标的当前位置坐标、当前命令状态等，如图 3-8 所示的原理图编辑界面的最下方为状态栏。

(4) 设计文件管理器

设计文件管理器有两个标签，分别是【Explorer】和【Browse Sch】标签。单击【Browse Sch】(浏览选项) 标签，如图 3-9 所示。

① 选择浏览内容　在【Browse】选项区的下拉列表框中，可以选择浏览项目。

●【Libraries】：浏览元件库内容。

●【Primitives】：浏览当前或整个项目原理图的内容。

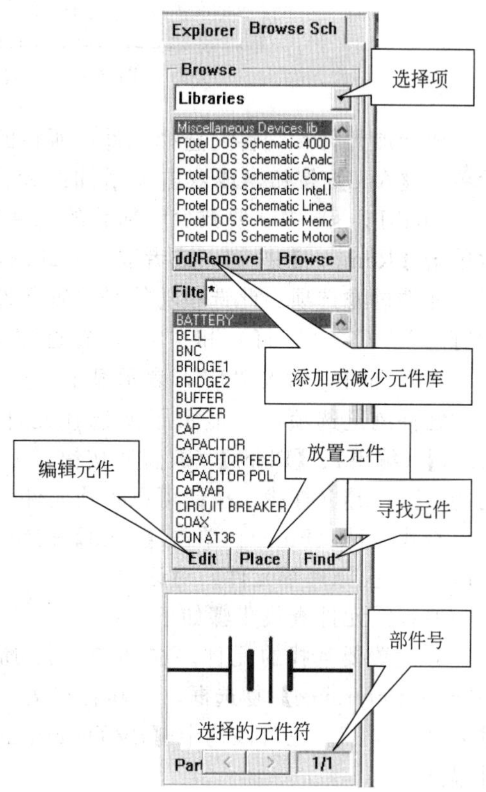

图 3-9　浏览选项标签

② 浏览元件库 在【Browse】选项区的下拉列表框中选择【Libraries】选项，显示如图 3-9 所示的元件数据库内容，它由三个选项区组成：元件库选择选项区域，元件过滤器选项区（Filter），所选元件库元件列表区。

可以通过【Add/Remove】按钮，添加或减少元件库，单击【Add/Remove】按钮后弹出如图 3-10 所示的【元件库增加和减少】对话框（Change Library File List），Protel 99 SE 默认的元件库目录为“Design Explorer 99 SE\【Library】\Sch”文件夹。

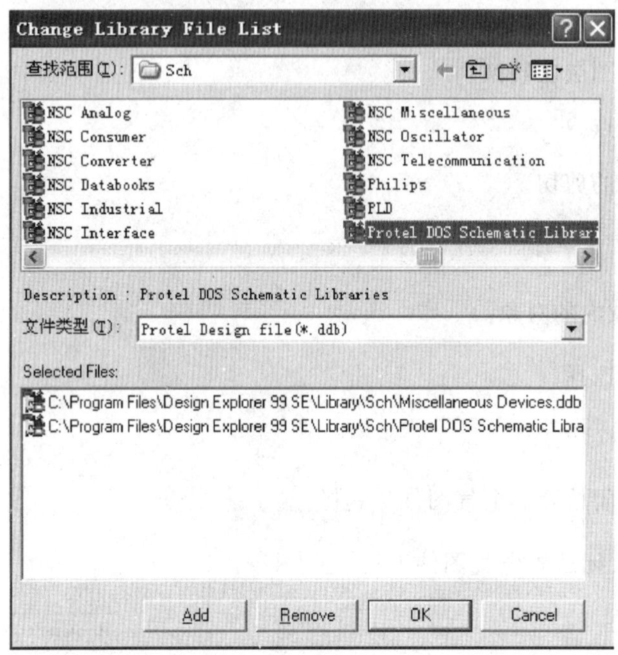

图 3-10 元件库增加和减少对话框

要增加元件库，首先选择元件库所在的文件夹，单击元件库列表中要添加的元件库，而后单击【Add】按钮，或双击要增加的元件库，则将选择的元件库增加到元件库选项区域（Selected Files）中。要减少所加载的元件库，单击元件库选项列表中要卸载的元件库，而后单击【Remove】按钮，或者双击要卸载的元件库，即可实现元件卸载。

元件过滤选项：此选项功能是设置元件浏览选项区中元件列表显示的条件。可以通过通配符“*”（多个字符）和“?”设置过滤条件。如要显示所有带“54”的元件，可以输入“*54*”即可；输入“*”，表示显示所选元件库中的所有元件。

元件浏览选项：它显示了所选择元件库通过过滤条件后的元件列表。此选项下面有【Edit】（编辑）、【Place】（放置）按钮，可以实现选中元件的编辑或放置元件到原理图中的功能；【Find】（查找）按钮可以查找元件。

查找元件（Find）：单击【Find】按钮，弹出如图 3-11 所示的【Find Schematic Component】（查找原理图元件）对话框。

原理图元件查找步骤如下。

- 设置要查找的元件。在如图 3-11 所示的【查找原理图元件】对话框中，选中【By Library Reference】复选框，在其右侧文本框中输入要查找的元件名称，可以用通配符，如输入“*54*”。也可以选中【By Description】复选框，并在右侧文本框中输入要查找的元件描述。
- 设置查找范围。在【Search】选项区域中的 Scope（范围）下拉列表框中指定查找范

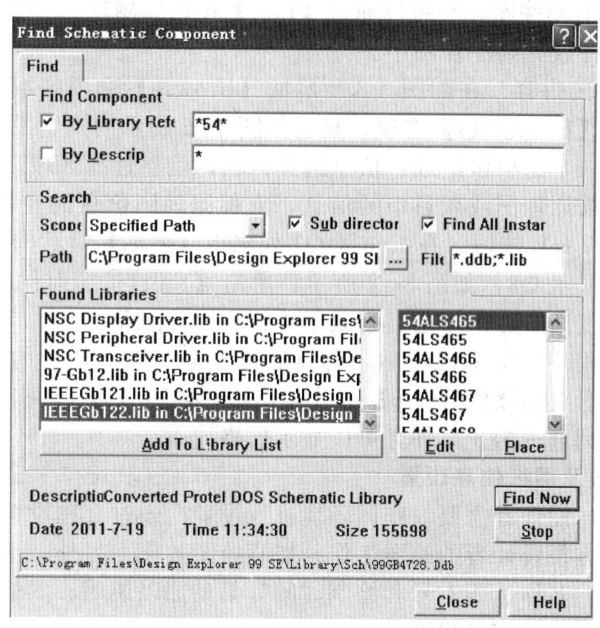

图 3-11　查找原理图元件对话框

围。它有三个选项，分别为【Listed Libraries】（从所载入的元件库中查找）、【Specified Path】（从 Path 所指定的路径查找）、【All Drives】（从所有的驱动器的元件库中查找）。在【Files】文本框中指定文件类型。

• 设置完成后，单击【Find Now】按钮，开始查找，查找过程中，可以单击【Stop】按钮中止查找。

查找完毕后，可以通过【Add To Library List】按钮将找到的元件装入【Found Librar-

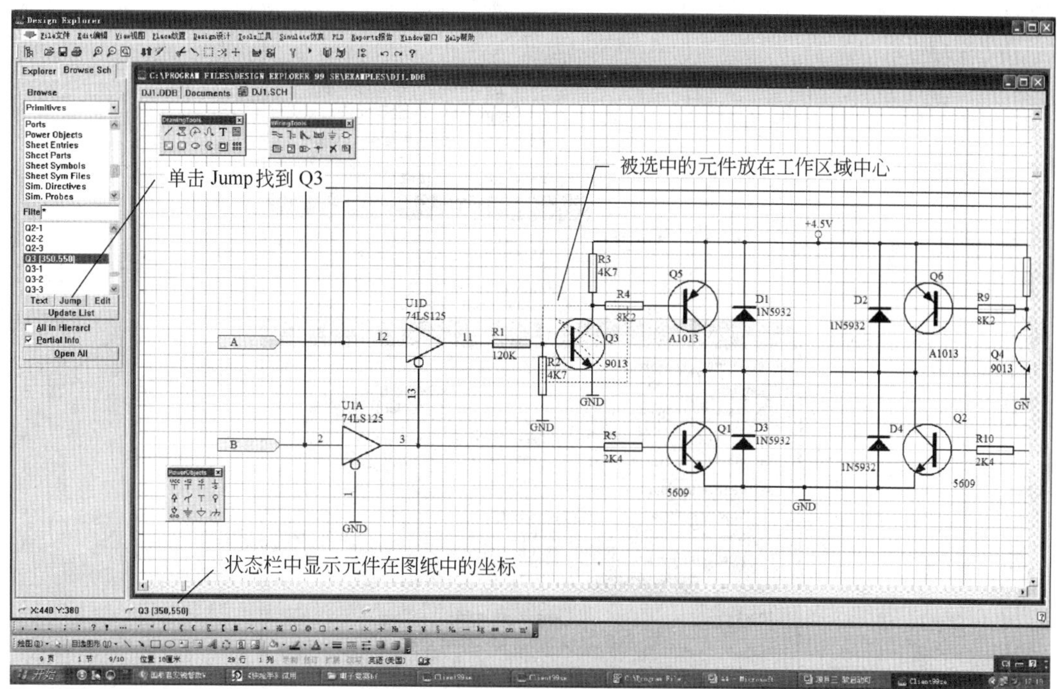

图 3-12　浏览原理图中的内容

ies】选项区域中指定的元件库。还可以通过【Edit】按钮编辑所选择的元件，单击【Place】按钮，将所选中的元件放置到原理图中。

③ 浏览原理图中的内容　在如图 3-8 所示的【Browse】选项区域中单击下拉列表框右边的下拉按钮，选择【Primitives】选项，显示如图 3-12 所示的浏览原理图内容。

浏览原理图中由三个选项区组成：信息选择区域，信息过滤区域，信息过滤选项浏览区域。可以浏览查看当前原理图或项目中的信息，方便原理图信息的查看、原理图的编辑等。当选择 Q3 并单击【Text】按钮时在工作区 Q3 处出现【名称】对话框，单击【Jump】按钮时在工作区中心大幅显示 Q3，如图 3-12 所示，单击【Edit】按钮时同时出现 Q3 的【属性】对话框。该功能可在复杂电路图中通过列表很快找到设计对象。

在查看原理图过程中，选中元件后，可以通过单击主工具栏内的【放大】按钮或【缩小】按钮（或利用键盘上的【Page Up】键放大，【Page Down】键缩小原理图编辑区），直到调整原理图编辑区到合适为止，并且可以显示栅格线。

3.2.4　绘图工作参数及图纸信息设置

在绘制原理图前，设计者需要对作图环境进行设置，通过合理设置作图环境、图纸的尺寸大小和方向，可以方便设计者的绘图工作，提高绘图效率。另外，用户可能需要填写标题栏，以便对该原理图的名称、版本号和绘制时间等信息加以说明。图纸参数设置关系到成品图纸的效果和绘制图纸时的难易程度。

（1）定义图纸外观参数

定义图纸外观参数的方法有两种。

① 在工作区单击鼠标右键，在出现的菜单中单击【Document Options...】文档选项按钮，随后就会出现一个【图纸信息设置】对话框，如图 3-13 所示。

单击【Standard Style】（标准图纸格式）选项下【Standard】项目右边的下拉按钮，在弹出的下拉菜单中选择一个需要的图纸幅面标准，如选择 A4 幅面并单击它，如图 3-14 所

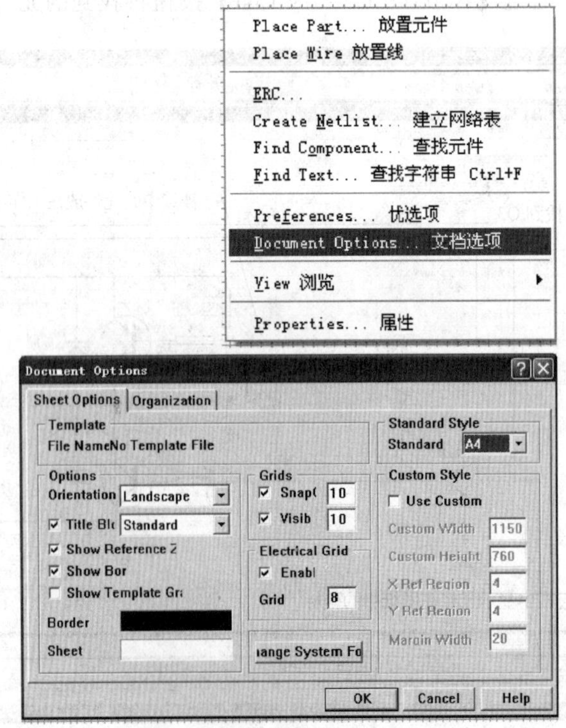

图 3-13　图纸信息设置对话框

示。至此就完成了设置图纸幅面为 A4 的操作。

② 选取【Design】/【Options...】菜单命令。打开如图 3-14 所示的图纸属性对话框。单击【Standard Style】（标准图纸格式）选项下【Standard】项目右边的下拉按钮，在弹出的下拉菜单中选择一个需要的图纸幅面标准，即可完成图纸幅面设置。

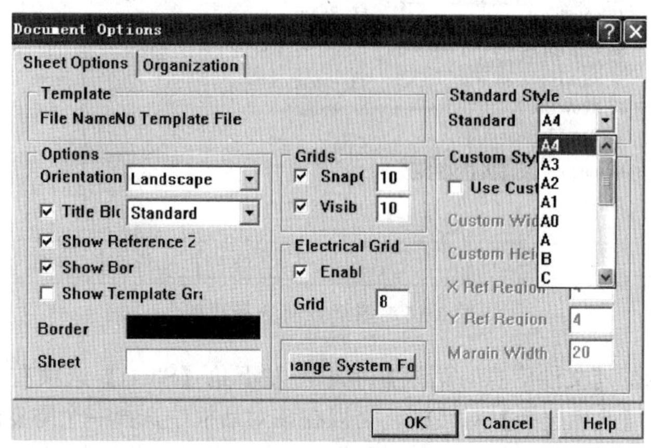

图 3-14 图纸幅面设置

Protel 99 SE 提供的标准图纸有 18 种，其规格如表 3-1 所示。

表 3-1 图纸尺寸规格表

代号	尺寸/in	代号	尺寸/in
A4	11.5×7.6	E	42×32
A3	15.5×11.1	Letter	11×8.5
A2	22.3×15.7	Legal	14×8.5
A1	31.5×22.3	Tabloid	17×11
A0	44.6×31.5	Orcad A	9.9×7.9
A	9.5×7.5	Orcad B	15.6×9.9
B	15×9.5	Orcad C	20.6×15.6
C	20×15	Orcad D	32.6×20.6
D	32×20	Orcad E	42.8×32.2

注：1in=2.54cm。

(2) 设置图纸方向

通过对图 3-14 中所示的【Options】选项区进行修改，可以设置图纸的方向。在该区域中还包括标题栏设定和边框底色设定两个部分。单击【Orientation】下拉按钮，在弹出的下拉菜单中选择一个需要的图纸方向。如图 3-15 所示。

Protel 99 SE 提供了两种图纸方向供选择。

①【Landscape】 图纸水平横向放置。

②【Portrait】 图纸垂直纵向放置。

在设计电路图时，通常水平放置图纸，也可根据图纸的最终布局来决定采取哪种方式。

(3) 设置工作区域颜色

在通常情况下，Protel 99 SE 工作区的颜色为淡黄色，如果觉得该颜色不方便使用，则可以自己设置一个满意的颜色。下面介绍设置方法。

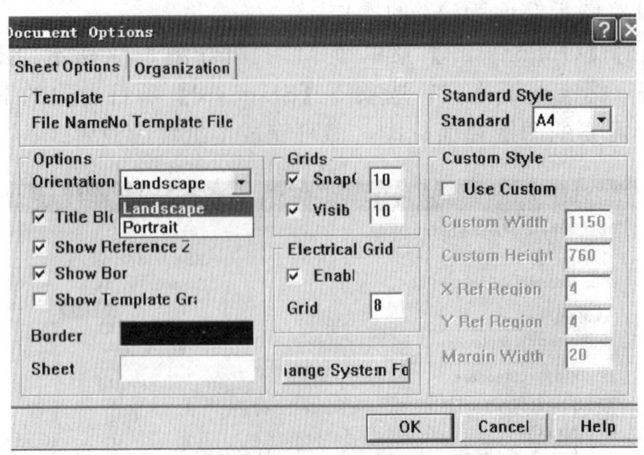

图 3-15　图纸方向选择设置

在如图 3-16 所示的【文件信息对话框】中单击左下角【Sheet】选项右面的颜色条，此时会弹出如图 3-17 所示的【颜色选择】对话框，可以在该对话框中选择一个需要的颜色（拖动右面的滚动条翻页），然后单击【OK】确认按钮即可将该颜色设置为工作区的显示颜色。

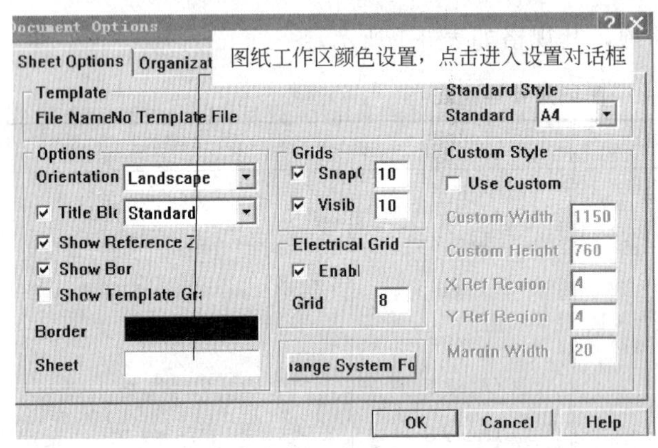

图 3-16　图纸工作区颜色设置

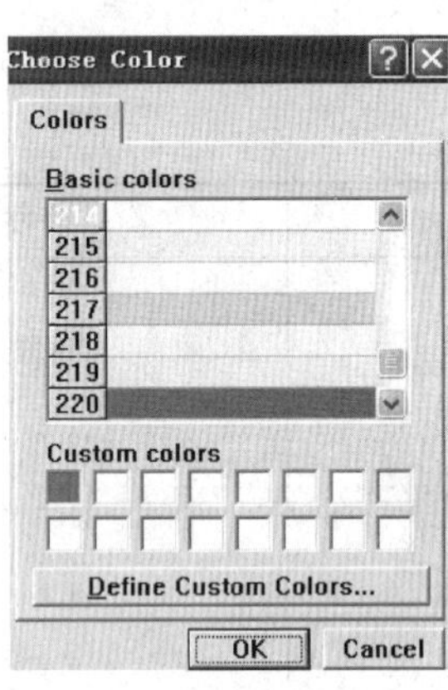

图 3-17　颜色选择对话框

如果在【颜色选择】对话框中没有找到自己满意的颜色，则可以单击【Define Custom Colors...】按钮进入如图 3-18 所示的自定义【颜色】对话框，在该对话框中自定义一个满意的颜色后，单击【OK】按钮确认即可将该颜色设置为工作区的显示颜色。

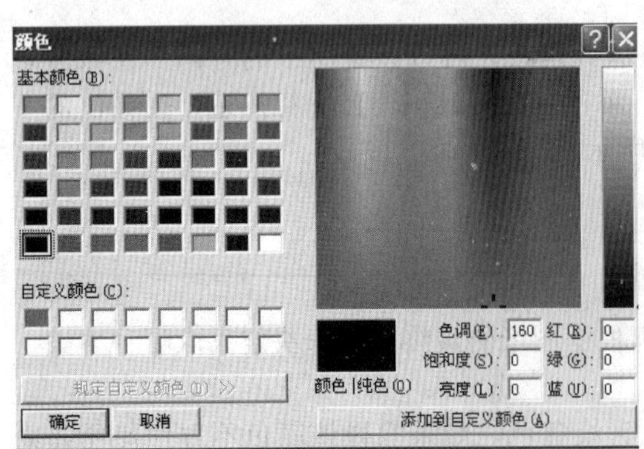

图 3-18　自定义颜色对话框

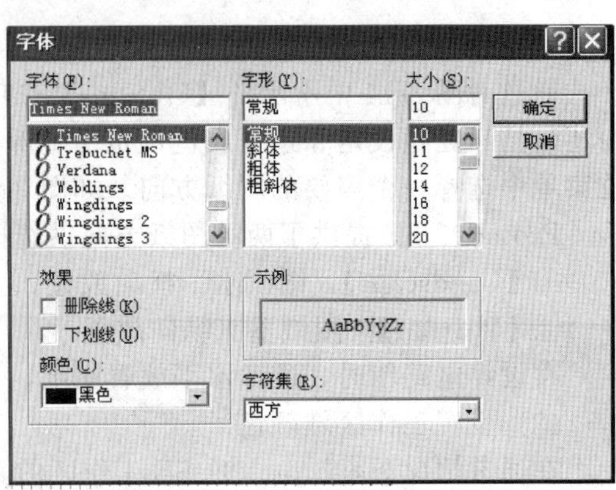

图 3-19　字体设置对话框

(4) 系统字体设置

若希望系统显示字体（元器件端子字体、输入文本）时，则单击【文件信息对话框】下方中部的【Change System Font】按钮，即可进入如图 3-19 所示的【字体】设置对话框。在该对话框中设置好字体选项后，单击【确定】确认按钮即可完成系统字体的设置工作。

(5) 标题栏的设置

① 标准标题栏设置　首先用鼠标左键单击【Document Options】选项区中【Title Block】窗口左复选框，使之出现“√”标志，表明选中该项，然后用鼠标左键单击该窗口右侧下拉按钮，在下拉列表中选择【Standard】，如图 3-20 所示，将标题栏确定为标准型。

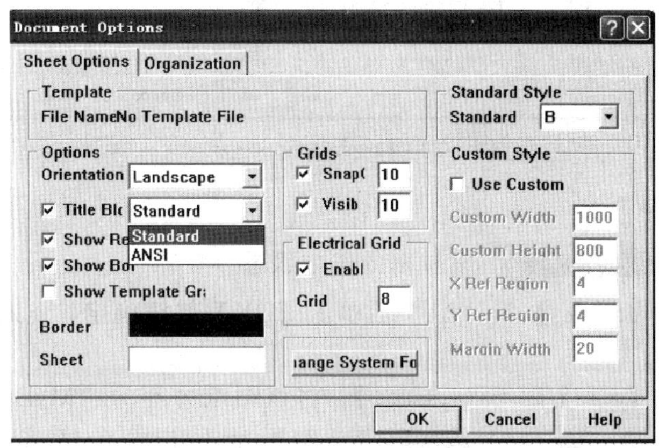

图 3-20　设置标题栏选项卡

该下拉列表中的另一项选择是 ANSI，它可将标题栏确定为美国国家标准协会模式，两种标题栏形式的格式如图 3-21 和图 3-22 所示。

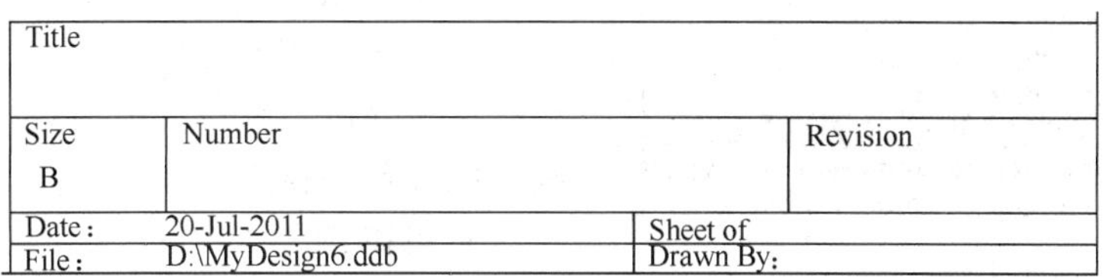

图 3-21　标准型标题栏样式

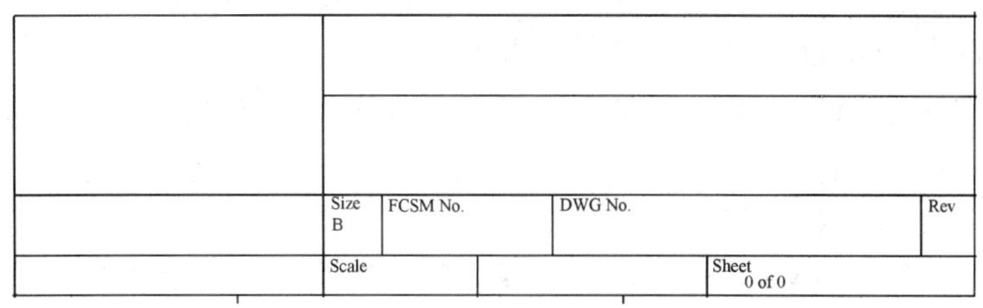

图 3-22　美国国家标准标题栏样式

②【Organization】选项卡　【Organization】选项卡主要用于定义当前原理图名称、版本及绘制单位等信息，如图 3-23 所示，经过设置，这些填写的信息将会在图纸标题栏中显示。

③ 用户自定义标题栏设置　用户自定义标题栏设置的设置步骤如下。

- 执行菜单命令【Design】/【Options】，系统弹出图纸参数设置对话框，如图 3-20

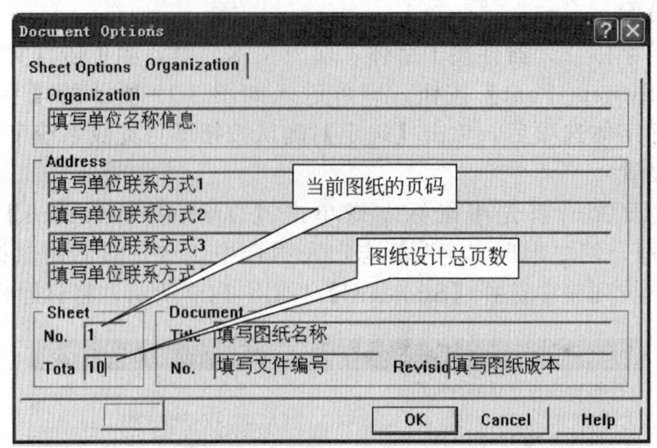

图 3-23 Organization 选项卡

所示。

● 取消 Title Blc Standard 复选框的选中状态。

● 设置【Standard Styles】为“A4”后单击【OK】按钮确定，此时的图纸外观没有了标题栏。

● 执行菜单命令【File】/【I Save as...】，将该图纸另存为“MyDesignA4.dot”，如图3-24所示。注意将格式选择为“Advanced Schematic template ascii［*.dot］”格式。

Save As
Name Copy of Copy of Sheet1.Sch
Format Advanced Schematic template ascii(*.
Advanced Schematic binary(*.sch)
Advanced Schematic ascii(*.asc)
Orcad Schematic(*.sch)
Advanced Schematic template ascii(*.dot
Advanced Schematic template binary(*.d
Advanced Schematic binary files(*.prj)

图 3-24 保存模板文件格式

● 将图纸右下角放大至合式大小，以便进行标题栏的绘制。

● 单击绘制图形工具栏【Drawing Tools】中的绘制直线工具 / 按钮，进行标题栏线条的绘制，并可根据个人习惯或公司规定，定义线条的颜色和粗细。

● 单击图形工具栏【Drawing Tools】中的添加图片工具按钮，根据用户需要添加图片。读者可以添加的位于安装目录“\Design Explorer 99 SE\System”下的“Startup.bmp”文件图标中，也可添加自己公司或单位的标识图片。在添加图标的过程中，如位置不够理想，可执行【View】/【Visible Grid】命令取消“可视网格”状态，以便插图进行自由的移动。

● 单击图形工具栏【Drawing Tools】中的添加文字工具 T 按钮，根据用户需要添加文字，文字的大小和字型可通过 Font Change... 按钮进行改变。完成线条绘制、图片添加和文字标注后的标题栏如图 3-25 所示。

执行菜单命令【Tools】/【Preferences...】，在系统弹出的设定工作参数对话框中单击【Graphical Editing】选 Convert Special Strin，确认复选框未被选中。

● 添加特殊字符串。在模板中添加特殊字符串，系统就可以根据图 3-23 中填写的单位信息、实际保存路径及编辑时间等内容，在新建的标题栏中自动进行填写。根据图 3-23 所示的内容，单击图形工具栏【Drawing Tools】中的添加文字工具按钮，添加所需的特殊字符串，此时添加的特殊字符串，其字体和大小直接决定了以后系统自动填写内容的字体和大小，之后保存该模板。将添加的特殊字符串移动至相应位置后的标题栏模板，如图 3-26 所示。

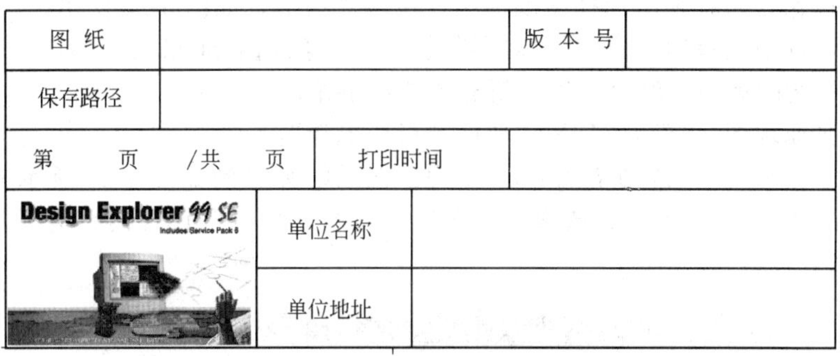

图 纸		版 本 号	
保存路径			
第　　页　/共　　页	打印时间		
Design Explorer 99 SE	单位名称		
	单位地址		

图 3-25　自定义初步建成的标题栏模板

图纸名	.TITLE	版本号	.REVISION
保存路径	.DOC_FILE_NAME		
第 .SHEETNUMBER/共 .SHEETTOTA 页	打印时间	.TIME　.DATE	
Design Explorer 99 SE	单位名称	.ORGANIZATION	
	单位地址	.ADDRESSI	

图 3-26　添加字符串后的标题栏模板

④ 用户自定义标题栏的使用　在前面用户根据自己的需要创建了一个图纸标题栏模板，之后，就是怎样在绘制原理图的过程中使用已创建好的模板。使用自创的标题栏模板的过程如下。

● 打开前面在设计文件【MyDesign6. ddb】下建立的原理图文件【Sheet1. Sch】，或者新建一张原理图。

● 执行菜单命令【Tools】/【Preferences...】，系统弹出原理图参数设置对话框，如图3-27所示。

● 在参数设置对话框中的【Schematic】选项卡下单击【Default Template File】栏里的

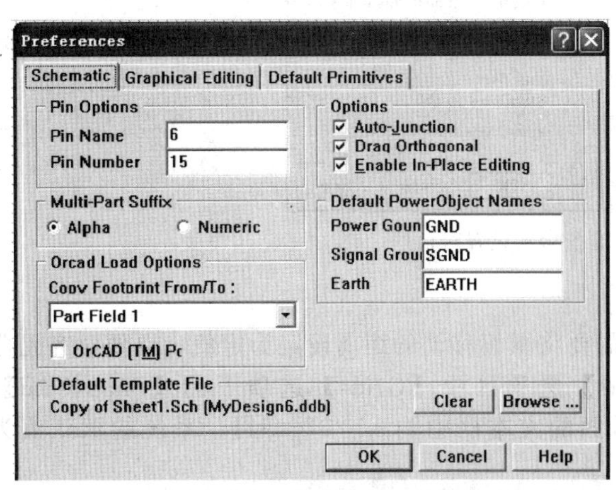

图 3-27　原理图参数设置对话框

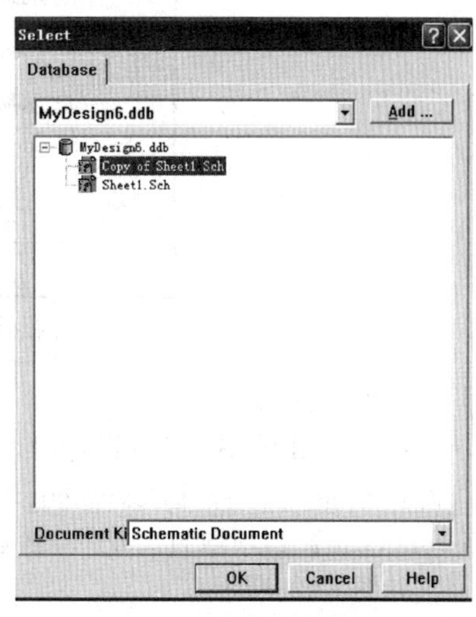

图 3-28　选择图纸标题栏模板对话框

【Browse...】按钮，系统弹出选择图纸标题栏模板对话框，如图 3-28 所示。

● 在该对话框中选择用户建立的标题栏模板文件【Copy of Sheet1. Sch】后单击【OK】按钮确认，用户建的标题栏就会出现在新建图的右下角。

● 新建一张原理图，将其命名为“软启动稳压电源”。

● 执行菜单命令【Design】/【Options...】，在系统弹出的如图 3-29 所示的图纸参数设置对话框中单击【Organization】选项卡，根据用户所在单位和设计内容进行填写，填写完毕后单击【OK】按钮。

图 3-29 图纸信息填写卡

● 执行菜单命令【Tools】/【Preferences...】，在系统弹出的如图 3-30 所示的对话框中单击【Graphical Editing】标签，确认【Options】栏中的【Convert Special Strings】复选框为选中状态，单击【OK】按钮确认。随后，用户就可以看到如图 3-31 所示的“软启动稳压电源”标题栏了。

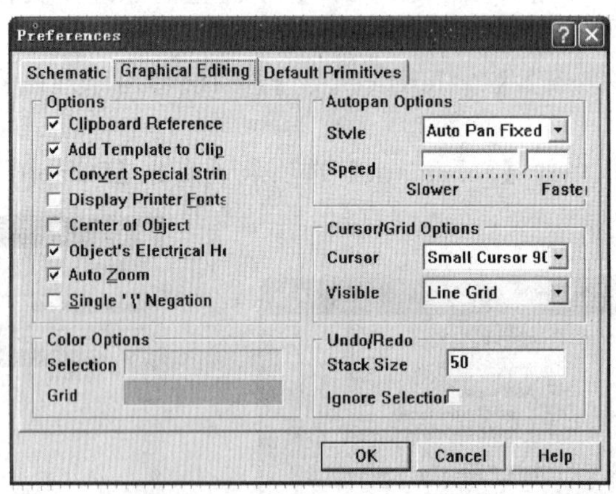

图 3-30 原理图参数设置对话框

(6) 设置图纸栅格

在用 Protel 99 SE 进行设计时，通常需要将鼠标移动的距离设定为定值，以便对齐元器件。需要栅格时，将【Dovument Options】选项区中【Grids】选项下的【Snap Grid】、【Visible Grid】选项前打“√”，然后在后面的文本框中输入“5”即可，系统的默认值为“10”。如图 3-32 所示。

①【Snap Grid】锁定栅格：选中该项可使光标以该项右侧窗口中显示的数值为基本单

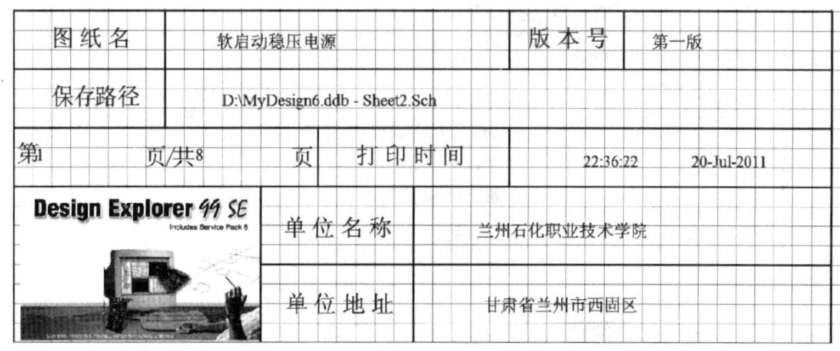

图 3-31　填写完毕后的标题栏信息样式

位（每个基本单位为 0.01in）移动。单位是 mil（即 1/1000in=0.00254cm）。

②【Visible Grid】可见栅格：选中该项可使图纸界面上显示可见的栅格。单击左侧复选框使其选中，再单击右侧窗口并按需要通过键盘修改数据即可修改可见栅格间距。

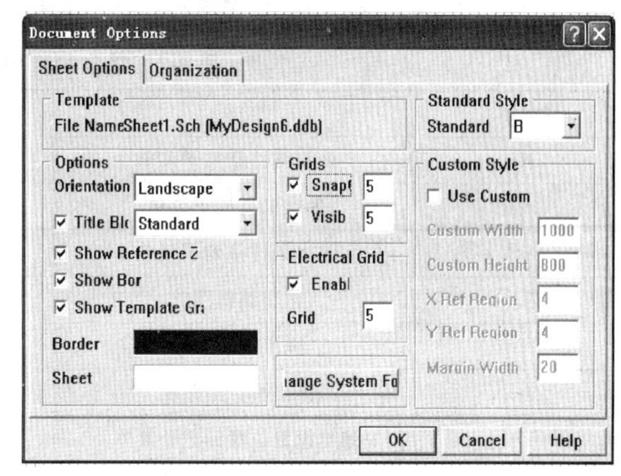

图 3-32　图纸栅格设置选项卡

（7）设置自动寻找电气节点

该设置在【Electrical Grid】选项区中进行，参见图 3-32 选中该项时，系统在画导线时，会以【Grid】栏中的设置值为半径，以光标箭头为圆心，向四周搜索电气节点。如果找到了最近的节点，就会把十字光标移到该节点上，并在该节点上显示出一个圆点，进行电气连接。选中方法同前。【Grid】中设置的数据值通常默认为“8”，无特殊需要时，不用修改。

（8）设置显示参考边框

选中该项可显示参考图纸边框。

用鼠标左键单击【Options】选项区中【Show Reference Zones】的左侧复选框，出现“√”标志则表明选中该项，否则未选中。

（9）设置显示图纸边框

选中该项可显示图纸边框。

用鼠标左键单击【Options】选项区中【Show Border】的左侧复选框，出现“√”标志则表明选中该项，否则未选中。

（10）设置图纸边框颜色

选中该项可修改图纸边框的颜色。

用鼠标左键单击【Options】选项区中【Border Color】右侧的窗口后，将弹出一个【Choose Color】对话框，如图 3-33 所示。在该窗口中选择确定所需的颜色后单击按钮【OK】，即完成对图纸边框的颜色设置。

（11）鼠标与快捷键列表

在 Protel 99 SE 中，鼠标与键盘组合构成的快捷键可执行许多命令和操作，这有助于提高用户的工作效率。下面将列出系统预设的部分快捷键及其功能说明。

① 缺省的弹出菜单快捷键　在 Protel 99 SE 中缺省的弹出菜单快捷键如表 3-2 所示。

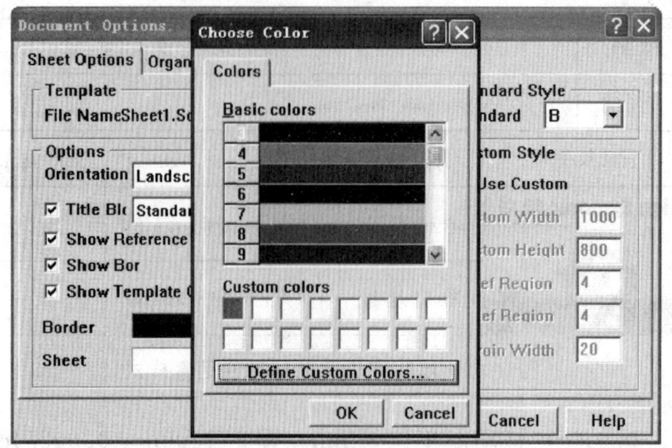

图 3-33 图纸边框颜色设置对话框

表 3-2 缺省的弹出菜单快捷键

快捷键	功能	快捷键	功能
A	弹出图件排列子菜单	P	弹出放置菜单
B	弹出工具栏子菜单	R	弹出报告菜单
E	弹出图件排列子菜单	S	弹出选择子菜单
F	弹出编辑菜单	T	弹出工具菜单
H	弹出帮助菜单	V	弹出视图菜单
J	弹出跳转子菜单	W	弹出窗口菜单
L	弹出设置位置标记子菜单	X	弹出撤销选择菜单
M	弹出移动子菜单	Z	弹出视图缩放菜单

② 缺省的原理图操作命令快捷键 在 Protel 99 SE 中缺省的原理图操作命令快捷键如表 3-3 所示。

表 3-3 缺省的原理图操作命令快捷键

快 捷 键	功 能
Ctrl+退格键	恢复撤销的操作,按一下恢复一步
Alt+退格键	撤销前一步操作,按一下撤销一步
Pgup	放大比例显示
Ctrl+PgDn	在设计窗口中全显所有的对象
PgDn	缩小比例显示
End	屏幕显示刷新
Ctrl+Home	将光标跳到 $X=0,Y=0$ 的起点处
Home	摇景,以光标当前所在位置为显示中心显示画面
Shift+左箭头	光标左移 10 个格点
左箭头	光标左移 1 个格点
Shift+向上箭头	光标上移 10 个格点
向上箭头	光标上移 1 个格点
Shift+右箭头	光标右移 10 个格点

续表

快 捷 键	功 能
右箭头	光标右移 1 个格点
Shift+向下箭头	光标下移 10 个格点
向下箭头	光标下移 1 个格点
Shift+Insert	粘贴
Ctrl+Insert 或 Ctrl +C	将所框选中的对象组复制到剪贴板中
Shift+Delete 或 Ctrl+X	剪切已框选中的对象组,同时复制到剪贴板中
Ctrl+Delete	清除已框选中的对象组,但不复制到剪贴板中
Delete	删除已点选中的对象
Ctrl+1	按 100%比例,即正常比例显示当前图纸
Ctrl+2	按 200%比例显示当前图纸
Ctrl+4	按 400%比例显示当前图纸
Ctrl+5	按 50%比例显示当前图纸
Ctrl+F	查找字符串
Ctrl+G	查找并替换字符串
Ctrl+V	使一组图件垂直靠中(所选框的 1/2 水平线)对齐
Ctrl+B	使一组图件底端对齐
Ctrl+T	使一组图件顶端对齐
Ctrl+Shift+H	使一组图件水平平铺
Ctrl+H	使一组图件按水平中心线(所选框的中垂线)对齐
Ctrl+L	使一组图件左对齐
Ctrl+R	使一组图件右对齐
Ctrl+Shift+V	使一组图件垂直均布
F1	在系统空闲状态下运行帮助主题
F3	查找下一个字符串
Shift+F4	以还原方式层叠显示打开的多个数据库文件
Shift+F5	平铺显示打开的多个数据库文件
Shift+Tab	在导航面板和设计窗口中文件的内容间切换
Shift+鼠标左键	切换对象的框选中状态
Ctrl+鼠标左键	点选并拖动对象(带电气连接线)
单击鼠标左键	点选一个对象
双击鼠标左键	弹出对象属性对话框以供编辑所选中的对象属性等
单击鼠标左键并拖动	在当前文件中框选对象组;移动已选中的对象(组)

③ 最常用键盘快捷键 表 3-4 列出了 Protel 99 SE 中最常用的键盘快捷键，以便用户查阅。

表 3-4 常用键盘快捷键

快 捷 键	功 能
X+A	撤销对所有元件的选择
V+D	以适当比例显示整张原理图
V+F	以适当比例显示所有对象
PgUp	放大比例显示
PgDn	缩小比例显示
Home	以光标当前所在位置为显示中心显示画面
End	屏幕刷新
Tab	光标处于放置对象状态时弹出对象属性对话框
Space Bar	处于放置对象状态时将对象做 90°旋转
X	处于放置对象状态时将对象做左右对调
Y	处于放置对象状态时将对象做上下对调
Delete	在放置导线/总线/线段/多边形时删除最后一(顶)点
Space Bar	在放置导线/总线/线段时切换放置模式
Esc	撤销当前正在进行的命令
Ctrl+Tab	在打开的设计文件之间循环切换
Alt+Tab	在当前 Windows 中已打开的应用程序之间循环切换

任务 3.3 绘制软启动可调稳压电源电路原理图

任务能力目标

① 元器件原理图符号库。
② 载入所需的元件原理图符号库。
③ 卸载指定的元件原理图符号库。
④ 在工作平面上放置元器件。
⑤ 利用原理图符号浏览器放置元件。
⑥ 利用菜单命令放置元件。
⑦ 利用快捷键放置元件。
⑧ 元器件位置的调整。
⑨ 单个元件的移动。
⑩ 多个元器件的移动。
⑪ 元器件的旋转。
⑫ 元件的排列。
⑬ 编辑元件属性。
⑭ 原理图绘图工具。
⑮ 绘制导线。
⑯ 在电路原理图中放置节点。
⑰ 放置电源和接地符号。
⑱ 绘制软启动可调稳压电源原理图。

知识技能

3.3.1　元器件原理图符号库

在放置元器件之前，必须先将该元器件所在的元件库载入到当前原理图编辑器中。Protel 99 SE 提供了很多元件原理图符号库供设计者使用。在绘制原理图时，只要所使用的元件原理图符号库已经被载入到当前原理图编辑器中，设计者就可以直接从库中取用所需的元件符号。在初次进入原理图编辑器时，系统默认载入一个元件符号库“MiscellaneousDevices. Lib”，其他元件原理图符号库就需要用户自己添加了。

在 Protel 99 SE 中，大部分元件原理图符号库（*. Lib 文件）都存在于后缀为“. ddb”的数据库文件中。有的数据库文件包含了许多“*. Lib”文件。

3.3.2　载入所需的元件原理图符号库

① 打开元件库管理浏览器，其标签为【Browse Sch】，其上半部分为库浏览部分，下半部分为元件浏览部分。如图 3-34 所示。

图 3-34　元件库浏览器

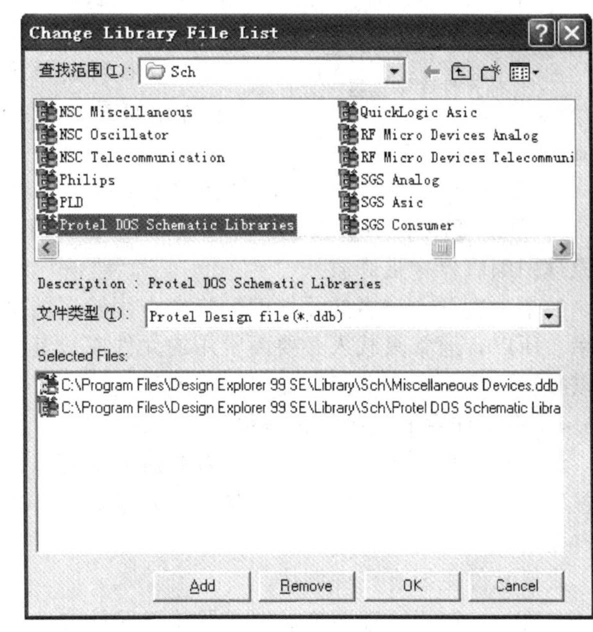

图 3-35　修改库文件列表对话框

② 单击【Add/Remove...】按钮，或者执行菜单命令【Design】/【Add/Remove Library】，可以打开【Change Library File List】对话框，如图 3-35 所示。在该对话框中可以对元件库进行添加和删除。从图 3-36 中可以看到，系统默认装载了“Miscellaneous Devices. lib”库。

③ 选择需要装载的库，如“Protel DOS Schematic Libraries. ddb”，单击【Add】按钮，或者直接双击要装载的库，该库就会出现在下面的“Selected Files”区域中，即成功装载该库，如图 3-36 所示，单击【OK】按钮，完成元器件原理图符号库的添加。此时，用户可以看到原理图编辑器左侧【Browse Sch】浏览原理图标签下突然增加了很多原理图符号库。Protel 99 SE 元件库中的元器件数量庞大，但分类是很明确的。它首先按照元器件的厂家进行一级分类，然后再按照各厂家元器件的种类进行二级分类。如图 3-36 所示。

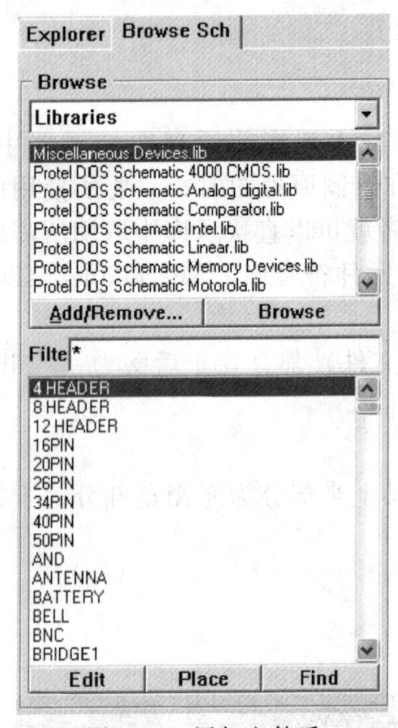

图 3-36 添加文件后的元件库浏览器

在元件浏览器中有一个元件过滤器【Filter】，它的功能是在【Filter】左侧的输入框中输入所要选择的元件名部分特征字符串，在字符特征不详的位置可用“*”或“?”代替，可使元件浏览框中只显示当前库中带该特征字符串的元件名。若元件过滤器中只输入“*”，则元件浏览框中显示当前库中的所有元件名。

【Edit】按钮功能是：用于启动元件库编辑器，对在元件浏览框中选中的元件进行编辑。

【Place】按钮功能是：用于将在元件浏览框中选中的元件放到工作平面上。

【Find】按钮功能是：用于启动元件查找对话框，对库名未知的元件进行查找。

④ 若在【Browse】择框的下拉列表中选择【Primitives】，则元件库管理器变成原理图图件管理器。这便于浏览原理图中的图件，利用其下部的按钮可使光标迅速地跳转到所选图件处。

3.3.3 卸载指定的元件原理图符号库

① 执行菜单命令【Design】/【Add/Remove Library】，或者在如图 3-36 所示的原理图编辑器中浏览窗口中单击【Add/Remove...】按钮。

② 在系统弹出图 3-35 所示的修改库文件列表对话框中单击想要卸载的原理图符号库。

③ 单击【Remove】按钮，然后再单击【OK】按钮即完成所选的元器件原理图符号库从原理图编辑器中被卸载。

如果一次载入过多的元件库，将会占用较多的系统资源，同时也会降低应用程序的执行效率。所以，通常只载入必要而常用的元件库，其他特殊的元件库当需要时再载入，这样做可以减轻系统的运行负担，加快运行速度。

3.3.4 在工作平面上放置元器件

当用户将所需要的元件库装入系统后，就可以从装入的元件库中选取所需元器件并将它放置到原理图中了。需要注意的是，在放置元器件之前，必须先将该元器件所在的元件库载入内存中。

放置元件主要有三种方法。

方法一：利用原理图符号浏览器放置元件。

方法二：执行【Place】/【Part...】菜单命令放置元件。

方法三：利用快捷键【P】+【P】放置元件。

在放置好元件后，用户可能需要调整元件的位置，使绘图更加方便，原理图更加美观。下面将分别介绍放置元件和调整元件位置的各种方法。

3.3.5 利用原理图符号浏览器放置元件

以项目中要求的放置元件 LM317 为例，介绍利用原理图符号浏览器放置元件的基本步骤。

① 如果读者知道 LM317 所在的元件库，就直接把该库加载到原理图浏览器中。如果不知道 LM317 所在的元件库，就选用浏览器窗口下文的【Find】按钮进行查找。单击【Find】按钮，弹出如图 3-37 所示的【Find Schematic Component】对话框，在对话框的【By Library Reference】选项的右侧文本框中输入“LM317”元件名称，查找范围设置为从所有的驱动器的元件库中查找。然后，单击【Find Now】系统开始查找，查找完毕后把所有结

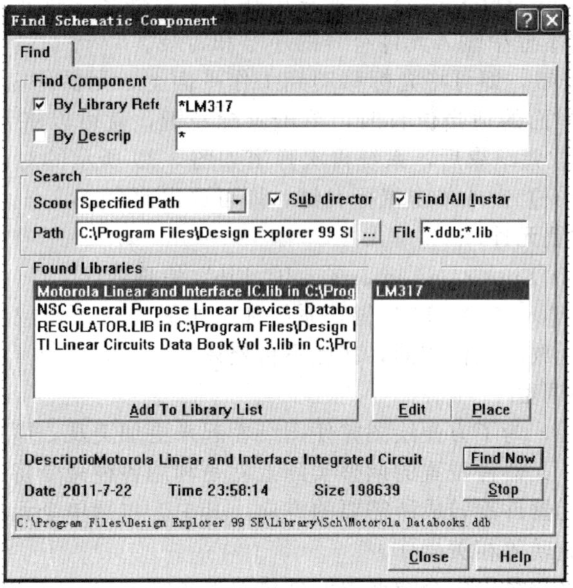

图 3-37　查找元件对话窗口

果都显示在【Found Libraries】窗口中。在图 3-37 所示的图中 LM317 所在的库有四个，选择第一个“Motorola Linear and interface IC. Lib”库，单击【Add to Library List】按钮，LM317 所在的元件库就被加载到元件浏览器窗口中，再单击【Close】按钮，关闭查找元件对话窗口。

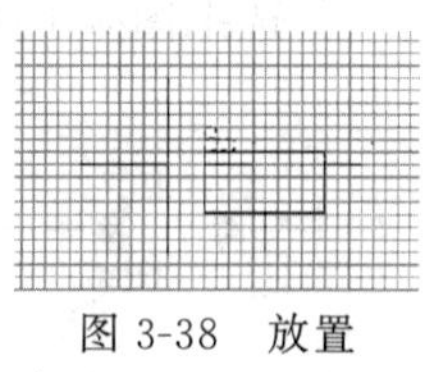

图 3-38　放置 LM317 符号

② 在元件浏览器窗口选中“Motorola Linear and Interface IC. Lib”库，单击原理图符号列表中的任意元件符号以激活原理图符号列表栏，然后在键盘上输入 LM317，即可跳到该元件原理图符号处。

③ 选中 LM317 符号，通过双击该符号或者单击【Place】按钮，光标变成十字并带者该元件符号出现在工作平面上，移动鼠标并单击鼠标左键把元件符号放到合适的位置，再单击鼠标左键可连续放置，单击鼠标右键或按【Esc】键则退出元件放置，如图 3-38 所示。

3.3.6　利用菜单命令放置元件

① 执行菜单命令【Place】/【Part...】系统会弹出如图 3-39 所示的【Place Part】对话框。如果【Lib Reference】右侧文本框中显示的符号名称不是用户所需的，通过单击该文本框右侧的【Browse...】按钮打开元件符号库浏览窗口，如图 3-40 所示，在该窗口用户可以查找所需的元件符号。

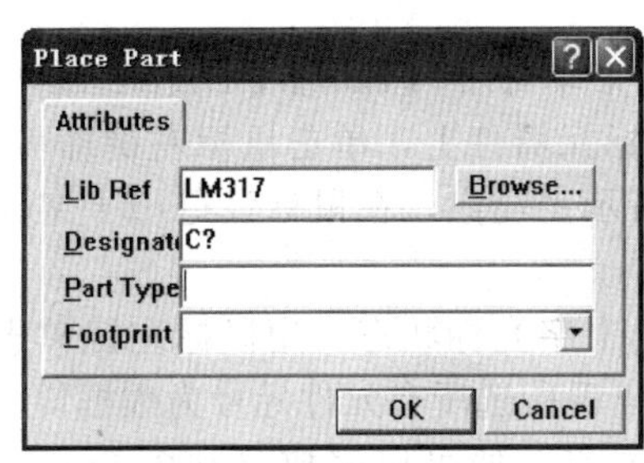

图 3-39　放置元件对话框

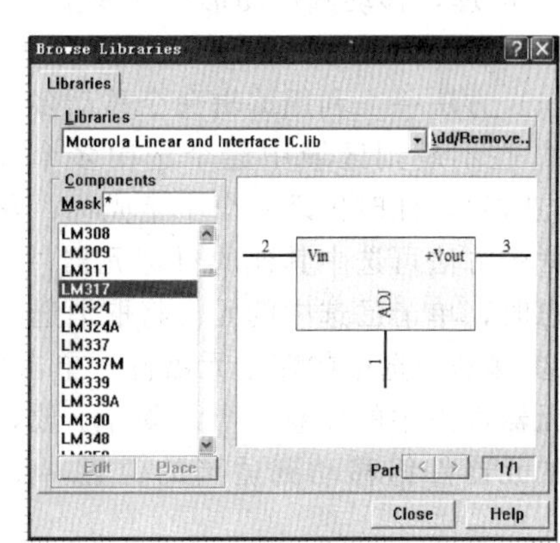

图 3-40　元件符号库浏览窗口

② 在对话框的【Lib Reference】文本框中输入元器件名 LM317，在【Designator】和【Footprint】右侧的文本框中输入元件符号的序号和封装。

③ 单击【OK】按钮，即可将光标移动到工作平面上，元器件随着光标的移动而移动，当元器件移动到工作平面的适当位置时，单击鼠标左键，就可以将元器件定位到工作平面上，如图 3-38 所示。放置结束后，系统再次弹出如图 3-39 所示的对话框，用户可以继续放置下一个元件，按【Esc】键或单击鼠标右键，即可退出此命令状态。

3.3.7 利用快捷键放置元件

① 载入“Motorola Linear and interface IC. Lib”原理图库。

② 在键盘上依次键入【P】+【P】键，系统弹出如图 3-39 所示放置元件符号对话框。其他步骤与利用菜单命令放置元件相同，在此不再赘述。

3.3.8 元器件位置的调整

在放置好元件之后，为了方便绘图并使图纸看起来更加美观，用户需要对图纸上的元件位置进行适当的调整。元器件位置的调整实际上就是利用各种命令将元器件移动到工作平面上需要的位置，并将元器件旋转成所需要的方向。其中，包括单个元器件的移动、多个元器件的移动、元器件的旋转等相关操作。

下面以二极管元件符号为例介绍调整元件位置的各种方法。

3.3.9 单个元件的移动

(1) 方法一　直接选中移动

① 选中图 3-41 中左边的二极管元件符号，将鼠标光标移动到该符号上，然后按住左键不放，此时在二极管上会出现一个以鼠标箭头为中心的十字光标，这表示已经选中了该元件。

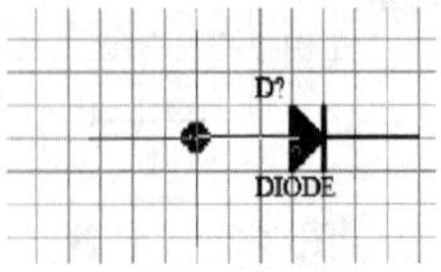

图 3-41　被移动元件选中状态

② 按住鼠标左键不放，移动十字光标，元件的虚框会随着光标的移动而移动。在适当位置松开左键，即可完成单个元件的移动。在移动过程中一定不要松开鼠标左键。

(2) 方法二　利用菜单命令移动单个元件

① 执行【Edit】/【Move】/【Move Selection】菜单，此时将出现十字光标。

② 将光标移动到所要移动的元件上后单击左键，即可选中该元件符号，此时元件符号将自动固定在光标上，并可以随光标移动。

③ 移动光标，在合适的位置单击鼠标左键，即可完成移动操作。此时系统仍处于移动命令状态，可继续移动其他元件，直到单击鼠标右键或者按下键盘上的【Esc】键为止。在移动光标的过程中，用户不需要一直按住左键不放。

④ 同理，移动其他图形，如线条、文字标注等的方法与此类似。

3.3.10 多个元器件的移动

(1) 方法一　利用编辑命令移动多个元件

① 在不规则区域中逐个选中多个元器件。执行菜单命令【Edit】/【Toggle Selection】(切换选择)，此时出现一个十字光标，移动光标到目标元器件上，单击鼠标左键即可选中。用同样的方法可选中其他的目标元器件，如图 3-42 所示。注意，在鼠标没退出十字光标选中状态时，单击已选中的元件将取消选中状态。

② 移动被选中的多个元器件。单击鼠标右键退出十字光标状态，用鼠标左键单击被选中的元器件组中的任意一个元器件不放，待十字光标出现所选所有元件标号为虚框即可将被选中的元器件组移动到适当的位置，然后松开鼠标左键，便可以完成移动多个元器件的操作。

也可以执行【Edit】/【Move】/【Move Selection】命令，出现十字光标后单击被选中的任意元件，然后再移动光标（此时不需要按住左键不放），即可将它们移动到适当位置，最后以通过单击按钮或者执行【Edit】/【Deselect】/【All】命令来取消对元件的选中状态。

（2）方法二　利用功能键移动多个元件

① 在规则区域选中多个元件和图件。单击工具栏中的（选择区域对象）按钮，按住鼠标左键不放，移动光标，在工作区内拖出一个适当的虚线框，将所要选择的元件包含在内，单击鼠标左键，然后松开鼠标左键，再单击鼠标左键，即可选中虚线框内的所有元件和图件。

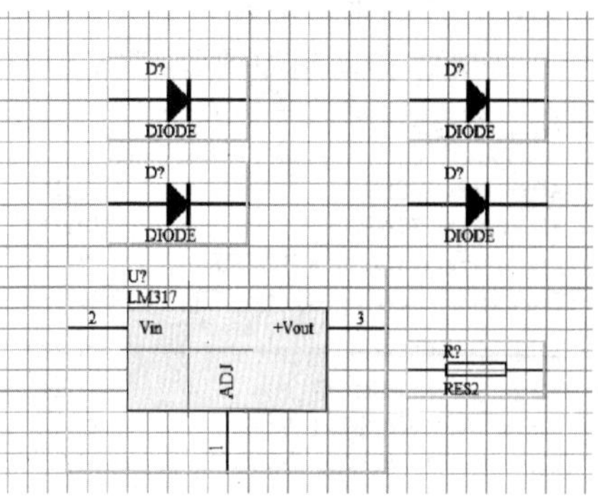

图 3-42　多个元器件被选中

② 选中多个元件后，将光标移动到任意一个选中元件上，按住鼠标左键不放，此时光标变成十字形。然后移动被选中的元件到合适位置再松开左键，此时元件便被放置到当前的位置。再按工具栏中的按钮，取消选中状态。

3.3.11　元器件的旋转

元器件的旋转实际上就是改变元器件的放置位置。

（1）元件的 90°旋转

① 将鼠标移动到如图 3-43 所示的场效应管符号上并按住鼠标左键不放。

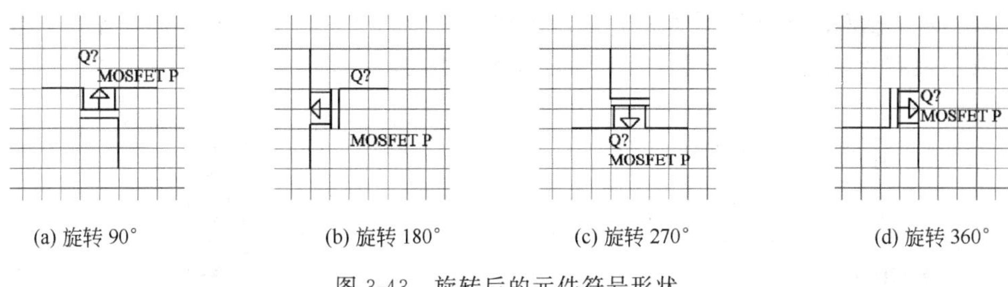

(a) 旋转 90°　(b) 旋转 180°　(c) 旋转 270°　(d) 旋转 360°

图 3-43　旋转后的元件符号形状

② 按键盘上的空格键可让该元件沿逆时针方向旋转 90°，在操作过程中不能放开鼠标左键。

③ 将元件方向调整到位后松开左键即可，图 3-44 所示为元件旋转不同角度后的元件形状。

（2）元件的水平翻转

① 将光标移动到如图 3-44(a) 示的光控三极管符号上按住左键不放，此时在元件上出现一个十字形光标。

② 按下键盘上的【X】键，即可将元件以十字形光标的纵轴为对称轴进行翻转。

③ 将元件调整到位后松开左键即可，结果如图 3-44(b) 所示。

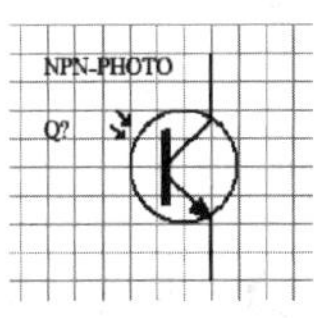

(a) 被选中的元件

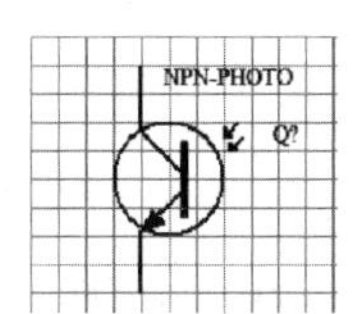

(b) 水平翻转后的元件

图 3-44　元件水平翻转后的符号

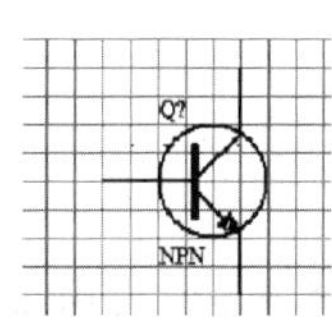

(a) 被选中的元件

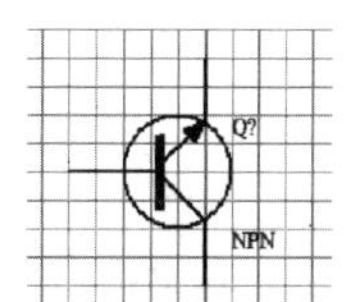

(b) 垂直翻转后的元件符号

图 3-45　元件垂直翻转后的符号

(3) 元件的垂直翻转

① 将光标移动到如图 3-45(a) 所示的三极管元件符号上按住左键不放，此时在元件上出现一个十字形光标。

② 按下键盘上的【Y】键，即可将元件以十字形光标的横轴为对称轴进行翻转。

③ 将元件调整到位后松开左键即可，如图 3-45(b) 所示。

Align... 对齐	
Align Left 左对齐	Ctrl+L
Align Right 右对齐	Ctrl+R
Center Horizontal 水平中心对齐	Ctrl+H
Distribute Horizontally 水平均布	Ctrl+Shift+H
Align Top 顶部对齐	Ctrl+T
Align Bottom 底部对齐	Ctrl+B
Center Vertical 垂直中心对齐	Ctrl+V
Distribute Vertically 垂直均布	Ctrl+Shift+V

图 3-46　元件排列命令列表

3.3.12　元件的排列

当多个元件放到工作平面上，有时要求对它们进行位置排列的编辑。在 Protel 99 SE 中，系统还提供一种能够同时对多个元件和图件按照指定规则进行排序的功能。

执行【Edit】/【Align】菜单命令，系统将弹出如图 3-46 所示的【Align】命令列表，该列表包含了对元件进行排列操作的 8 种命令。在选中所要排列元件的基础上，单击该命令列表上的命令即可对选中元件进行排列。

下面就用常用的水平方向对齐和垂直方向排列为例来讲解。

(1) 水平方向对齐

① 选中如图 3-47 所示的 4 个二极管。

② 执行【Edit】/【Align】/【Align Left】命令或使用快捷键【Ctrl＋L】左对齐（Align Left）保持选中元件的垂直间距不变，以最左边元件为基准，将其他元件向左平移，使所有元件的最左端对齐。左对齐排列后的二极管如图 3-48 所示。

图 3-47　对齐前的二极管　　　　图 3-48　对齐后的二极管

③ 执行【Edit】/【Align】/【Align Right】命令或使用快捷键【Ctrl＋R】。右对齐（Align Right）保持选中元件的垂直间距不变，以最右边元件为基准，将其他元件向右平移，使所有元件的最右端对齐。选中如图 3-47 所示的 4 个二极管，右对齐后的元件如图 3-48 所示，只是以右侧二极管为基准来对齐。

(2) 垂直方向排列

① 选中如图 3-49 所示的 4 个二极管。

图 3-49　顶部对齐前的元件　　　　图 3-50　顶部对齐后的元件

② 执行【Edit】/【Align】/【Align Top】命令或使用快捷键【Ctrl＋T】。顶部对齐（Align Top）保持选中元件的水平间距不变，以顶部元件为基准，将其他元件向上平移，使所有元件的顶部对齐。顶部对齐后的元件如图 3-50 所示。

③ 执行【Edit】/【Align】/【Distribute Vertical】命令或使用快捷键【Ctrl＋Shift＋V】。垂直均布（Distribute Vertical）保持选中元件的水平间距不变，在选中元件的最顶端和最底端之间，使选中元件等间距分布。如图 3-51 所示被选中的元件，执行垂直均布后元件的排列如图 3-52 所示。

图 3-51　垂直均布前的元件　　　图 3-52　垂直均布后的元件

其余元件的排列操作方法和上面的操作步骤相似，读者可自己上机操作验证。

3.3.13　编辑元件属性

在工作平面上放置好元器件并调整好位置后，还需要对元器件的属性进行一番设置。该项工作可以与放置元器件同时进行，也可以在连线完成之后进行。元件属性是指元件的封装、标号、端子号定义等。元件属性的不明确会给用户在阅读原理图时带来不便。更重要的是，会给将来网络表的产生带来障碍，并因此影响到印刷电路板的绘制。为此，用户必须对元件的属性进行编辑。

① 执行【Edit】/【Change】命令，光标变为“十”字形。

② 选择元件。将十字光标移到左侧第一个拟编辑的元件处，并单击鼠标左键。此时弹出【Part】对话框，如图 3-53 所示。

③ 在元件处于浮动状态时，按下【Tab】键或光标，双击已放置的元件也弹出【Part】对话框。

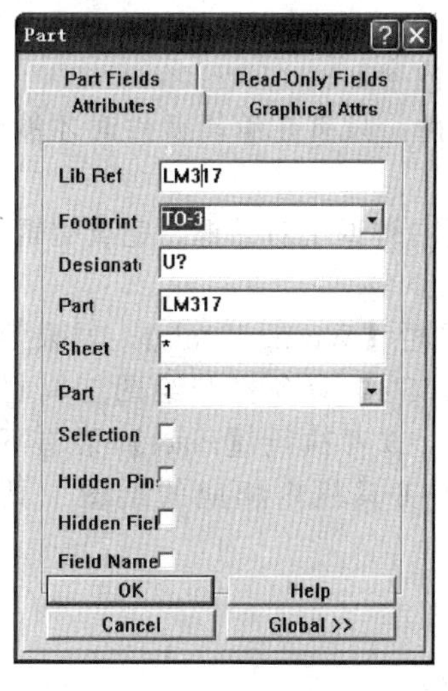

图 3-53　元件属性设置对话框

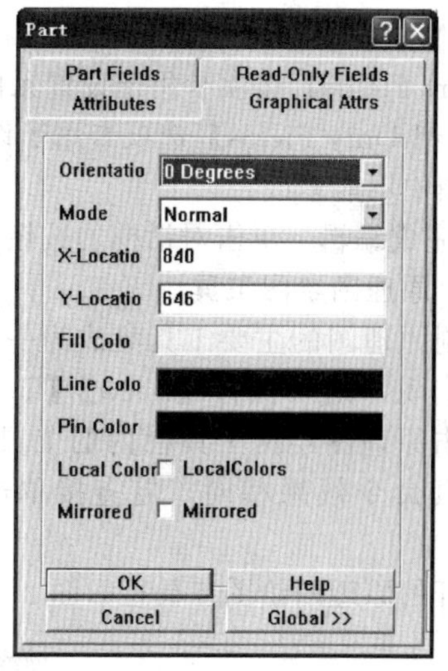

图 3-54　元件设置 Graphical Attrs 选项卡

④ 编辑元件属性。在【Part】对话框的 4 个选项卡中编辑元件属性，其中各项内容如下。

【Attributes】选项卡中编辑元件属性，其中各项内容如下。

● 【Lib Reference】：设置元件在元件库中的名称，该选项不能为空，不能修改，不在原理图中显示。

●【Footprint】：设置元件的封装形式，原理图中的元件通过该项设置与 PCB 元件的封装建立联系。

●【Designator】：设置元件的编号，在原理图中显示。

●【Part Type】：设置元件型号，在原理图中显示。

●【Sheet Path】：设置元件的内部电路文件的名称，很少用此项，不在原理图中显示。

●【Part-WK】：元件的单元号，此选项是对有多子元件的集成电路设置的。

●【Selection】复选框：确定元件是否处于选中状态。

●【Hidden Pins】复选框：确定是否显示隐藏端子。

●【Hidden Fields】复选框：确定是否显示标注区域的内容。每个元件有 16 个标注，可以输入有关元件的信息，如生产厂家。如果没有输入信息，显示结果为"*"。

●【Field Name】复选框：确定是否显示标注的名称。

【Graphical Attrs】选项卡主要用于确定元件的图形显示属性，可对元件的方向、样式、颜色、边线和端子颜色进行编辑，如图 3-54 所示。现将该选项卡的每个选项说明如下。

●【Orientation】：设置元件的放置方向。

●【Mode】：设置元件的显示模式。

●【X-Location】、【Y-Location】：设置元件的位置坐标。

●【Fill Color】：设置元件填充颜色，默认设置为黄色。

●【Line Color】：设置元件边框的颜色，默认设置为棕色。

●【Pin Color】：设置元件端子颜色，含端子线、端子的电气特性符号、端子号的颜色，默认设置为黑色。

●【Local Colors】：此项设置确定是否使用【Fill Color】、【Line Color】、【Pin Color】选项区设置的颜色。

●【Mirrored】：设置元件是否左右翻转。

【Part Fields】选项卡用于设置元件标注选项区域的内容。

【Read Only Fields】选项卡用于设置元件的只读属性。只有在编辑元件时才能够修改，在原理图中不能修改。

⑤ 完成编辑。单击对话框的按钮【OK】，单击鼠标右键退出对话框，完成编辑。

3.3.14 原理图绘图工具

绘制原理图的主要工具集成为一个原理图绘图工具栏【Wiring Tools】，如果绘图工具栏没有出现，则可执行【View】/【Toolbars】/【Wiring Tools】命令打开绘图工具栏，然后直接单击原理图绘图工具栏内的工具完成相应的操作。或者执行【Place】菜单下相应的绘图工具命令效果相同，但直接单击【Wiring Tools】工具栏内相应的绘图工具要方便得多。

打开的原理图绘图工具栏如图 3-55 所示。

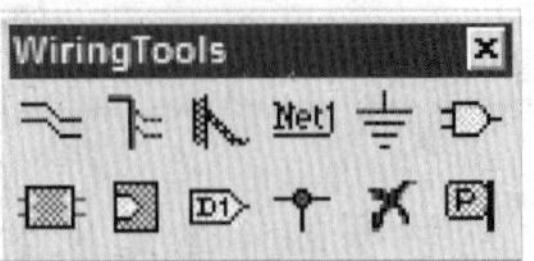

图 3-55 原理图绘图工具栏

其中各图标的功能如表 3-5 所示。

表 3-5　原理图绘图工具栏图标功能

图　标	功　能
	画导线工具,绘制具有电气连接的导线
	画总线工具,绘制具有电气连接的总线
	画总线电路分支,绘制电气连接的总线分支
	设置网络标号,相同的标号具有电气连接意义
	放置电源及接地符号
	放置元件,用来取用元件的工具
	用来绘制具有一定功能的方块电路符号画导线工具,该线相当于实际电路中的导线
	制作方块电路电气连接的输入/输出端口
	制作电路电气连接的输入/输出端口
	放置电路节点
	设置忽视电路法则测试
	PCB 布线指示属性,可以在原理图上放置焊盘

绘制电路电气连接导线除了使用上面介绍的工具外，还可以使用键盘快捷键，在工作面上依次键入下面所列快捷键则可调出不同的原理图绘图工具。

① 依次键入快捷键【P】+【W】：画导线工具，相当于工具。

② 依次键入快捷键【P】+【B】：画总线工具，相当于工具。

③ 依次键入快捷键【P】+【U】：画总线分支工具，相当于工具。

④ 依次键入快捷键【P】+【N】：设置网络标号，相当于工具。

⑤ 依次键入快捷键【P】+【O】：放置电源及接地符号，相当于工具。

⑥ 依次键入快捷键【P】+【P】：取用元件工具，相当于工具。

⑦ 依次键入快捷键【P】+【S】：制作方块电路工具，相当于工具。

⑧ 依次键入快捷键【P】+【A】：绘制方块电路输入/输出端口，相当于工具。

⑨ 依次键入快捷键【P】+【R】：制作电路的输入/输出端口，相当于工具。

3.3.15　绘制导线

在图纸上放置好所需要的各种元器件之后，根据电路设计的具体要求，就可以着手将各个元器件连接起来，以建立电路的实际连接。这里所说的连接，指的是具有电气意义的连接，即电气连接。

对于元件之间连线较短且导线间交叉较少的情况，可以采用绘制导线的方法。但是，当电路原理图比较复杂、元件较多、导线间交叉较多或者距离过远时，采用绘制导线的方法将导致电路原理图可读性的降低，同时也会使电路原理图出错的可能性增大。此时，可以采用放置网络标号的方法代替。

① 需要绘制导线时，要先单击【连线工具条】中左上角的≈按钮，然后将光标移至工作区，此时就会发现鼠标指针上方有一个“十”字光标，将出现的十字光标移动到图上二极管的端子上，单击鼠标左键确定导线的起始点，此时鼠标箭头处将出现一个小圆点，这表示当前系统所捕获的电气节点，如图 3-56 所示。需要注意的是要希望连接的端子处必须出现该圆点，否则所画的导线与元件之间就没有建立电气连接。

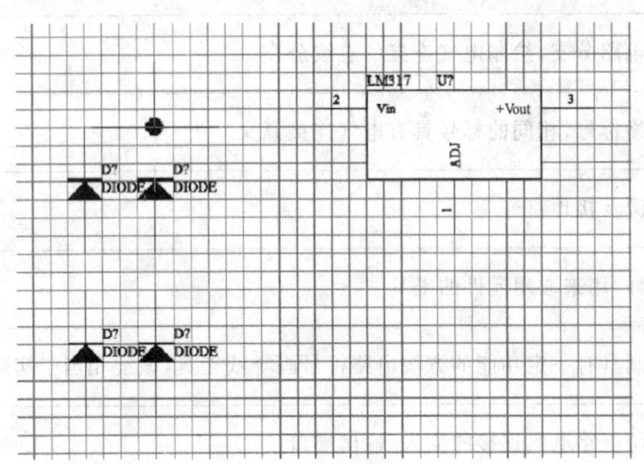

图 3-56 绘制导线时的光标

② 确定起始点后移动鼠标光标，开始绘制导线。将光标移动到二极管上方的端子上，单击鼠标左键确定该段导线的终点。同样，导线的终点也一定要设置在元件的端子上。当绘制一段折线时，只需在确定导线的起始点后，移动鼠标，在适当的位置单击左键，然后改变导线的方向即可。

③ 单击鼠标左键两次，再单击右键或者按键盘上的【Esc】键完成第一条导线的绘制，此时系统仍然处于绘制导线命令状态。重复上述操作即可继续绘制其他导线。

④ 执行【Place】/【Wire】菜单命令，或按下快捷键操作【P】+【W】，这时光标也变成十字形状，绘制导线的步骤和上面一样。

⑤ 在绘制导线的过程中，可以按下键盘上的【Tab】键，在弹出的设置导线属性对话框中修改导线的线宽和颜色。如图 3-57 所示。

图 3-57 绘制导线属性编辑对话框

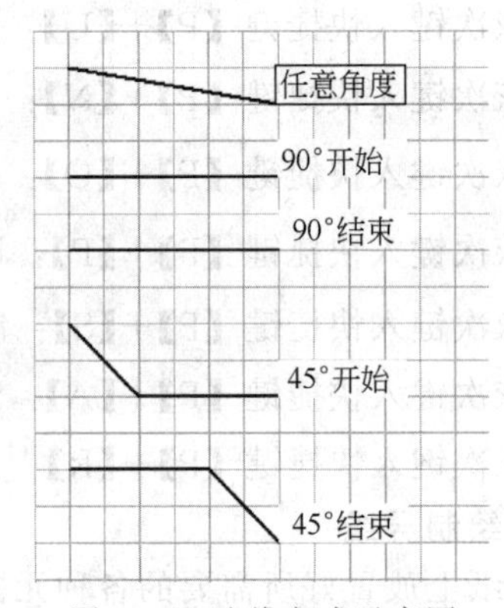

图 3-58 连线方式示意图

⑥ 在画线状态下，按下空格键可切换连线方式。Protel 99 SE 提供了 Any Angle（任意角度），45 Degree Start（45°开始），45 Degree End（45°结束），90 Degree Start（90°开始），90Degree End（90°结束）和 Auto Wire（自动）6 种连线方式，如图 3-58 所示。一般可以选择除“任意角度”外的任一连线方式。

⑦ 有时绘制导线时系统在“T”形连线的交叉点不会自动添加电气节点。此时用户可以

执行【Tools】/【Preferences...】命令，在弹出的图 3-59 所示对话框中，选中【Options】栏中的【Auto-Junction】复选框即可。用户也可以单击连线工具栏中的按钮，手动添加电气节点。

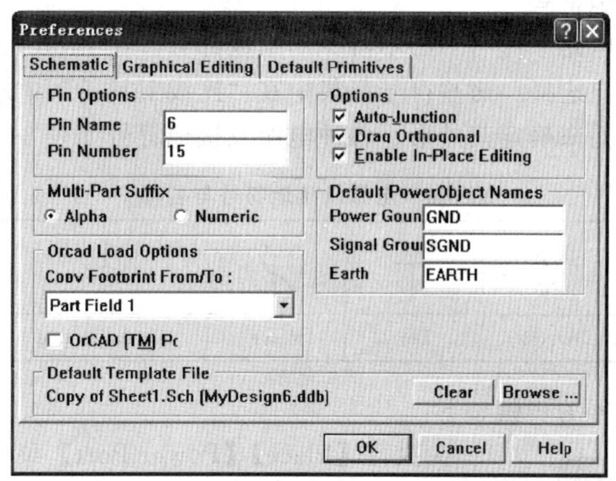

图 3-59　自动添加电气节点选择对话框

3.3.16　在电路原理图中放置节点

在电路原理图中，节点通常是一个小圆点。节点的作用就是将电路原理图中两个交叉的导线在电气意义上连接起来。如果在一个交叉的电路上有节点，则表示这些交叉的导线在有节点的地方是相连的；反之，如果在导线交叉的地方没有电路节点，则表示这些交叉的导线在电气意义上没有任何关系（可视为相互绝缘），将导线交叉只是为了绘制电路方便而已。

执行放置电气节点命令，主要步骤如下。

① 单击连线工具栏中的按钮，执行放置电气节点命令，此时在工作区将出现一个带有电气节点的“十”字光标。

② 修改电气节点的属性。按下键盘上的【Tab】键或在放置好电气节点后双击该节点即可弹出电气节点属性对话框，在该对话框中可以设置节点的位置、大小、颜色和锁定等属性。

③ 放置电气节点。移动鼠标，将节点移动到两条导线的交叉处，如图 3-60 所示，然后单击左键即可将节点放置在交叉点处。这样两条导线就具有了电气上的连接关系。

④ 单击鼠标右键或按下【Esc】键退出放置电气节点命令的状态。

⑤ 执行菜单命令【Place】/【Junction】或者利用快捷键【P】+【J】，也可以放置电气节点，具体操作步骤如上。

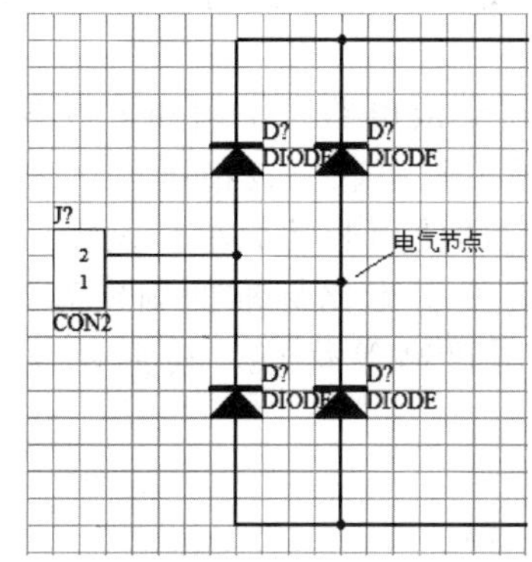

图 3-60　放置电气节点

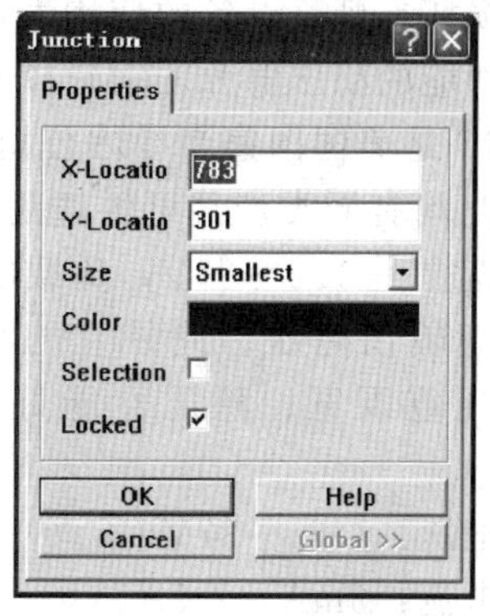

图 3-61　节点编辑对话框

⑥ 编辑节点（若需要）。用鼠标双击已放置的节点，或在执行第①步后按【Tab】键，将弹出【Junction】对话框，如图 3-61 所示。在该对话框中可编辑节点的尺寸、颜色及选定是否锁定节点。

3.3.17 放置电源和接地符号

电源和接地符号是电路原理图中必不可少的组成部分。在 Protel 99 SE 中提供了多种电源及接地端子符号供用户选择。这些符号都集中在“连线工具条”中左上角的⏚按钮中，需要在放置后，再修改属性来确定其外形。各种电源及接地符号如表 3-6 所示。

表 3-6 电源及接地符号与名称

符号外形	VCC	VCC	VCC	VCC			
形式名称	Circle	Arrow	Bar	Wave	Power Ground	Signal Ground	Earth

放置电源或接地符号的步骤如下。

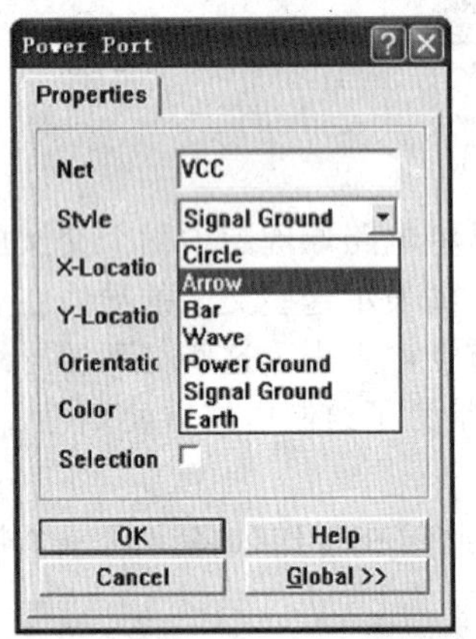

图 3-62 Power Port 对话框

① 执行【Place】/【Power Port】菜单命令，或单击工具栏中的⏚按钮，也可以按下快捷键操作【P】+【O】，这时光标变成十字形状，并带有一个电源符号。

② 移动光标到需要放置电源或接地符号的位置，单击鼠标左键即可完成放置，此时光标仍处于放置电源的状态，重复操作即可放置其他的电源符号。

③ 设置电源或接地符号的属性。在放置电源和接地符号的过程中，用户可以对电源和接地符号的属性进行设置。双击电源和接地符号或者在光标处于放置电源和接地符号的状态时按【Tab】键，即可打开【Power Port】对话框，如图 3-62 所示。在该对话框中可以对电源端口的颜色、风格、位置、旋转角度及所在网络的属性进行设置。属性设置结束后单击【OK】按钮即可关闭该对话框。

3.3.18 绘制软启动可调稳压电源原理图

掌握了以上介绍的有关绘制原理图的基本知识，就可以着手绘制原理图了。

(1) 任务的提出与介绍

在有些电路中，要求稳压电源的电压不是一通电就达到额定的工作电压，而是要从低电压经过一段延时后慢慢升到额定工作电压，这样做可避免开机瞬间的冲击电流对后面电路中的元件的损坏，延长设备的使用寿命。下面介绍利用集成电路 LM317 制作一款电压可调、具有延时功能的稳压电源。LM317 简介如下。

LM317 是美国国家半导体公司的三端可调正稳压器集成电路。中国和世界各大集成电路生产商均有同类产品可供选用，是使用极为广泛的一类串联集成稳压器。LM317 的输出电压范围是 1.2～37V，负载电流最大为 1.5A。它的使用非常简单，仅需两个外接电阻来设置输出电压。此外它的线性调整率和负载调整率也比标准的固定稳压器好，还具有调压范围宽、稳压性能好、噪声低、纹波抑制比高等优点。其主要性能参数如下。

输出电压：1.25～37V DC。

输出电流：5mA～1.5A。

芯片内部具有过热、过流、短路保护电路。

最大输入/输出电压差：40V DC。

最小输入/输出电压差：3V DC。

使用环境温度：－10～85℃。

它的外形和封装形式如图 3-63 所示。

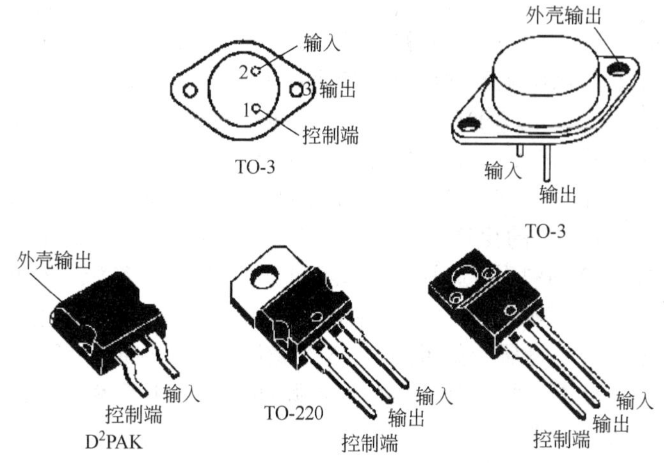

图 3-63　LM317 的外形及封装形式

LM317 能够有许多特殊的用法。例如把调整端悬浮到一个较高的电压上，可以用来调节高达数百伏的电压，只要输入输出压差不超过 LM317 的极限就行。当然还要避免输出端短路。还可以把调整端接到一个可编程电压上，实现可编程的电源输出。

（2）稳压电源原理图与工作原理

完成的软启动可调稳压电源的原理图如图 3-64 所示。

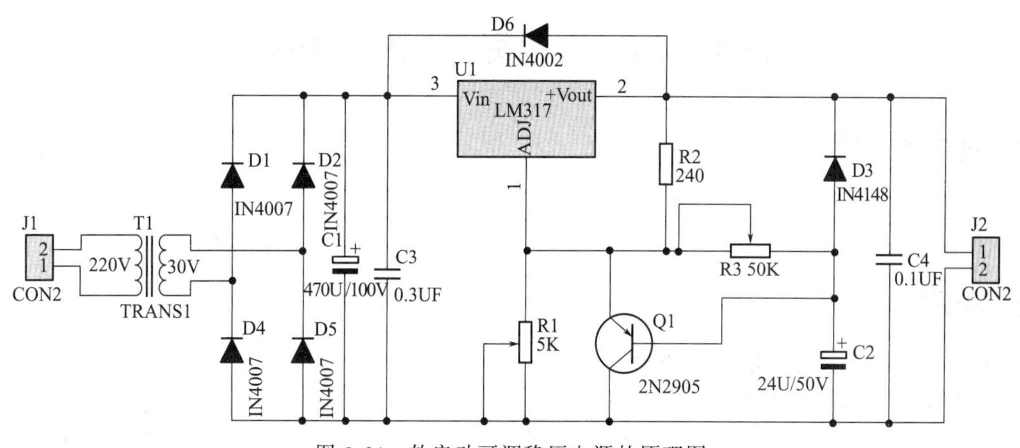

图 3-64　软启动可调稳压电源的原理图

软启动可调稳压电源的工作原理介绍如下。

通电开始时，由于 C2 正极上的电位为零，Q1 饱和导通，Vout 最低（约 1.5V）。随着 C2 上的电压升高，Q1 逐渐退出饱和并趋于截止，Vout 逐渐升高至额定电压，额定电压的值由 R1 的大小决定。改变 R3、C2 的常数可改变软启动的时间，图中有可变电阻 R3 来调整对 C2 的充电电流，R3 的阻值越大，对 C2 的充电电流越小，达到额定工作电路的时间越长，反之延时时间越短。D3 用于关机后使 C2 上的电荷快速泄放。改变 R1 的值，可调整输出电压 Vout 的值，图示参数输出电压为 15V。D6 是保护二极管，当意外原因使 LM317 的输出端电路高于输入端时，二极管 D6 导通，把 LM317 短接，从而保护 LM317 不被损坏，但正常工作输出端的电路不可能低于输入的电压，D6 处于截止状态。C3 和 C4 主要是为改善稳压电源的性能而设的。

LM317 作为输出电压可变的集成三端稳压块，是一种使用方便、应用广泛的集成稳压块。稳压电源的输出电压可用下式计算，$V_o=1.25(1+R_2/R_1)$。仅从公式本身看，R_1、R_2 的电阻值可以随意设定。然而作为稳压电源的输出电压计算公式，R_1 和 R_2 的阻值是不能随意设定的。首先 317 稳压块的输出电压变化范围是 $V_o=1.25\sim37V$（高输出电压的 317 稳压块如 LM317HVA、LM317HVK 等，其输出电压变化范围是 $V_o=1.25\sim45V$），所以 R_2/R_1 的比值范围只能是 0～28.6。其次是 LM317 稳压块都有一个最小稳定工作电流，有的资料称为最小输出电流，也有的资料称为最小泄放电流。最小稳定工作电流的值一般为 1.5mA。由于 LM317 稳压块的生产厂家不同、型号不同，其最小稳定工作电流也不相同，但一般不大于 5mA。当 LM317 稳压块的输出电流小于其最小稳定工作电流时，LM317 稳压块就不能正常工作。当 LM317 稳压块的输出电流大于其最小稳定工作电流时，LM317 稳压块就可以输出稳定的直流电压。如果用 LM317 稳压块制作稳压电源时，没有注意 LM317 稳压块的最小稳定工作电流，那么制作的稳压电源可能会出现下述不正常现象：稳压电源输出的有载电压和空载电压差别较大。

要解决 LM317 稳压块最小稳定工作电流的问题，可以通过设定 R_1 和 R_2 阻值的大小，而使 LM317 稳压块空载时输出的电流大于或等于其最小稳定工作电流，从而保证 LM317 稳压块在空载时能够稳定地工作。此时，只要保证 $\frac{V_o}{R_1+R_2}\geqslant1.5mA$，就可以保证 LM317 稳压块在空载时能够稳定地工作。上式中的 1.5mA 为 LM317 稳压块的最小稳定工作电流。当然，只要能保证 LM317 稳压块在空载时能够稳定地工作，$\frac{V_o}{R_1+R_2}$ 的值也可以设定为大于 1.5mA 的任意值。

任务 3.4 原理图电气规则检查

任务能力目标

① 电路原理图电气规则检查的意义。

② 原理图电气规则检查的步骤。

知识技能

3.4.1 电路原理图电气规则检查的意义

一个电路图设计完成后，紧接着一个非常重要的工作就是检查该电路中是否有电气连接上的错误和遗漏、是否有未标注或重复标注的元件、是否有遗漏的封装等。Protel 99 SE 提供了很多规则检查功能，使用这些功能可以对所绘制的电路原理图进行各种检查，以保证电路原理图的正确性。

电气规则检查通常被简称为“ERC”，利用电气规则检查功能，用户可以按照设定的电气规则对绘制的电路原理图进行快速的设计验证。ERC 能按照用户指定的物理/逻辑特性进行，为用户找出人为的疏漏、错误，例如没有连接的网络标号、没有连接的电源、空的输出端子，同时还为用户产生各种有可能的错误报告，并且会在电路原理图中错误之处打上记号。

3.4.2 电路原理图电气规则检查的步骤

① 打开需要进行检查的设计文件，并打开其中的电路原理图文件。

② 执行菜单【Tools】/【ERC...】命令。执行该命令后，系统弹出【Setup Electrical Rule Check】（设置电气测试规则）对话框，如图 3-65 所示。该对话框包括【Setup】和【Rule Matrix】两个标签页。

③ 设置【Setup】标签页。它是供用户对检测项目和报告方式等进行设置，其中各主要选项定义设置如下。

- 【Multiple net names on net】：检测同一电气节点定义了多个网络名称错误（选中）。
- 【Unconnected net labels】：检测未实际连接（漏连）的网络标号错误（选中）。
- 【Unconnected power objects】：检测未实际连接的电源器件错误，电源器件与任何器件不存在连接关系，系统则发出警告（选中）。
- 【Duplicate sheet numbers】：检测电路图编号重号错误（选中）。
- 【Duplicate component designators】：检测原理图元件编号重号错误（选中）。
- 【Bus label format errors】：检测总线标号格式错误（选中）。
- 【Floating input pins】：检测未连接的输入端子错误（选中）。
- 【Suppress warnings】：忽略所有警告性检测项，选中该项后，系统只对错误（Error）进行报告，而不显示警告（Warning）（不选中）。

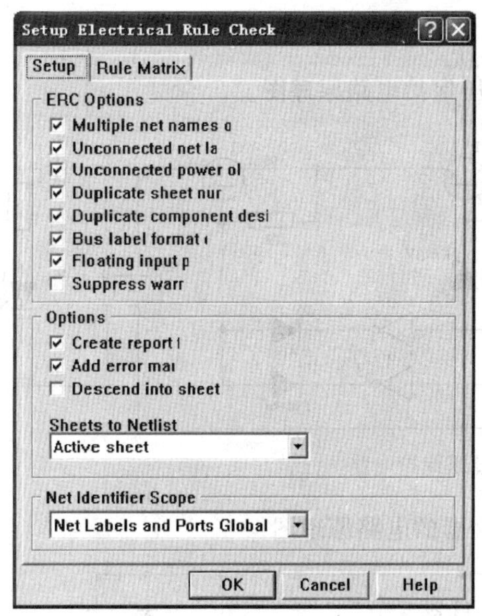

图 3-65　电气规则检查设置对话框

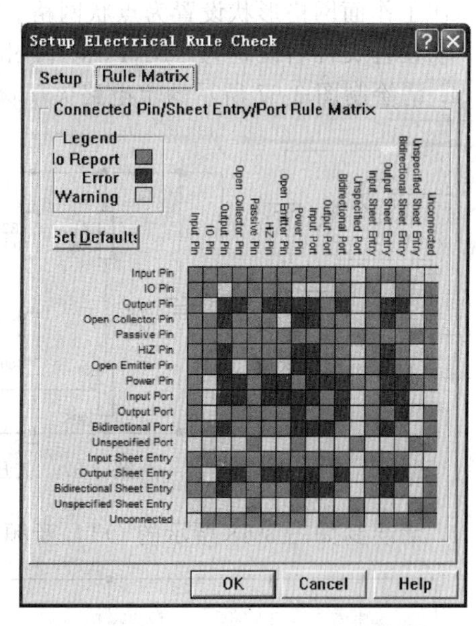

图 3-66　Rule Matrix 标签页

【Options】栏中包含 3 个复选框，各复选框的定义如下。

【Create report file】：执行电气检查后生成报告文件，命名为“*.ERC”文件。

【Add error markers】：电气检查完毕后，在电路原理图上的错误位置放置错误标记符号。

【Descend into sheet parts】：电气检查包含到每个原理图元器件。

【Sheets to Netlist】下拉列表：在该下拉列表中选择要进行检查的原理图范围。

选择【Active project】时，范围为当前激活的工程。

选择【Active sheet】时，范围为当前激活的图纸。

选择【Active sheet plus sub sheets】时，范围为当前激活的图纸及其包含的子图。

【Net Identifier Scope】下拉列表：对多图纸项目设置网络标识符范围。

选择【Net Labels and Ports Global】，为同名网络标号及端口在全部层次电路中认为是电气连接。

选择【Only Ports Global】，用于仅同名端口在全部电路中认为是电气连接。

选择【Sheet Symbol/Ports Connection】适用于多层次的层次原理图。

④ 设置【Rule Matrix】标签页。该标签页如图 3-66 所示，它是供用户对端子和端口的 ERC 规则进行设置的矩阵。参考图中的图例（Legend），对该矩阵的小方块颜色意义说明如下。

- 绿色：该小方块的纵横坐标所示端子/端口相连或悬空，不是错误（No Report）。
- 红色：该小方块的纵横坐标所示端子/端口相连或悬空，按错误报告（Error）。
- 黄色：该小方块的纵横坐标所示端子/端口相连或悬空，按警告报告（Warning）。

⑤ 输出检查结果报表，报表的具体内容在项目 5 中详细介绍。

项目练习

1. 原理图设计过程包含了几个步骤？
2. 原理图设计环境中包含了哪些工具栏？每个工具栏具备什么样的功能？
3. 创建一个空白原理图文件，要求：

① 图纸大小设置为 A4，图纸方向设置为横向。

② 图纸边沿设置为黑色，图纸颜色设置为白色。

③ 图纸字体设置为常规，字体大小为 18 号。

④ 工作面网格形状设置为点状网格。

⑤ 设置文件名设置为“MyFirst1. Sch”，并保存。

4. 请绘制图 3-67 所示的市电路欠压保护、过压保护电路原理图。

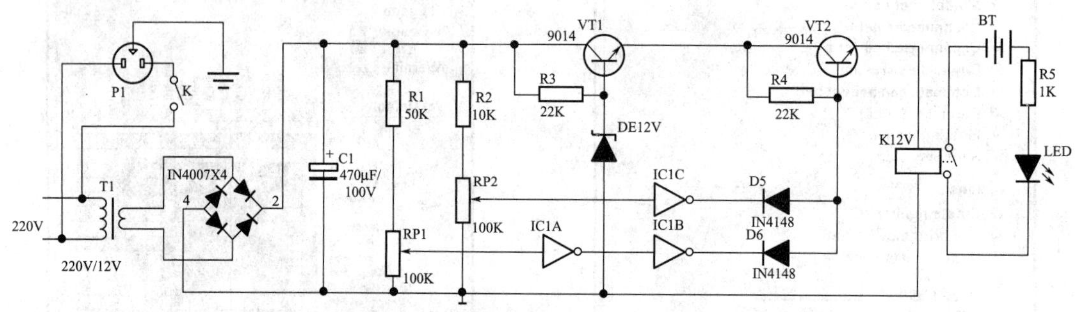

图 3-67 欠压保护、过压保护电路

5. 请绘制如图 3-68 所示的 OTL 音频功率放大器的电路原理图。

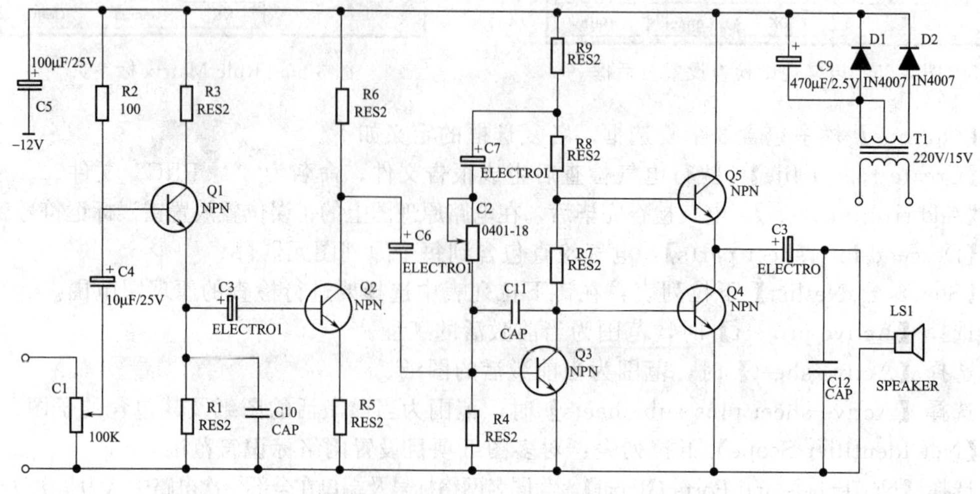

图 3-68 OTL 音频功率放大器的电路原理图

项目4　单片机控制的直流电机PWM调速电路层次原理图设计

项目综述

层次原理图设计是在电路设计的实践中提出来的，是随着计算机技术的发展而逐步实现的一种先进的原理图设计方法。在设计一个非常庞大的原理图时，不可能一次性地完成，也不可能将它所有电路单元绘制在一张图纸上，更不可能由一个设计人员单独完成。Protel 99 SE提供了一个很好的项目工作设计环境，可以将整个原理图划分为多个功能模块，由各个工作组的设计人员来分层次并行设计，这使得设计进程大大加快，同时也便于检错修改和设计交流。

本项目的主要内容包括方块电路的设计、由方块电路符号产生新原理图文件、I/O端口符号、原理图文件产生方块电路符号及不同层电路间的切换等内容。

任务4.1　建立层次式原理图的基本概念

任务能力目标

① 层次原理图基本概念。

② 层次次原理图的结构及浏览功能。

③ 层次次原理图的电气连接模式。

知识技能

4.1.1　层次原理图基本概念

在绘制电子设备，如电视机、计算机主板等原理图时，遇到的电路元件很多，不能在特定幅面的图纸上绘制出整个电路系统的原理图。如用更大幅面的图纸，但打印时又遇到打印机最大输出幅面有限（如多数喷墨打印机和激光打印机的最大输出幅面为A4）。为了能够在一张图纸上打印出整个电路系统的原理图，只好缩小数倍再打印，但却会因线条、字体太小致使阅读困难。此外，采用大幅面图纸打印输出的原理图也不便于存档保管。为了简化原理图，节约纸张及减少管理资料费用，因此要把原理图分层次。

层次原理图的处理方法是：首先对整个电路进行功能划分，对代表各功能模块的部分电路原理图，叫做“子图”；再设计一个代表各个子原理图之间电气连接关系的系统总图，叫做“主图”，总图主要由功能方块图组成，以展示各个功能单元之间的系统关系。层次原图的最大优点就是功能结构直观，充分利用层次原理图的文件管理和导航工具，将使电路原理图的浏览变得非常轻松。

4.1.2　层次原理图的设计方法

在设计层次式原理图时，根据电路的不同情况，通常采用以下两种方法。

①自上而下的设计方法，即首先设计原理图的主图，然后由电路方块图产生子原理图。

②自下而上的设计方法，即首先设计各个子原理图模块，然后由子原理图产生电路方块图并完成电路原理主图的设计。

4.1.3 层次次原理图的结构及浏览功能

下面以具体的一个设计项目为例来说明层次式电路原理图的结构及浏览功能。

图 4-1 为一个基于 AT89C51 单片机控制的直流电机 PWM 调速电路原理图，它主要由 AT89C51 单片机作为核心控制部件，还有锁存器 74LS373、定时/计数器 Inter8253，它的 OUT0 通道输出方波，OUT1 输出负脉冲，OUT2 输出单脉冲、直流电机驱动电路 L298、四与门 74LS08 和比较放大器 LM324 组成。该电路表示的是一个完整的电路，这个电路分为速度检测传感器模块（Sensor）、PWM 信号产生模块（PWM Section）、电源模块（Power Supply）、直流电机控制与驱动电路模块（Motor）等四个模块。

图 4-2 是从导航面板中得到的层次原理图的导航树，它清晰地表达了层次原理图的层次关系。由图 4-2 可知，图中有一个项目数据库文件 PWMmotor. ddb，一个主图文件 PWM-motor. Prj 和主图下的 4 个子图文件 Sensor. sch、PWM Section. sch、Power Supply. sch 和 Motor. sch。

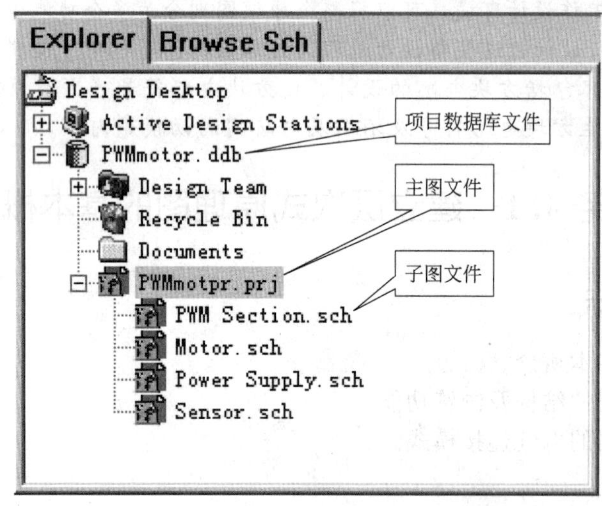

图 4-2 层次式电路图文件结构导航树

- 主电路图：主电路图文件的扩展名是“. prj”。主电路图相当于整机电路图中的方框图，一个方块图相当于一个模块。图中的每一个模块都对应着一个具体的子电路图，如图 4-3 所示。
- 子电路图：子电路图文件的扩展名是“. sch”。一般地子电路图都是一些具体的电路原理图。子电路图与主电路图的连接是通过方块图中的端口实现的。

单击菜单栏中的层次浏览按钮 ⬇⬆，调用层次浏览功能，单击层次原理图中的子图符号，则会进入子图符号所代表的电路原理图中；单击子图符号中的子图连接端口，则会进入相应的子图文件中。进入子图原理图文件后单击子图中的输入输出端口，系统会跳至主图的对应子图符号上，并以与刚才单击的输入输出端口同名的子图连接端口为中心进行显示。

4.1.4 层次次原理图的电气连接模式

建立和维护层次原理图各图纸之间的电气连接关系是绘制层次原理图的关键环节，除绘制导线外，电气连接还可以通过网络标识符来完成，网络标识符主要有以下五种。

① 网络标号。在电路图中有些本该连接的元件之间是悬空的，取而代之的是有标号的引出线段，这实际上是利用网络标号实现电气连接的方法。网络标号的实际意义就是一个电气接点，具有相同网络标号的电气元件引脚、导线、电源及接地符号等具有电气意义的图件，在电气关系上是连接在一起的。但由于层次原理图由多张原理图组成，因此可以在生成网络表时将网络标号定义为对当前原理图有效和对整个层次原理图有效两种不同的作用范围。

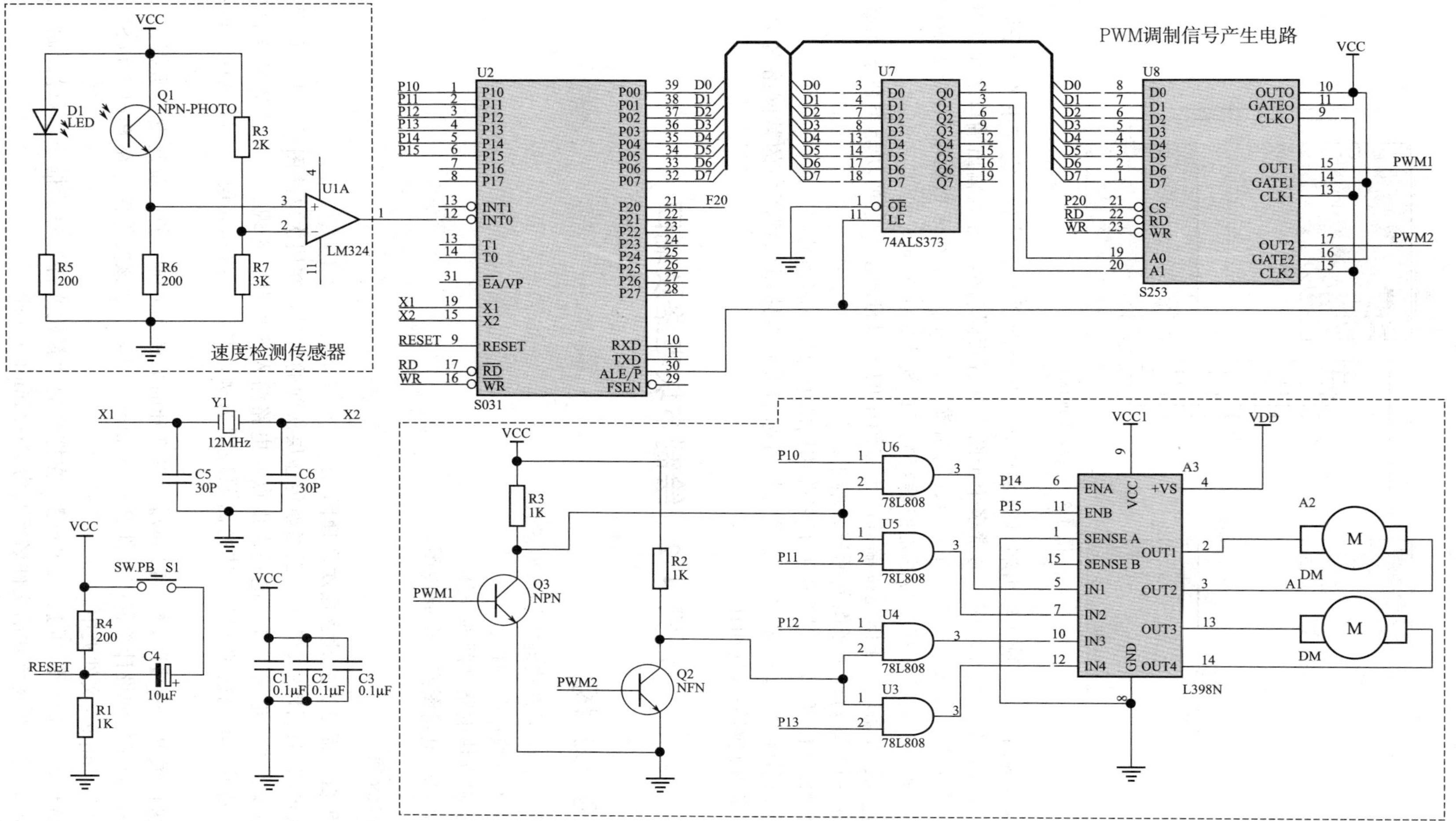

图 4-1　单片机控制的直流电机 PWM 调速电路原理图

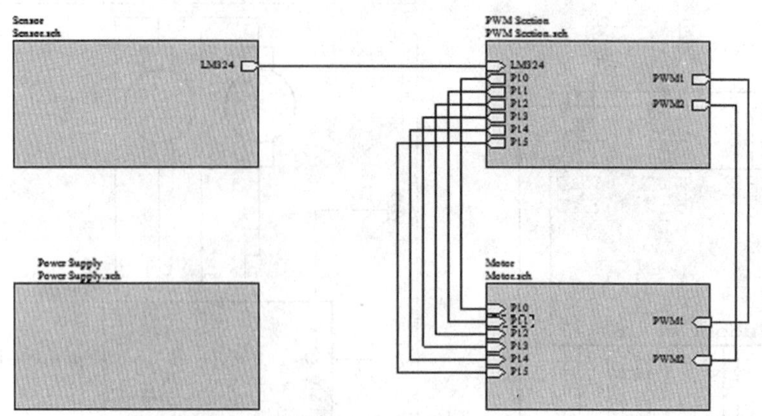

图 4-3 层次原理图的主图

② 输入输出端口。输入输出端口通常用在层次原理图的子图中，它与主图中子图符号的子图连接端口名称相互对应。通常多个子图中具有相同名称的输入输出端口之间是电气相连的。而端口又分为输入端口（input）、输出端口（output）和未指明端口（unspecified）三种，在放置端口时要根据信号的走向确定端口的输入输出方向。

③ 子图连接端口。子图连接端口位于主图中的子图符号上，它的功能类似于元器件原理图符号的引脚，可作为子图间的连线端子。

④ 电源端口。层次原理图中所有名称相同的电源端口将连接在一起。

⑤ 隐藏引线端子。元器件的隐藏引脚名称如果和电路图原理图中的某网络名称相同，则该引脚交与此网络电气相连。

任务 4.2 绘制方块电路及端口

任务能力目标

① 用自上而下方式建立层次原理图。

② 放置方块电路端口。

③ 绘制方块电路之间的连线。

④ 由方块电路图产生子原理图。

知识技能

4.2.1 用自上而下方式建立层次原理图

层次电路图设计的关键在于正确地传递层次间的信号，在层次电路图设计中，信号的传递主要靠放置方块电路、方块电路进出点和电路输入输出点来实现。下面以基于 AT89C51 单片机控制的直流电机 PWM 调速电路原理图为例，具体介绍建立层次电路原理图的操作过程。

① 执行菜单命令【File】/【New】，在打开的如图 4-4 所示的“新建设计数据库文件”对话框中，创建新的设计数据库文件 PWMmotor. ddb，并把该文件保存在 Protel 99 SE 的安装目录的 Examples 文件夹中。

② 执行菜单命令【File】/【New】，在打开的“新建文件”对话框中，双击 Schematic Document 图标，再将创建的文件名字改为 PWMmotor. prj。

③ 执行菜单命令【Design】/【Option】，在打开的“Document Options 文档设置”对

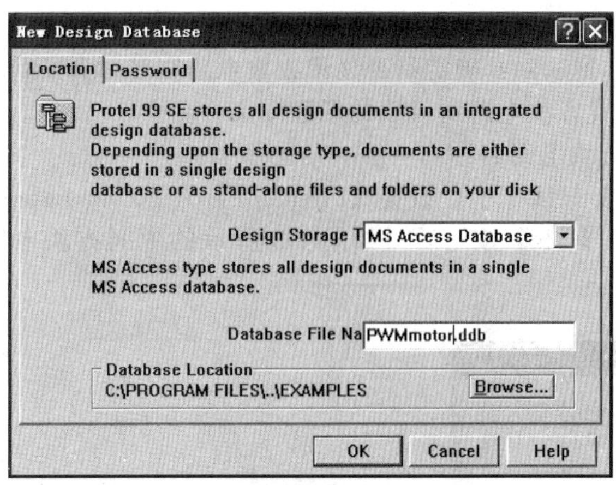

图 4-4　建立新的设计数据库文件

话框中选择 Sheet Options 选项卡，设置图纸的大小 Standard Style 为 A4，单击【OK】按钮后退出。

④ 单击画图工具栏中的放置方块电路按钮，或执行菜单命令【Place】/【Sheet Options】，在设计图中适当的位置单击，确定方块电路左上角，移动光标，拉出一个方块电路，在方块电路大小合适时，单击确定方块电路右下角。此时系统仍处于放置方块电路状态，可以继续放置其他方块电路，如图 4-5 所示，放置完毕，右击，退出放置状态。

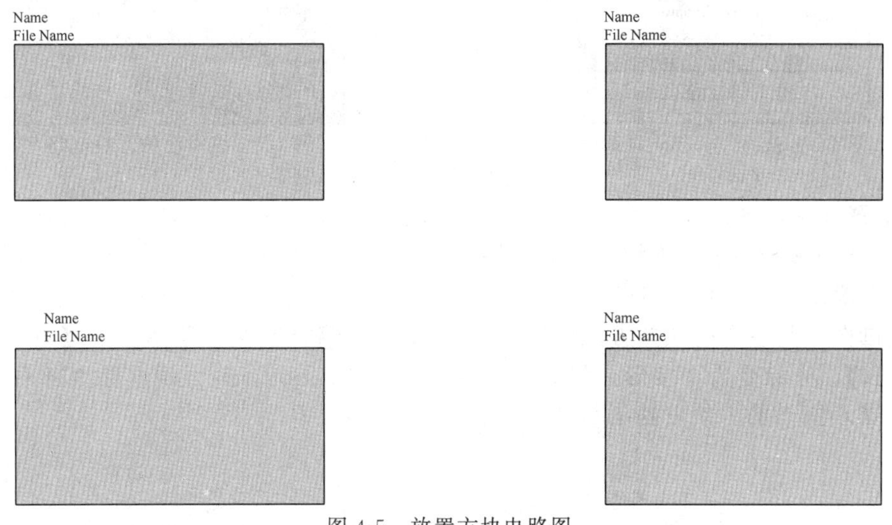

图 4-5　放置方块电路图

⑤ 编辑方块电路。在放置方块电路过程中，按功能键【Tab】或双击已放置但要编辑的方块电路符号，弹出【Sheet Symbol】(方块电路属性设置）对话框，如图 4-6 所示。

【Sheet Symbol】对话框的操作介绍如下。

- 【X-Location，Y-Location】：设置方块电路左上角坐标。
- 【X-Size，Y-Size】：设置方块电路 X，Y 方向大小尺寸。
- 【Border Width】：设置方块电路边框宽度。
- 【Border Color】：设置方块电路边框颜色。
- 【Fill Color】：设置方块电路填充颜色。
- 【Selection】复选框：确定方块电路是否选中。

- 【Draw Solid】复选框：确定方块电路是否填充。
- 【Show Hidden】复选框：确定是否显示方块电路图名称和所代表的原理图名称。
- 【Filename】：设置方块电路所代表的原理图文件名。
- 【Name】：设置方块电路名称

在【Sheet Symbol】对话框中，设置【Filename】为 Power Supply. sch，设置【Name】为 Power Supply，单击【OK】按钮后，如图 4-5 所示的中间方块电路变为如图 4-7 所示。同理编辑其他方块电路。

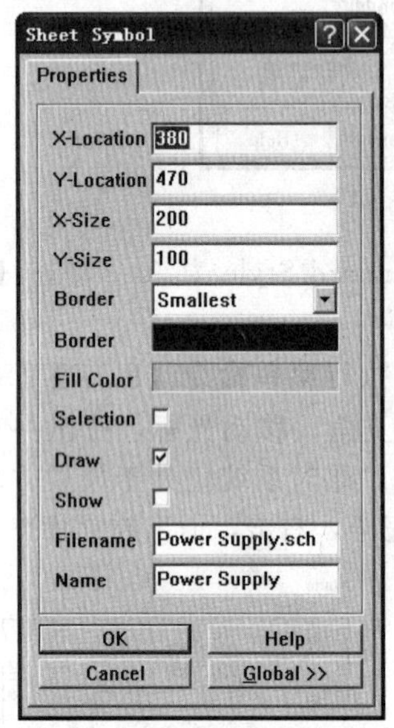

图 4-6 Sheet Symbol 对话框

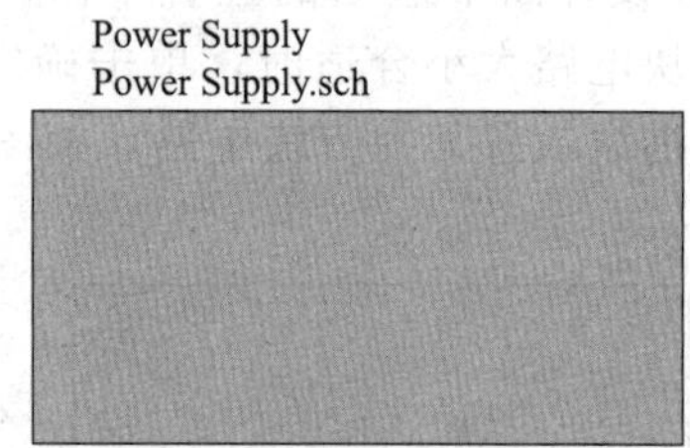

图 4-7 编辑后的方块电路

4.2.2 放置方块电路端口

在图 4-5 的基础上放置方块电路 I/O 端口。

（1）设置方块电路 I/O 端口

单击画图工具栏中的放置方块电路 I/O 端口按钮，或执行菜单命令【Place】/【Add Sheet Entry】，光标变为十字形。将光标移动到 PWMSection. sch 方块电路内部右侧单击，出现一个带小圆点的方块电路 I/O 端口，如图 4-8 所示。

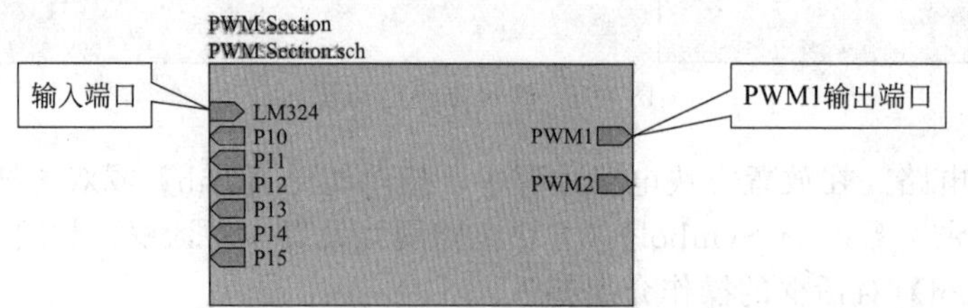

图 4-8 在方块图中放置电路 I/O 端口

（2）设置端口的属性

放置端口的同时按 Tab 键，或双击已放置的方块电路 I/O 端口，弹出 Sheet Entry（方块电路 I/O 端口属性设置）对话框，如图 4-9 所示。按照用户的要求设置端口属性，必须注意，各方块之间有电气连接关系的两个端口，其 I/O 类型必须设置为相反，即一个为输出则对应的另一个端口为输入。否则在后面进行电气法则测试时会出现错误。Sheet Entry（方块电路 I/O 端口属性设置）对话框的操作介绍如下。

- 【Name】：设置方块电路 I/O 端口名称。
- 【I/O Type】：设置方块电路 I/O 端口类型，表示端的输入输出电气特性。
- 【Side】：决定方块电路 I/O 端口放置在方块电路哪一侧。
- 【Style】：设置方块电路 I/O 端口类型，是左、右还是双向或者不定义。
- 【Position】：设置方块电路 I/O 端口在电路图中的位置。
- 【Border Color】：设置边框颜色。
- 【Fill Color】：设置填充颜色。
- 【Text Color】：设置方块电路 I/O 端口名称的颜色。
- 【Selection】复选框：确定是否选中方块电路 I/O 端口。

将方块电路 I/O 端口名称设置为“PWM1”，单击【OK】按钮。在方块电路的合适位置，单击放置端口，如图 4-8 中的 PWM Section. sch 方块电路所示。同理放置其他方块电路 I/O 端口，单击右键退出端口放置。放置完方块电路 I/O 端口后的方块电路，如图 4-10 所示。

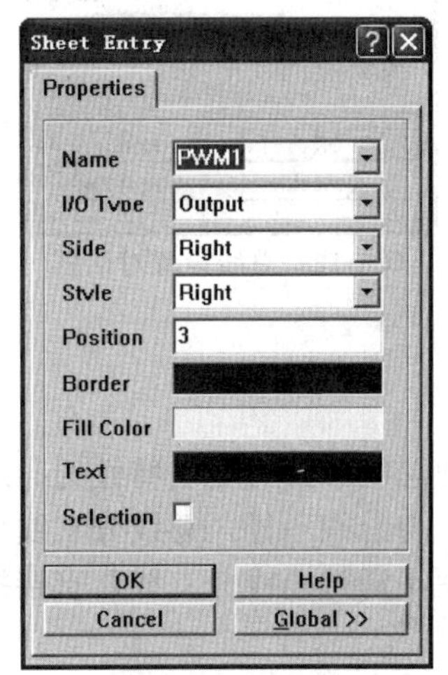

图 4-9　编辑方块电路端口对话框

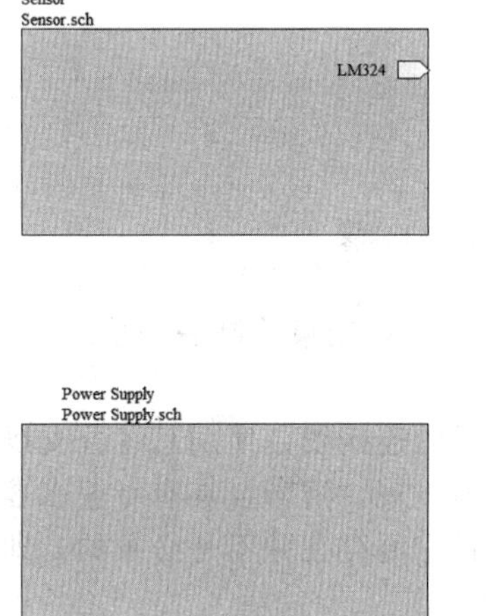

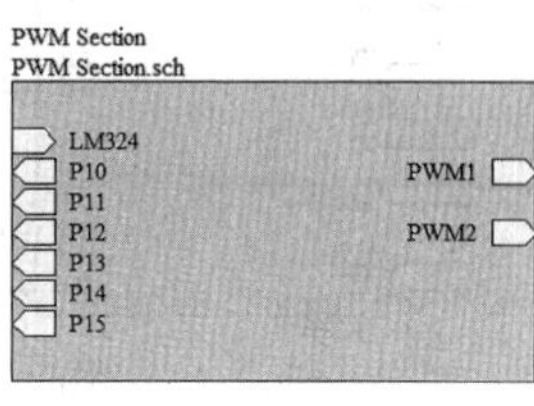

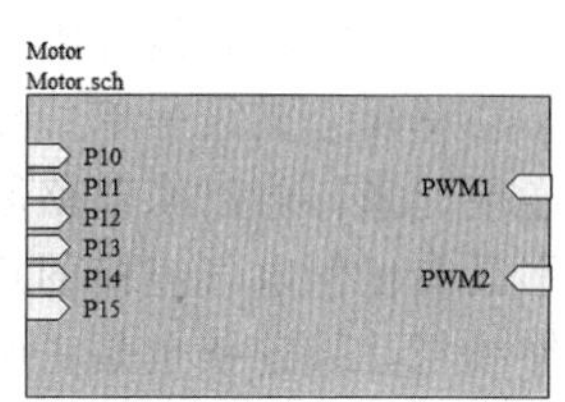

图 4-10　放置完 I/O 端口的方块电路

4.2.3　绘制方块电路之间的连线

方块电路及端口放置完毕，可以改变它们的位置。而后使用画图工具栏中的画导线或者画总线按钮，将不同方块电路中端口名称相同的方块电路 I/O 端口连接在一起，就获得了一个如图 4-3 所示的设计项目的主电路总图。

导线的绘制前面已讲，下面举例说明总线的绘制方法。

总线是一组具有相同性质的并行信号线的组合，如数据总线、地址总线、控制总线等。在大规模的原理图设计，尤其是数字电路的设计中，只用导线来完成各元件之间的电气连接的话，则整个原理图的连线就会显得细碎而繁琐，而总线的运用则可大大简化原理图的连线操作，使原理图更加整洁、美观。

原理图编辑环境下的总线没有任何实质的电气连接意义，仅仅是为了绘图和读图的方便而采取的一种简化连线的表现形式。为了实现电气连接，通常需要与总线分支和网络标号配合使用。

（1）绘制总线

① 执行【Place】/【Bus】菜单命令，或单击工具栏中的 按钮，也可以按下快捷键操

作 P+B，这时光标变成十字形状。

② 将光标移动到想要放置总线的起点位置，单击鼠标确定总线的起点。然后拖动光标，在需要转折处单击鼠标左键确定绘制一段总线，如图 4-11 中的粗蓝线所示。总线的绘制不必与元器件的引脚相连，它只是为了方便后面对总线分支线的绘制而设定的。

③ 设置总线的属性。在绘制总线的过程中，用户可以对总线的属性进行设置。双击总线或者在光标处于放置总线的状态时按【Tab】键即可打开“Bus”对话框，如图 4-12 所示 AT89C51 单片机芯片的 8 个输出线用总线来连接。

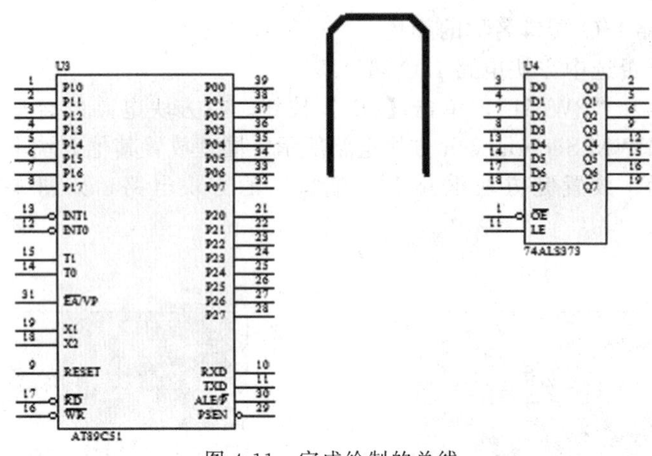

图 4-11　完成绘制的总线

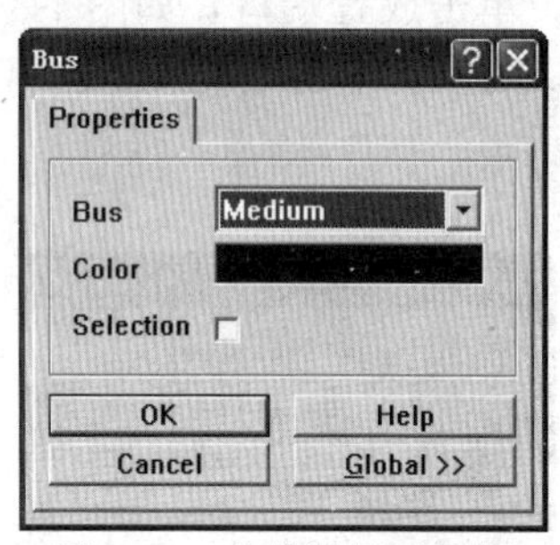

图 4-12　总线设置对话框

④ 完成绘制。单击鼠标右键便可以结束绘制一条总线。

(2) 绘制总线分支线

总线分支线是单一导线与总线的连接线。使用总线分支线把总线和具有电气特性的导线连接起来，可以使电路原理图更为美观、清晰且具有专业水准。与总线一样，总线分支线也不具有任何电气连接的意义，而且它的存在并不是必须的，即便不通过总线分支线，直接把导线与总线连接也是正确的。

放置总线分支线的操作步骤如下。

① 执行【Place】/【Bus Entry】菜单命令，或单击工具栏中的按钮，也可以按下快捷键操作 P+U，这时会出现带着分支线“\”或“/”的十字形状光标。

② 调整总线分支线方向。左边的分支线需要用“\”，右边的则需要用“/”。要改变分支线的方向，只需按空格键即可。

③ 放置总线分支线。将十字光标移到适当位置后，单击鼠标左键即可将它粘贴上去，其余可依次类推。结果如图 4-13 所示。

④ 设置总线分支线的属性。在绘制总线分支线的过程中，用户可以对总线分支线的属性进行设置。双击总线分支线或者在光标处于放置总线分支线的状态时按【Tab】键，即可打开“Bus Entry”对话框，对总路线分支进行设置。

⑤ 退出画分支线状态。完成所有的分支线后，按【Esc】键或单击鼠标右键，即可退出画总线分支线命令状态，回到闲置状态。

(3) 制作网络标号

在图 4-13 中，仅有总线和总线分支线是不够的，它并不能表示 4094 与其他元件之间的电气连接关系，还必须制作一些网络标号来解决这一问题。网络标号实际的意义是一个电气连接点，具有相同网络标号的电气连接线、引线端子及网络表明是连接在一起的。这在印刷电路板布线时是非常重要的。无论是单张式、层次式，还是多重式电路，都可使用网络标号来定义某些网络，使它们具有电气连接的关系。

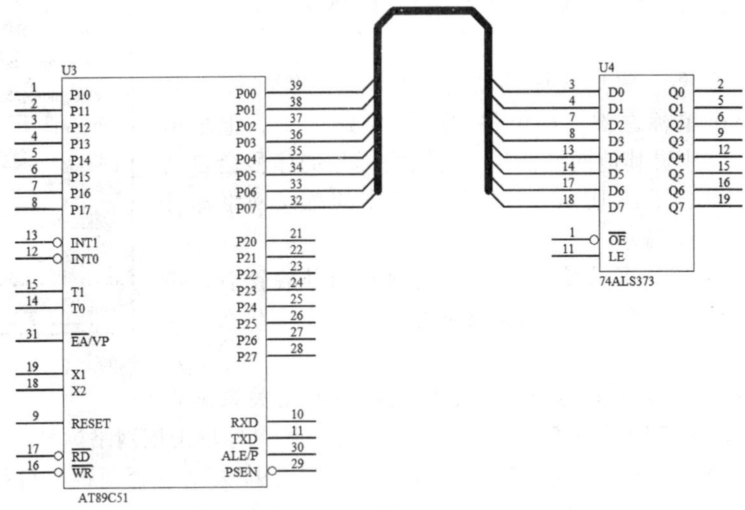

图 4-13　放置完成的总线分支

放置网络标号的操作步骤如下。

① 执行放置网络标号命令。执行上述命令后，光标变成十字形状，并带出一虚线方框，此方框的长度是按最近一次使用的字符串的长度确定的，如图 4-14 所示。

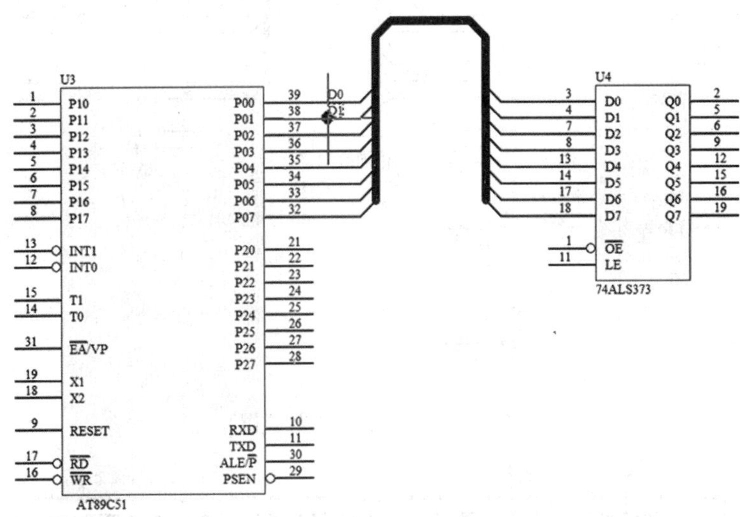

图 4-14　放置网络标号

② 激活网络标号属性对话框。在放置网络标号的同时按【Tab】功能键，即出现网络标号属性对话框，如图 4-15 所示。

③ 设置网络标号属性。网络标号属性对话框的内容如下。

- 【Net】：网络标号定义。可通过键盘将“NetLab”改为“D0”。
- 【X-Location】：网络标号的水平坐标。对于该栏可以不进行修改。
- 【Y-Location】：网络标号的垂直坐标。对于该栏可以不进行修改。
- 【Orientation】：方向的设定。设定方向有 0 Degrees、90 Degrees、180 Degrees、270 Degrees 四个选项。

- 【Color】：颜色的设定。
- 【Font】：字型的设定。单击按钮【Change...】，可修改字体大小、样式等。设定完成后单击按钮【OK】，返回到工作区。

④ 放置网络标号。将虚线框移动到 AT89C51 的第 39 引线端子的上方，单击鼠标左键，即可将“D0”粘贴上去。重复第②、③、④步可以放置其他网络标号，且网络标号的序号会自动增加。放置结果如图 4-16 所示。没有网络分支的总线网络标号放置方法，如图 4-17 所示。

⑤ 退出放置网络标号命令状态。完成网络标号放置后，按【Esc】键或单击鼠标右键即可退出定义网络标号的命令状态，回到闲置状态。

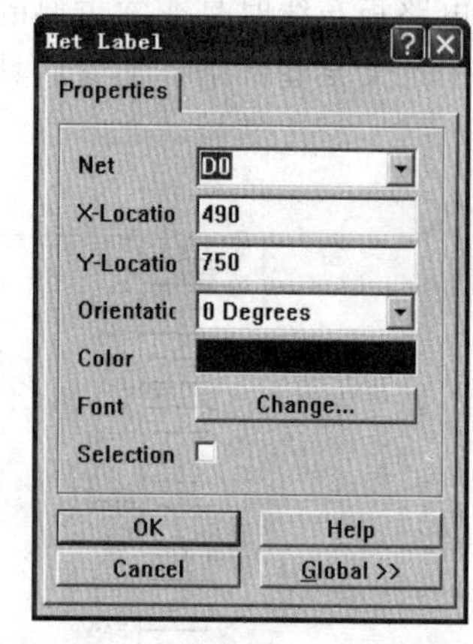

图 4-15 Net Label 对话框

⑥ 网络标号正确与否的检查。为了检查某一网络关系是否正确，可执行菜单命令【Edit】/【Select】/【Net】，然后用鼠标单击该网络标号。这样即可点亮（选中）该网络，以便检查；或者为了检查某一电气连接关系是否正确，可执行菜单命令【Edit】/【Select】/【Connection】，然后用鼠标单击某一导线、节点或引线端子，这样即可点亮（选中）该电气连接关系，以便检查。

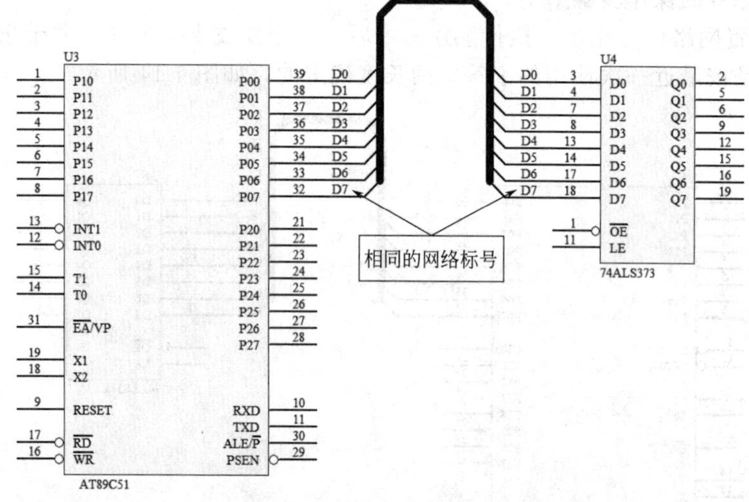

图 4-16 网络标号的放置图

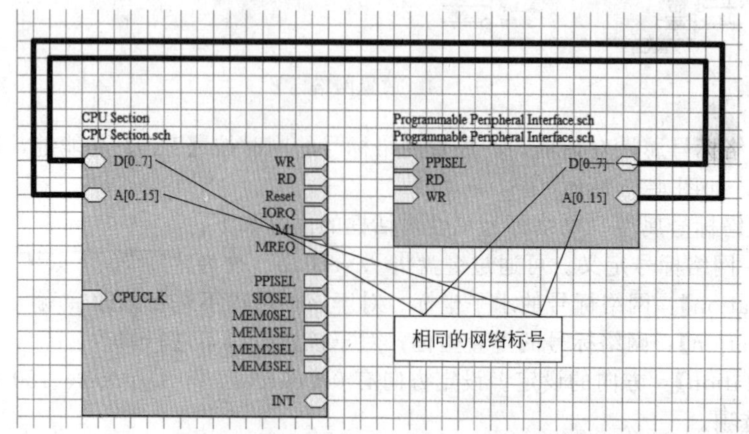

图 4-17 不同的总线网络标号放置图

⑦ 项目电路总图即“主图”编辑结束后，单击主工具栏上的存盘按钮或执行菜单命令【File】/【Save】保存该文件，该文件的扩展名必须为“. pij”。

4.2.4　由方块电路图产生子原理图

子电路图是根据主电路图中的方块电路，利用有关命令自动建立的，切记不能用建立新文件的方法建立。前面已提到，在建立层次原理图时，层间同名电路模块之间的文件名及 I/O 端口名称必须相同，层间同名端口 I/O 类型必须全部相同或相反。为了保证这一点，同时让用户能方便、快捷、高效地实现，Protel 99 SE 中提供了由方块电路符号产生新原理图文件及 I/O 端口符号，或由原理图文件产生方块电路符号的功能。下面介绍由上向下逐级建立层次原理图的方法。

① 在项目设计文件窗口内，在主电路图中执行菜单命令【Design】/【Create Sheet From Symbol】（从图纸符号建立原理图），光标变成十字形。

② 将十字光标移到名为 PWM Section 的方块电路上，单击鼠标左键，系统弹出【Confirm】（I/O 端口电气特性选择）对话框，如图 4-18 所示，要求用户确认端口的输入输出方向。如果单击对话框内的【Yes】按钮，则生成的模块电路原理图中的 I/O 端口电气特性与方块电路 I/O 端口电气特性相反，即输入变为输出，而输出变为输入。这里选择I/O 类型相同，用鼠标左键单击按钮【No】，系统自动生成名为“PWM Section. sch”的子电路图，且自动切换到“PMW Section. sch”子电路图，并将 I/O 端口布置好。

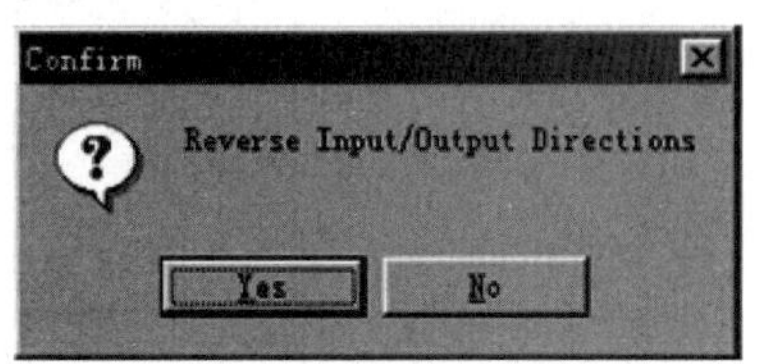

图 4-18“I/O 端口电气特性选择”对话框

这样，一个名为“PMW Section. sch”的原理图文件就产生了。用户可以在已经存在端口的原理图中绘制具体的子电路，免去了手工设置 I/O 端口的麻烦。如果端口的位置、箭头方向不合适，加以编辑调整即可，如图 4-19 所示，在此基础上绘制完整的“PMW Section. sch”原理图如图 4-20 所示。

P10
P11
P12
P13
P14
P15
LM324
PWM1
PWM2

图 4-19　由 PWM Section 方块图创建的 PWM Section. sch 端口原理图

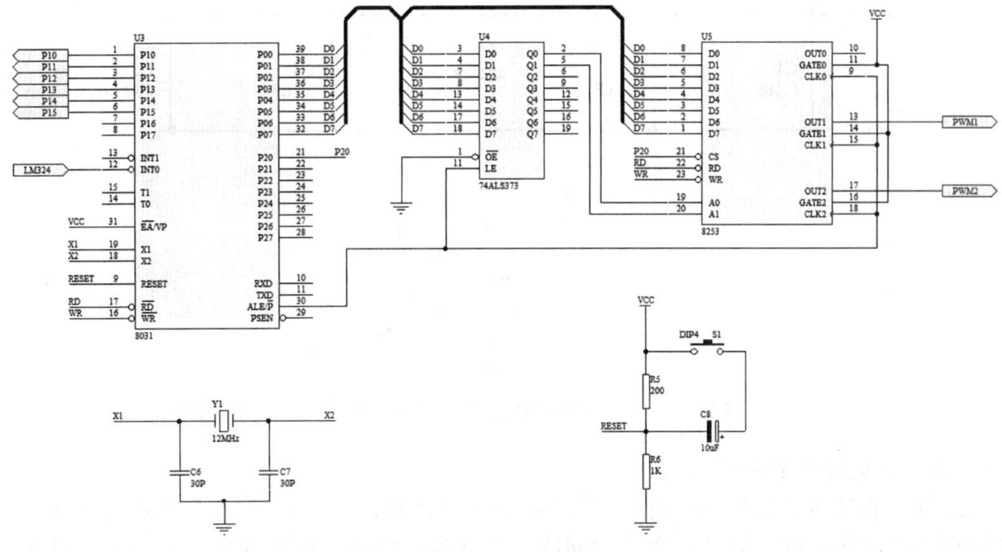

图 4-20　绘制完整的 PWM Section. sch 原理图

③ 其他的子电路图可按照上述方法在方块图中分别产生各自的存在端口的子电路图。如图 4-21 为由方块图产生的端口设计完成的 Sensor. sch 原理图电路。图 4-22 根据端口设计完成的 Motor. sch 原理图电路。图 4-23 是根据器件所需电源设计完成的 Power Supply. sch 原理图。

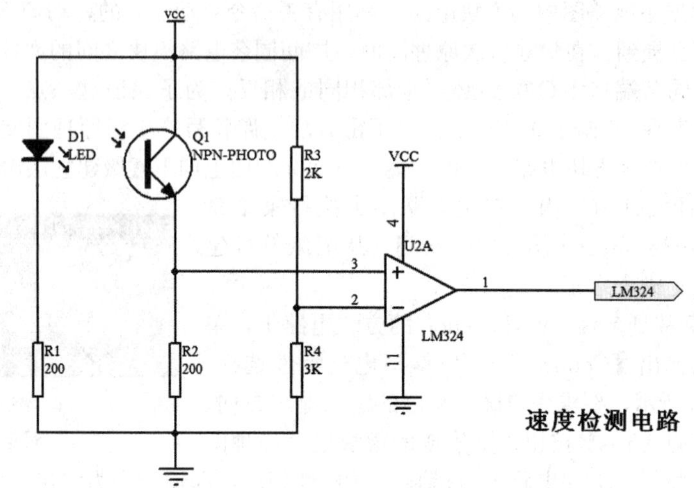

图 4-21 根据端口设计完成的 Sensor. sch 原理图

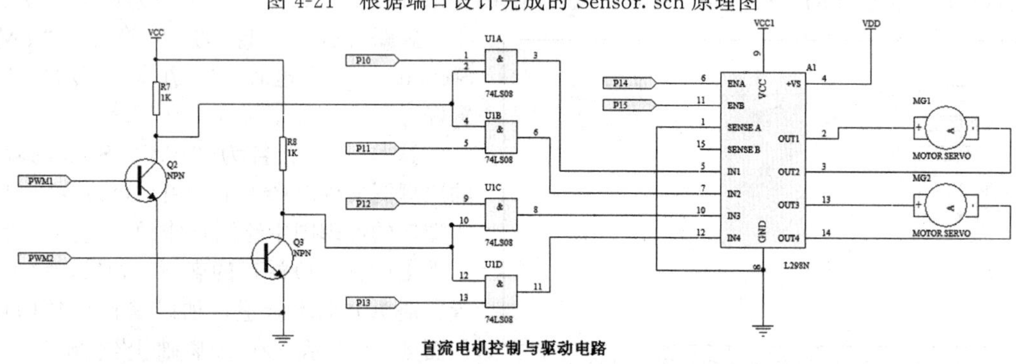

图 4-22 根据端口设计完成的 Motor. sch 原理图

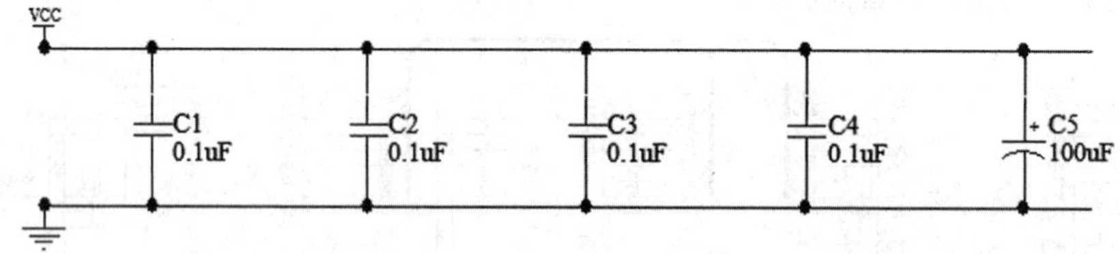

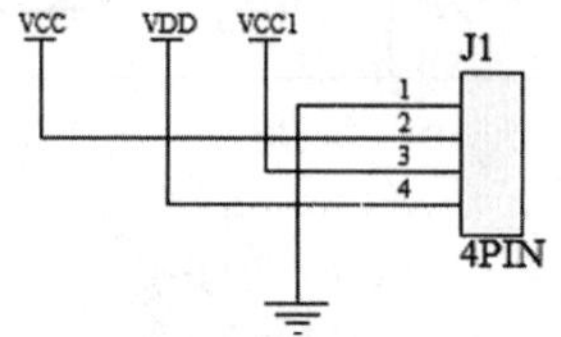

图 4-23 根据器件所需电源设计完成的 Power Supply. sch 原理图

4.2.5 层次式电路图的网络表文件

电路设计的最终目的是制作可用的 PCB 印制电路板，当采用层次式电路设计时，当电路各原理子图设计好后，同样需要生成网络报表文件，以便于后面的印制电路板的设计。下面介绍 PWMmotor. ddb 项目文件网络文件生成步骤。

① 在原理图主图（即方块图）的编辑环境中，选择【Design】/【Create Netlist】命令，弹出“Netlist Creation”对话框，如图 4-24 所示。

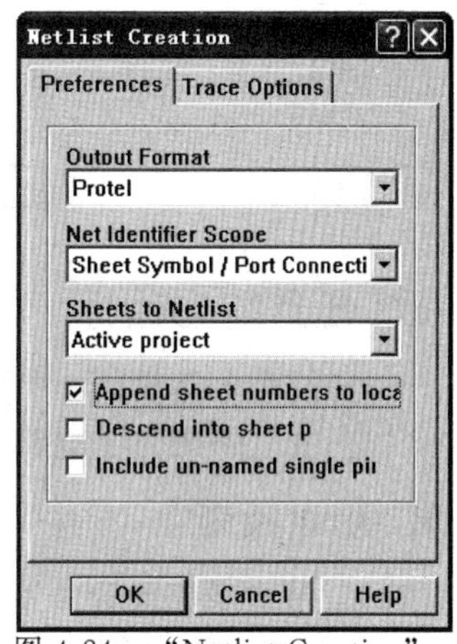

图 4-24　“Netlist Creation”对话框

② 这里按照如下的参数设置。

③【Output Format】下拉列表框：设置生成网络表的格式，一般选择 Protel 格式。

④ 设置网络标识有效范围【Net Identifier Scope】为“Sheet Symbol/Port Connections”。

⑤【Net Identifier Scope】下拉列表框

Sheets to Netlist 下拉列表框：用于设置项目电路图网络标志符的作用范围。选择 Active sheet 只建立当前原理图的网络表；选择 Active project 建立当前项目的网络表；选择 Active sheet plussub sheets 建立当前原理图和各层次原理图的网络表。

●【Append sheet numbers to local nets】复选框：确定是否在网络表中加入原理图编号。

●【Descend into sheet parts】复选框：确定是否深入到图纸符号（层次原理图）中的内部电路。

●【Include un-named single pin nets】复选框：确定是否包括无名引线端子网络。

设置完成后，单击【OK】按钮，系统进入网络表生成过程，并生成网络表文件，网络表文件名称与主电路图的文件名相同，扩展名为“. NET”。系统将自动打开生成的网络表，如图 4-25 所示。

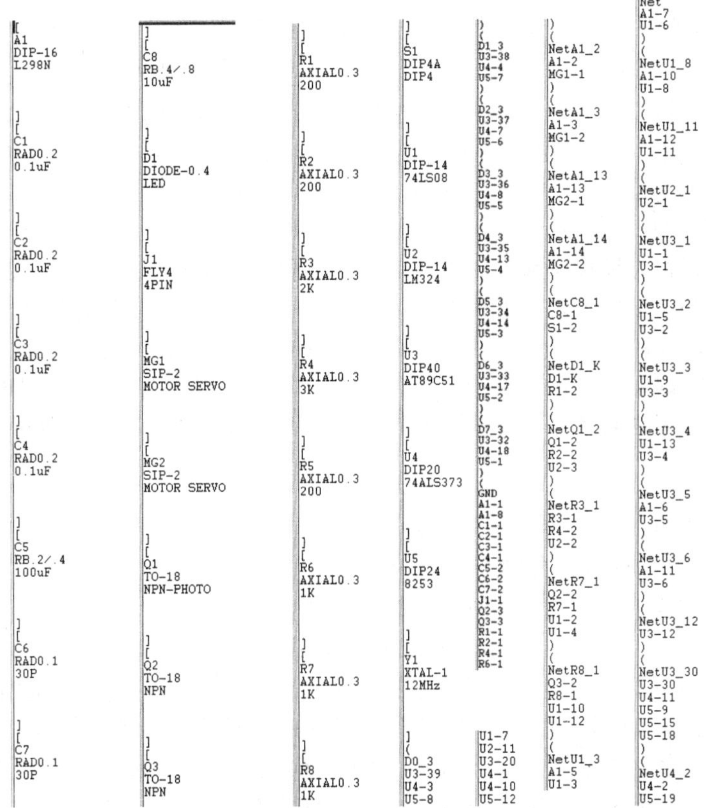
图 4-25　层次原理图的网络报表

注意，在进行层次原理图设计时，原理图主图与各个子图中的元件标识符不能在重复标注或者未进行标注，否则将不能产生正确的网络表文件。

任务 4.3 不同层电路间的切换

任务能力目标

① 层次电路设计中不同文件的切换。

② 主电路图与子电路图之间的切换。

知识技能

4.3.1 层次电路设计中不同文件的切换

在层次电路中含有多张电路图，当需要从一张原理图切换到另一张原理图时，在“设计文件管理器”窗口内，将鼠标移到目标原理图文件名上，单击左键，即可迅速切换到相应原理图文件的编辑窗口，如图 4-2 所示。

① 利用项目导航树进行切换。

② 打开 PWMmotor. ddb 设计数据库并展开设计导航树。单击导航树中的文件名单击或文件名前面的图标，可以打开相应的文件。

4.3.2 主电路图与子电路图之间的切换

在层次电路中含有多张电路图，当需要从一张原理图切换到另一张原理图时，在“设计文件管理器”窗口内，将鼠标移动目标原理图文件名上，单击鼠标左键，即可迅速切换到相应原理图文件的编辑窗。

在 Protel 99 SE 中，除了通过单击“设计文件管理器”窗口内目标文件名完成文件编辑状态之间的切换外，有时也会通过“Tools”菜单内的“Up/Down Hierarchy”命令或主工具栏的“⬇⬆”（层次电路切换）工具实现层次电路原理图窗口间的切换。操作过程如下。

① 单击主工具栏内的“层次电路切换”工具（或执行“Tools”菜单内的“Up/Down Hierarchy”命令）。

② 当由项目文件（. prj）窗口切换到其中某一模块电路窗口的步骤如下：

- 将光标移到相应模块电路上，单击鼠标左键即可切换到相应模块电路的窗口内。
- 单击鼠标右键退出“层次电路切换”命令状态；而由某一模块电路窗口切换到另一模块电路窗口时，可将光标移到与目标模块电路相连的 I/O 端口上。
- 单击鼠标左键即可迅速切换到与该 I/O 端口相连的上一层或下一层电路窗口内，如果不需要再切换到其他电路窗口时，可单击鼠标右键，退出“层次电路切换”命令状态。

项目练习

1. 层次原理图设计方法及特点是什么？
2. 自上而下的层次原理图设计方法及步骤是什么？
3. 层次原理图中通过什么来实现主图与子图的连接的？
4. 按层次电路绘制方法绘制图 4-26 所示的原理图。
5. 采用自上而下层次原理图的设计方法，完成图 4-27 所示的层次方框图设计。
6. 图 4-28 是 Z80 单片机控制系统层次原理图的设计主图，它表示的是一个完整的电路，这个电路分为存储器模块（Memory）、CPU 模块（CPU Section）、电源模块（Power Supply）、CPU 时钟模块（CPUClock）、可编程外围接口模块（Programmable Peripheral Interface）和串行接口模块（ SerialInterface）等六个模块。请根据 Protel 99 SE 自带实例

Z80 Micro processor. Ddb 为例，练习设计建立层次电路原理图的操作过程。该文件位置在 Protel 99 SE 的安装目录的 Examples 中。

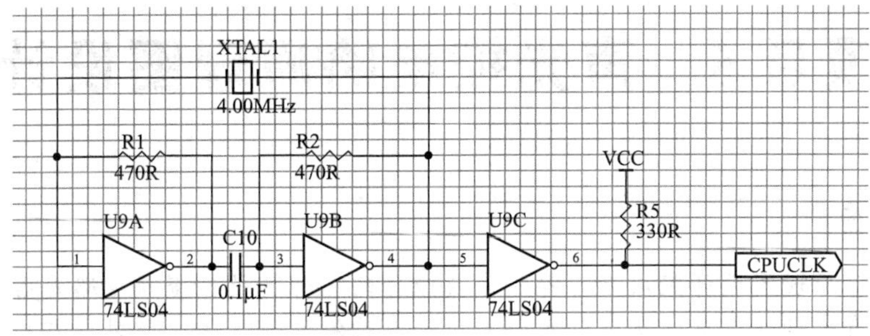

图 4-26　层次原理图子图

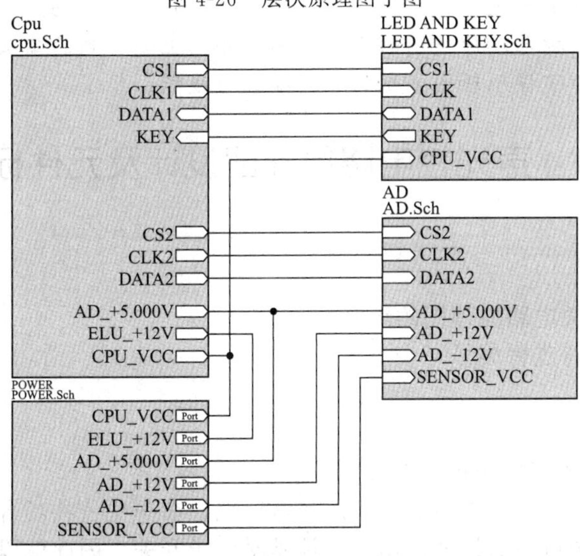

图 4-27　层次原理图操作实例

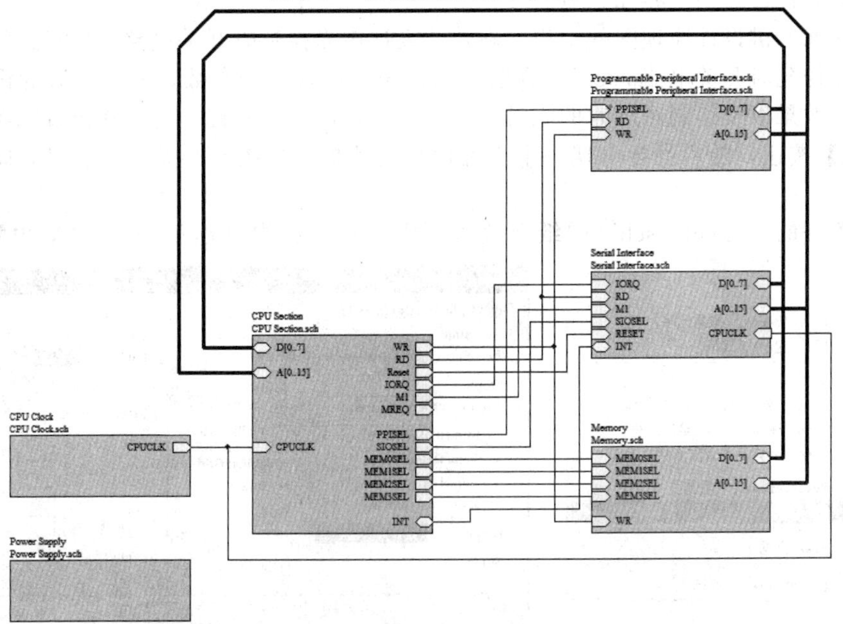

图 4-28　Z80 Micro processor. prj 层次原理图设计主图

项目5　声光控电路原理图设计

项目综述

当一个电路原理图设计完成后，接下来要进行的工作就是检查该电路是否有电气连接上的错误、是否有未标注或重复标注的元件、是否有遗漏的封装等。此外，在检查正确的原理图文件基础上生成网络报表文件，以供设计人员参考、交流、备档。

本项目主要以声光控电路原理图的设计为例，介绍上面提到的各项知识及技能。要求学生通过本项目的学习，掌握原理图绘制的相关知识与技能。

任务5.1　声光控电路原理图设计及元件标号分配

任务能力目标

① 声光控延时开关电路原理图的绘制。
② 对元器件标识符进行编号。

知识技能

5.1.1　声光控延时开关电路原理图的绘制

声光控延时电子开关在日常生活中应用非常广范，在一些公共场合的照明，为了节省电能，不开长明灯，如楼道照明灯就使用声光控延时电子开关，因此就以声光控延时电子开关为例来说明设计过程的一些知识点。

根据前面所讲设计原理图的知识，新建“设计声光控延时开关电路.ddb”。新建“原理图文件声光控延时开关电路.sch”。在绘图前首先要设置图纸参数，图纸参数的设置关系到成品图纸的效果以及绘制图纸时的难易程度。在工作区单击鼠标右键，在出现的菜单中单击【文档选项】按钮，随后就会出现一个文件信息对话框，如图5-1所示，本例选择的图纸大小为“B”。

在设置好的“Sheet1.sch”图纸上放置所需元件，白炽灯泡符号，220V电源接口等，

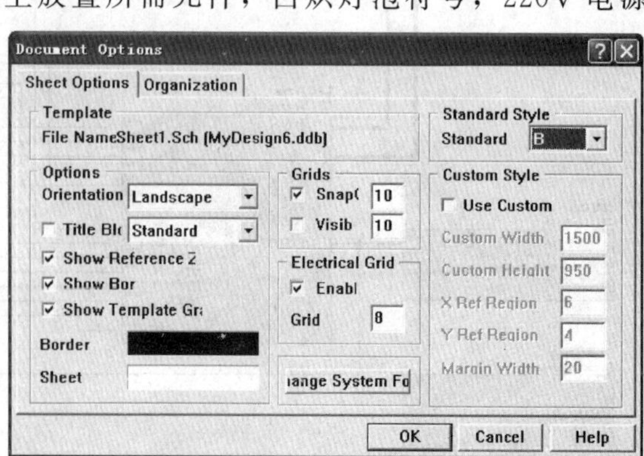

图5-1　文档选项对话框

绘制完成的声光控延时开关电路原理图如图 5-2 所示。

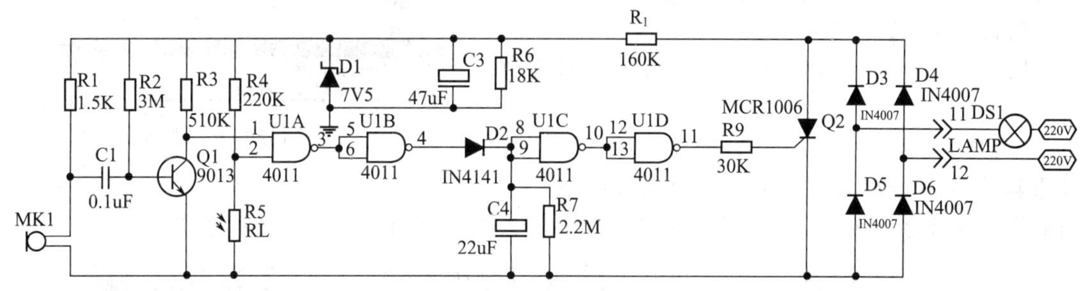

图 5-2　声光控延时电子开关原理图

5.1.2　对元器件标识符进行编号

在原理图上放置元件时，如果没有对元件属性进行设置，对元件的序号也没有进行标记，Protel 99 SE 将使用元件序号的默认设置。一般元器件的标识符由“标识符字母＋数字”组成，如用“U?”作为集成电路芯片的元件序号，用“R?”作为电阻元件序号，用“C?”作为电容元件序号，用“L?”作为电感元件序号，用“D?”作为二极管类元件序号，用“Q?”作为三极管类元件序号。在放置元器件时，根据事先的定义，系统默认的元器件标识符为“字母＋?”。Protel 99 SE 提供了对元器件标识符自动编号的功能，系统在进行元器件标识符编号时，首先会根据用户定义的元器件标识符字母进行元器件分类，然后将标识符字母相同的元器件按照一定的空间位置顺序进行数字编号。

注意，Protel 99 SE 不能自动对元器件进行分类，其编号的区分原则是用标识符的字母来区分不同的元件。为了保证元器件标识符编号的合理性，在自动编号之前必须确认元器件标识符分类的正确性。

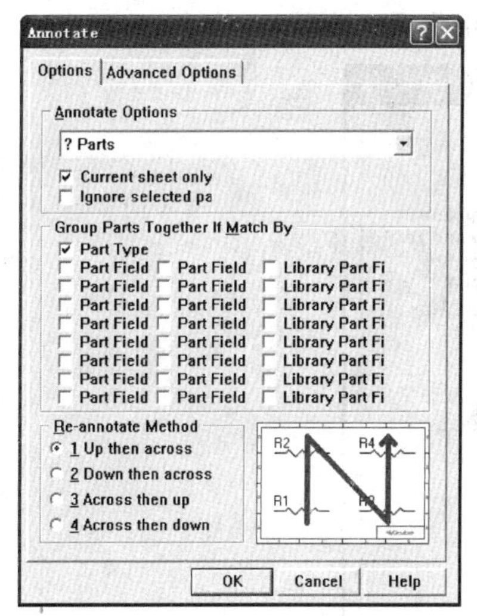

图 5-3　元件行动编号对话框

使用系统自动编号功能的步骤如下。

① 执行菜单命令【Tools】/【Annotate...】，系统弹出【元件行动编号】对话框，如图 5-3 所示。它有两个选项卡，系统将根据此对话框的设置，对整个项目中的元件进行重新编号。

对话框的操作介绍如下。

●【Annotate Options】下拉列表：设置选择元件编号的方式。在下拉列表框中有 4 种编号方式可选，如图 5-4 所示。

“All Parts”：对所有元件重新编号。

“? Parts”：对编号中带有“字母＋?”的元件编号。

“Reset Designates”：将所有元件的编号恢复为带“?”的初始状态。

“Update Sheets Number Only”：重新编排原理图的图号。对使用重复方式设计的项目原理图应选择此项。

“Current sheet only”：选中此复选框表示只对目前的原理图重新编号。不选中，则对整个项目中所有元件重新编号。

“Ignore selected part”：选中此复选框表示不对选中状态下的元件重新编号。

●【Group Parts Together If Match By】选项区域：设置如何对多单元元件进行分组。

【Part Type】复选框：按元件类型分组。该项是系统默认选项，一般选此项。

【Part Field】复选框：按元件标注分组。

【Library Part Field】复选框：按库元件属性分组。

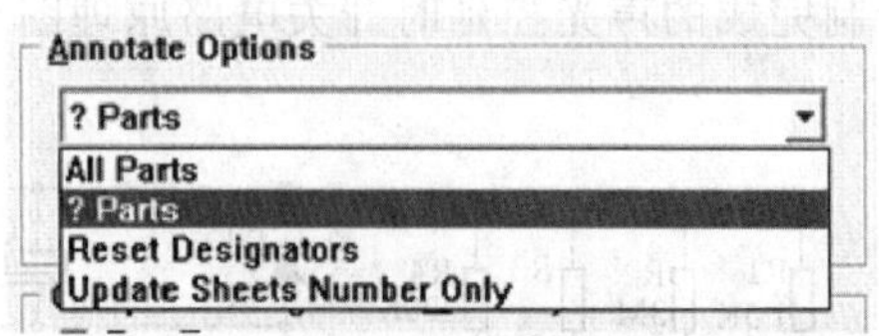

图 5-4 元件编号的方式选择下拉框

● 【Re-annotate Method】选项区域：设置元件重新编号的路径方式。选中不同的单选按钮，右侧图显示重新编号的不同路径。如 5-5 所示为四种不同路径编号选择示意图。

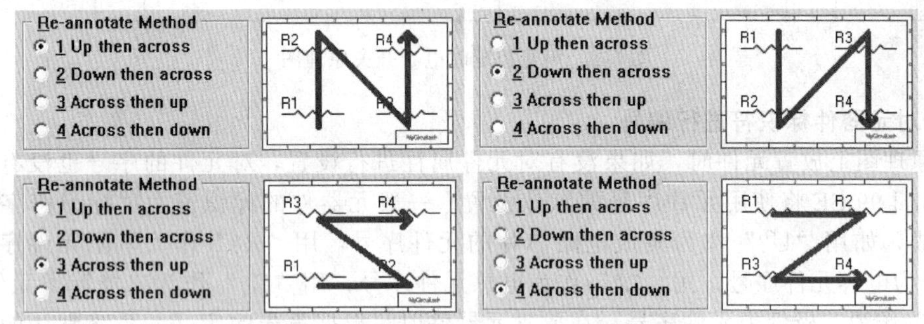

图 5-5 四种不同路径编号选择示意图

【Advanced Options】选项卡，如图 5-6 所示，在这个选项卡中将对编号的范围进行设置，如果绘制的是层次原理图，那么在这里将可以看到层次原理图中所有的原理图，用户可以单击电路原理图名称前的复选框，确定需要进行自动编号的电路原理图。在本例中，只有一个电路原理图“Sheet1. Sch”，对话框中设置编号的起止范围可设为 1～100。

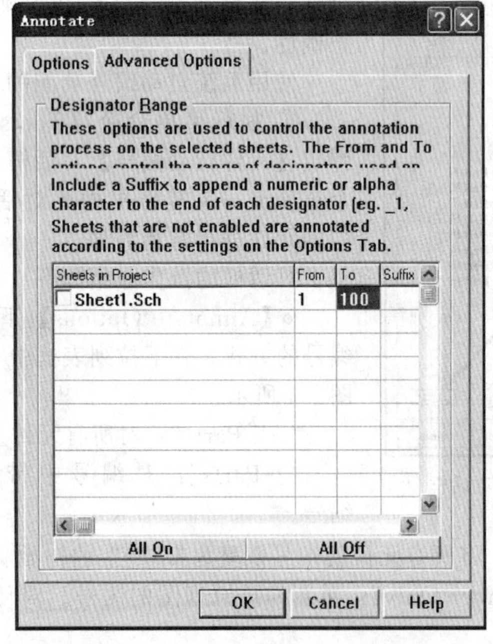

图 5-6 【Advanced Options】选项卡

② 对图 5-2 原理图执行“从上到下，从左到右”的标号方式，即选择图 5-5 所示的第二种标号方式。单击【OK】按钮，系统将会生成一个报告文件“Sheet1. REP”，用来表达系统对当前电路原理图的编号结果，如图 5-7 所示。

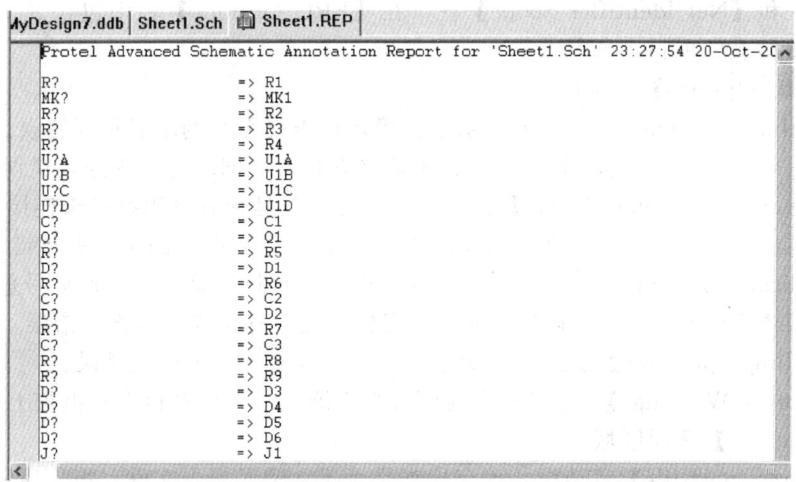

图5-7　系统产生的“自动编号”报表文件

任务5.2　设计电气规则检查及错误报表

任务能力目标

① 电气规则检查。

② 放置【No ERC】标志。

知识技能

当一个电路原理图设计完成后，对于一个简单的电路的正确与否，通过浏览就能看出电路中存在的问题。但对于一个较复杂的电路设计项目，是否有电气连接上的错误，是否有未标注或重复标注的元件等，靠人工查找电路设计中的错误就没有那么容易了。

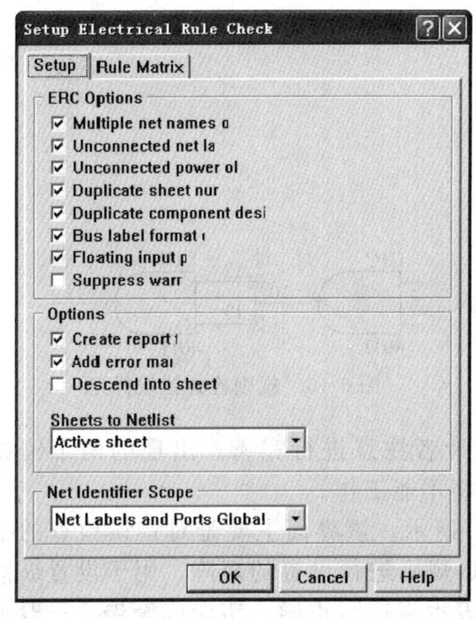

图5-8　“电气规则检查设置”对话框

Protel 99 SE提供了很多规则检查功能，使用这些功能可以对所绘制的电路原理图进行各种检查，以保证电路原理图的正确性。设计者可以使用Protel 99 SE提供的电气规则检查功能对整个原理图进行检查。电气规则检查通常被简称为“ERC”，利用电气规则检查功能，用户可以按照设定的电气规则对绘制的电路原理图进行快速的设计验证。下面介绍对原理图电气规则的检查。

5.2.1　电气规则检查

打开需要进行检查的设计文件“MyDesign7.ddb”，并打开其中的电路原理图文件“Sheet1.Sch”。

执行菜单命令【Tools】/【ERC...】，系统弹出电气规则检查设置对话框，如图5-8所示。

用户可以在该对话框中设置要检查的项目及报错方式。电气规则检查设置对话框主要包含【Setup】和【Rule Matrix】两个选项卡。

【Setup】选项卡中包含【ERC Options】栏、

【Options】栏和【Net Identifier Scope】栏。在【ERC Options】栏中包含 8 个复选框，主要用于设置要检查的项目。各复选框的定义如下。

(1)【ERC Options】选项区域

- 【Multiple net names on net】复选框：确定检查是否有网络名重复错误。
- 【Unconnected net labels】复选框：确定检查是否有网络标号未连接错误。
- 【Unconnected power objects】复选框：确定检查是否有电源符号未连接错误。
- 【Duplicate sheet numbers】复选框：确定检查是否有电路图编号重复错误。
- 【Duplicate component designators】复选框：确定检查是否有元件标号重复错误。
- 【Bus label format errors】复选框：确定检查是否有总线标号格式错误。
- 【Floating input pins】复选框：确定检查是否有输入端子浮空错误。
- 【Suppress Warnings】：忽略所有的警告性检测项，不记录错误在报告上。

(2)【Options】选项区域

- 【Create report file】复选框：确定检查是否建立错误报告文件，报告后缀名为 ERC。
- 【Add error markers】复选框：确定检查后是否在原理图中对错误之处放置标记。
- 【Descend into sheet parts】复选框：确定检查后是否深入至图纸元件内部电路。

(3)【Sheets to Netlist】下拉列表框

- 选择【Active sheet】：表示检查当前图纸。
- 选择【Active project】：表示检查当前项目。
- 选择【Active Sheet plus sub sheet】：表示检查当前原理图和下层原理图。

(4)【Net identifier Scope】下拉列表框

- 选择【Net label and ports global】：表示网络标号和端口全局有效。
- 选择【Only ports global】：表示仅 I/O 端口全局有效。
- 选择【Sheet Symbol/Port Connections】：表示层次电路中同名端口相连。

以上设置完成后，单击【OK】按钮，系统进行 ERC 规则检查，并产生错误报表。为了使系统有错误报表产生，有意把 CD4011 的两个端子没连，产生的错误报表如图 5-9 所示。并在原理图错误的地方打上红色圈叉标记，如图 5-10 所示，然后反复进行修改，直至正确。

```
Error Report For : Sheet1.Sch    20-Oct-2011   23:41:58

#3 Error   Floating Input Pins On Net NetU1_5
Pin Sheet1.Sch(U1-5 @510,570)
Pin Sheet1.Sch(U1-6 @510,550)

#4 Warning   Unconnected Input Pin On Net NetU1_12
  Sheet1.Sch(U1-12 @790,570)

#6 Error   Floating Input Pins On Net NetU1_12
Pin Sheet1.Sch(U1-12 @790,570)

#7 Warning   Unconnected Input Pin On Net NetU1_13
  Sheet1.Sch(U1-13 @790,550)

#9 Error   Floating Input Pins On Net NetU1_13
Pin Sheet1.Sch(U1-13 @790,550)

End Report
```

图 5-9 ERC 规则检查错误报表

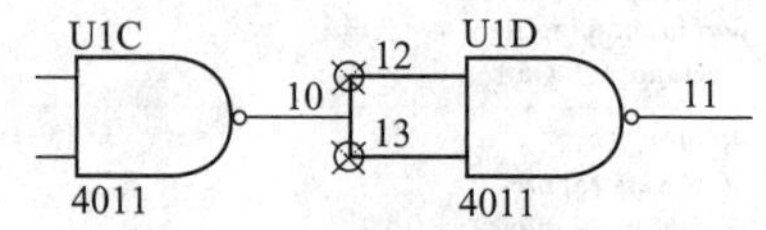

图 5-10 规则检查错误标记

在报表中出现了两个警告“Warning”，提醒设计者注意进行完善。出现的两个错误“Error”是致命性的，必须认真修改，否则设计电路将不能工作。

打开【Rule Matrix】选项卡，该选项卡如图5-11所示，该界面主要是对错误检查的报警类型进行设置。它提供设计者对端子和端口的 ERC 规则进行设置的矩阵，用于设置纵横坐标所示端子/端口连接时的电气规则，用三种颜色表示连接时正确、错误或警告。一般不需要用户重新设置检查规则。

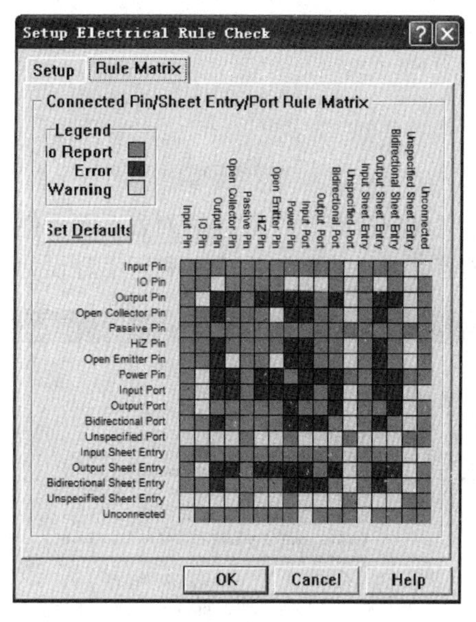

图 5-11　端子和端口规则设置对话框

该矩阵中的每一个小方格都对应一个横坐标和一个纵坐标。设置为绿色时，在出现方格所对应的状况后表示端子/端口相连或悬空，系统不报告任何信息；设置为红色时，在出现方格所对应的状况后表示端子/端口相连或悬空，系统将以“Error”的形式报告错误；设置为黄色时，在出现方格所对应的状况后表示端子/端口相连或悬空，系统将以“Warning”的形式发出警告。

● 【Legend】选项区域：用于设置正确、错误和警告的代表颜色。

● 【Set Defaults】按钮：用于设置系统默认的矩阵。

5.2.2　放置【No ERC】标志

放置【No ERC】标志的主要目的是让系统在执行电气规则检查（ERC）时，忽略对某些节点的检查，防止在报告中产生警告或错误信息，即在明显正确而又会产生误报之处放置【No ERC】标志。例如，系统默认输入型端子必须要连接，但实际上某些输入型端子悬空是可以的，如果不放置【No ERC】标志，系统在编译时就认为该端子使用错误，并在该端子上放置一个错误标记。

(1) 启动放置命令

有三种方法可以启动放置忽略 ERC 测试点（No ERC）命令。

方法一：单击画电路图工具栏上的【Place No ERC】图标✕。

方法二：执行菜单命令【Place】/【Directive】/【No ERC】，如图 5-12 所示。

方法三：使用快捷键【P】/【I】/【N】。

(2) 放置【No ERC】的步骤

启动放置【No ERC】命令后，光标变成十字状，并且它上面有一个红叉，将光标移到需要放置【No ERC】的节点上，单击鼠标左键即可设置完成一个【No ERC】测试点。接下来可继续放置下一个【No ERC】标记，若不需要继续放置，可单击鼠标右键退出放置【No ERC】状态。

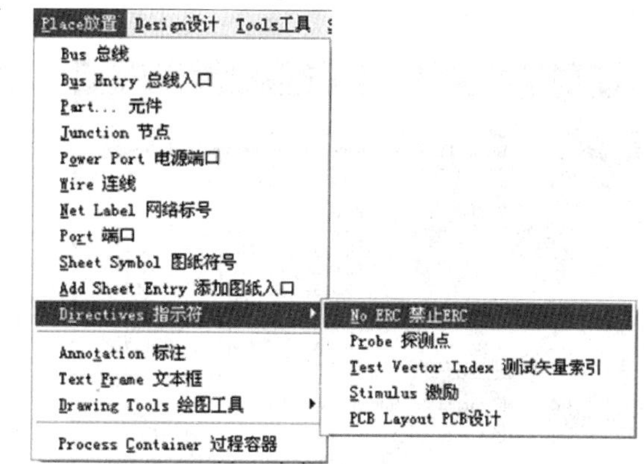

图 5-12　放置【No ERC】标志命令

(3) 【No ERC】属性设置

在放置【No ERC】状态下，按【Tab】键打开【No ERC】属性对话框，对话框中所有设置项的设置都和前面介绍过的网络标签、导线等属性对话框中相应的设置类似。

任务 5.3　根据原理图生成元件统计报表

任务能力目标

① 生成元件统计报表。

② 端子列表的生成。

③ 检查遗漏的封装。

知识技能

5.3.1 生成元件统计报表

在 Protel 99 SE 软件中，可以生成一个包含整个项目文件中所有元件信息的列表，即元件列表。元件列表中主要包括了元件的名称、标注和封装等内容。元件报表的生成有利于工程设计人员对元器件进行采购、管理。

① 启动 Protel 99 SE 软件，打开“Sheet1.Sch”原理图文件。

② 执行菜单命令【Report】/【Bill of Materal】，将弹出如图 5-13 所示对话框。

③ 在图 5-13 所示对话框内选择【Project】单选按钮，则表示要生成整个项目所有原理图的元件列表。选择【Sheet】单选按钮，表示要生成目前被激活的原理图的元件列表。

④ 单击【Next】按钮，进入如图 5-14 所示对话框。

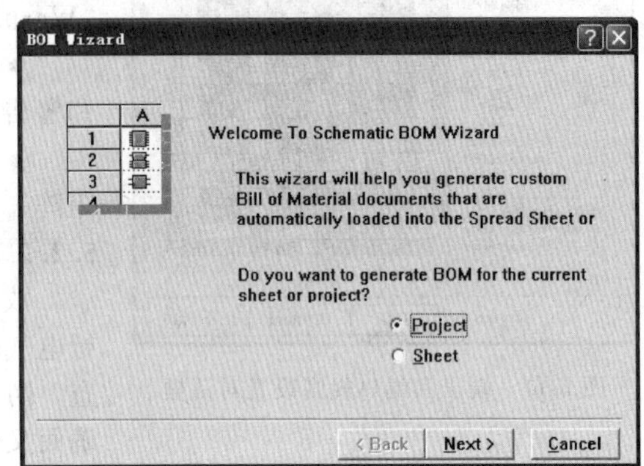

图 5-13 元器件生成向导对话框

⑤ 在图 5-14 所示对话框内选择【Footprint】复选框和【Description】复选框，表示产生的元件列表中包含元件封装的内容和元件标注的内容。

⑥ 单击【Next】按钮，进入如图 5-15 所示对话框，在此对话框为定义清单各列名称。

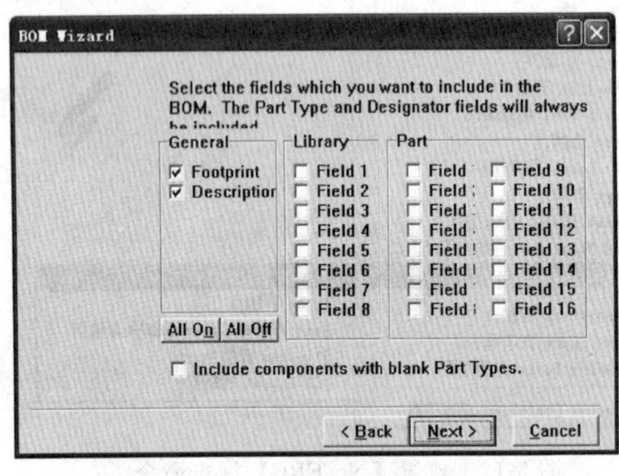

图 5-14 设置统计内容对话框

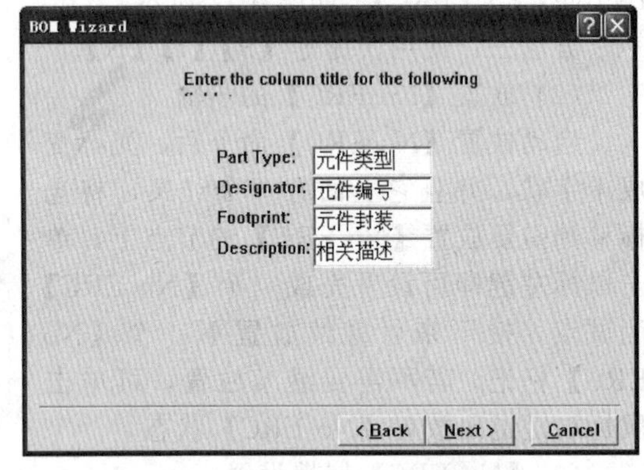

图 5-15 设计统计内容对话框

⑦ 单击【Next】按钮，进入如图 5-16 所示对话框。在图 5-16 所示对话框内，选择【Protel Format】复选框为 Protel 格式，输出文件后缀为“.bom”的元件列表；选择【CSV Format】复选框，表示输出后缀为“.CSV”的电子表格格式的元件列表；选择【Client Spreadsheet】复选框，表示输出后缀为“.XLS”的元件列表。这三种复选框可同时选择，表示生成多种格式的元件列表。

⑧ 在图 5-16 所示对话框内选择全选，单击【Next】按钮，进入如图 5-17 所示对话框。单击【Finish】按钮，系统会自动生成元器件清单，并进入报表编辑环境。根据以上设置所产生的三个报表如图 5-18 所示。

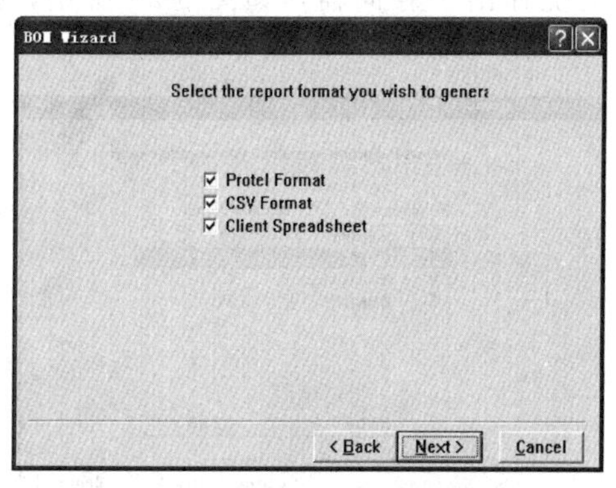

图 5-16　设置输出元件清单格式表

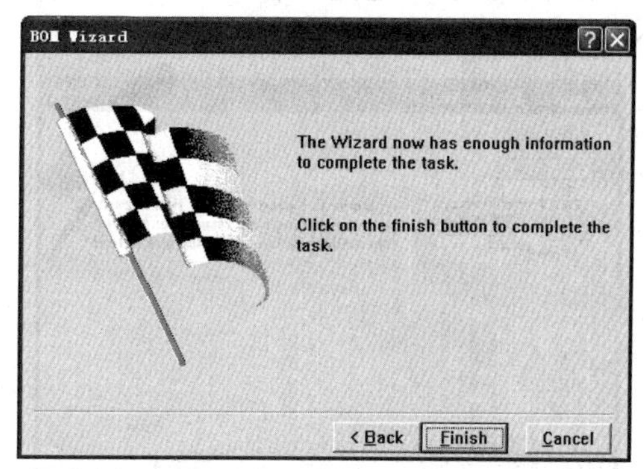

图 5-17　完成设置对话框

5.3.2　端子列表的生成

端子列表是指包含所选元件端子信息的对话框。端子列表中包含了端子的编号、端子的名称和端子所在的网络名称等，它有利于比较在原理图中和 PCB 图中元件的封装端子标号是否一致，如同一元件在原理图和 PCB 图中端子的标号不一致，在生成 PCB 图时将找不到对应的端子。生成端子列表过程如下。

打开原理图文件，选择相应的元件或全选原理图。

执行菜单命令【Reports】/【Selected Pins】，将弹出如图 5-19 所示的端子信息对话框。

C:\Program Files\Design Explorer 99 S...

MyDesign7.ddb | Sheet1.Sch | Sheet1.REP | Sheet1.ER(

G30

	A	B	C	D
1	元件类型	元件编号	元件封装	相关描述
2	0.1uF	C1	RAD0.1	Capacitor
3	3.3M	R7	AXIAL0.4	
4	3M	R2	AXIAL0.4	
5	7V5	D1	DIODE0.4	Zener Diode
6	15K	R1	AXIAL0.4	
7	18K	R6	AXIAL0.4	
8	22uF	C3	RB.1/.2	Electrolytic Capaci
9	30K	R9	AXIAL0.4	
10	47uF	C2	RB.1/.2	Electrolytic Capaci
11	160K	R8	AXIAL0.4	
12	220K	R4	AXIAL0.4	
13	510K	R3	AXIAL0.4	
14	4011	U1	DIP-14	
15	9013	Q1	TO-92B	NPN Transistor
16	CON2	J1	SIP2	Connector
17	IN4007	D5	DIODE0.4	Diode
18	IN4007	D4	DIODE0.4	Diode
19	IN4007	D6	DIODE0.4	Diode
20	IN4007	D3	DIODE0.4	Diode
21	IN4148	D2	DIODE0.4	Diode
22	MCR100-6	Q2	TO-9B	
23	RL	R5	SIP2	

图 5-18　“Sheet1. XLS”报表文件

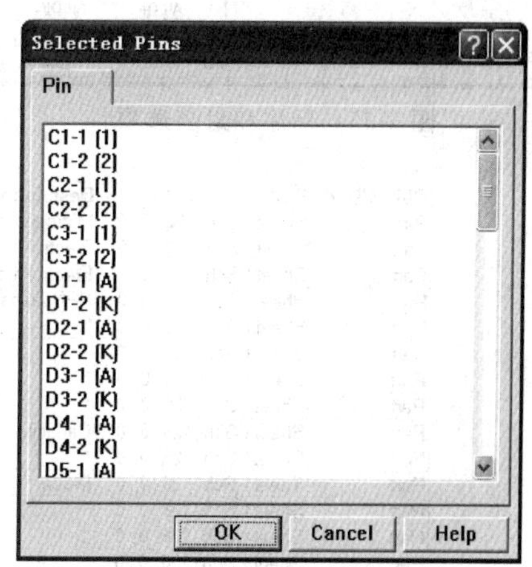

图 5-19　端子信息列表

5.3.3　检查遗漏的封装

在设计完原理图文件后，图中所有元件的封装都必须给予确定，而且这个封装必须在传送信息到 PCB 时存在于有效的封装库中，即相关的封装训库中必须有所定义的封装形式。检查封装的捷径方法是利用导出电子表格命令将元件封装输出到电子表格中。操作过程如下。

① 打开“Sheet1. Sch”原理图文件。

② 执行【Edit】/【Export to Spread】命令，系统弹出一导向器，如图 5-20 所示，按【Next】按钮进入下一步。

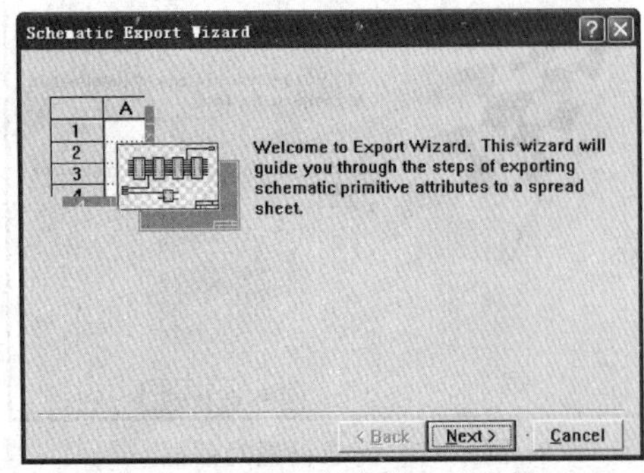

图 5-20 元件封装检查向导器

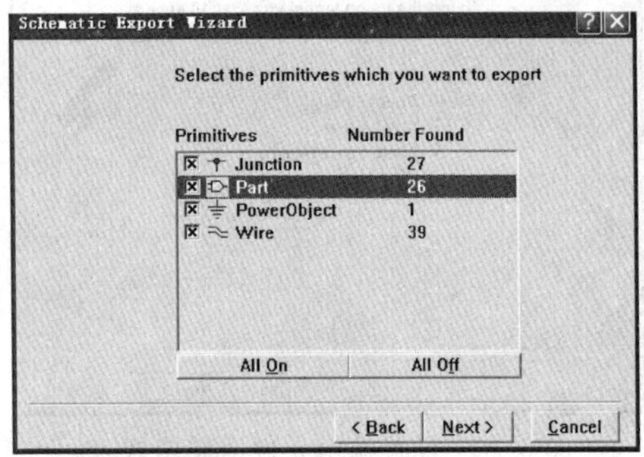

图 5-21 导出图件选择项

③ 选择导出图件为【Part】选项，单击【Next】按钮进入下一步，如图 5-21 所示。

④ 选择导出属性。再单击按钮【Next】，进入标注和封装选项，如图 5-22 所示。

⑤ 导出信息。最后单击按钮【Next】，完成选择，进入向导，如图 5-23 所示。单击按钮【Finish】即导出元件封装信息到电子表格。导出的元件封装结果如图 5-24 所示。

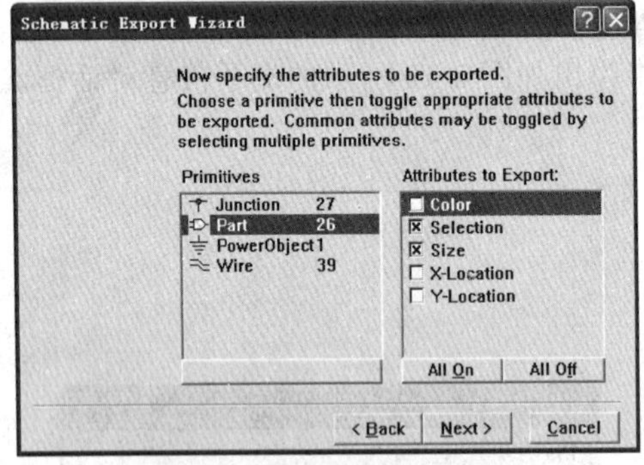

图 5-22 标注和封装选项

图 5-23 完成按钮选项

ObjectKind	Path	Color	Description	Designator	FootPrint	HiddenFields	HiddenPins
Part	Sheet1.Sch	128, 0, 0	Microphone	MK1	SIP1	False	False
Part	Sheet1.Sch	128, 0, 0	Electrolytic Capacitor	C3	RB.1/.2	False	False
Part	Sheet1.Sch	128, 0, 0	Electrolytic Capacitor	C2	RB.1/.2	False	False
Part	Sheet1.Sch	128, 0, 0	NPN Transistor	Q1	TO-92B	False	False
Part	Sheet1.Sch	128, 0, 0	*	R1	AXIAL0.4	False	False
Part	Sheet1.Sch	128, 0, 0	*	R2	AXIAL0.4	False	False
Part	Sheet1.Sch	128, 0, 0	*	R3	AXIAL0.4	False	False
Part	Sheet1.Sch	128, 0, 0	*	R4	AXIAL0.4	False	False
Part	Sheet1.Sch	128, 0, 0	Capacitor	C1	RAD0.1	False	False
Part	Sheet1.Sch	128, 0, 0	*	R5	SIP2	False	False
Part	Sheet1.Sch	128, 0, 0	Diode	D2	DIODE0.4	False	False
Part	Sheet1.Sch	128, 0, 0	*	U1	DIP-14	False	False
Part	Sheet1.Sch	128, 0, 0	*	U1	DIP-14	False	False
Part	Sheet1.Sch	128, 0, 0	*	U1	DIP-14	False	False
Part	Sheet1.Sch	128, 0, 0	*	U1	DIP-14	False	False
Part	Sheet1.Sch	128, 0, 0	*	R7	AXIAL0.4	False	False
Part	Sheet1.Sch	128, 0, 0	*	Q2	TO-9B	False	False
Part	Sheet1.Sch	128, 0, 0	*	R9	AXIAL0.4	False	False
Part	Sheet1.Sch	128, 0, 0	Zener Diode	D1	DIODE0.4	False	False
Part	Sheet1.Sch	128, 0, 0	*	R6	AXIAL0.4	False	False
Part	Sheet1.Sch	128, 0, 0	*	R8	AXIAL0.4	False	False
Part	Sheet1.Sch	128, 0, 0	Diode	D3	DIODE0.4	False	False
Part	Sheet1.Sch	128, 0, 0	Diode	D5	DIODE0.4	False	False
Part	Sheet1.Sch	128, 0, 0	Diode	D4	DIODE0.4	False	False
Part	Sheet1.Sch	128, 0, 0	Diode	D6	DIODE0.4	False	False
Part	Sheet1.Sch	128, 0, 0	Connector	J1	SIP2	False	False

图 5-24 导出的元件封装信息表

从电子表格中可以容易地发现是否有遗漏的封装。在图 5-23 的电子表格中如发现某个元件的封装不对或无效，用鼠标选中该元件的封装栏，重新输入封装信息，然后执行菜单命令【Filec】/【Update】即更新到原理图中，不必回到原理图去更改。

任务 5.4　网络表的生成

任务能力目标

① 网络表管理器的作用。

② 网络表的生成过程。

知识技能

5.4.1　网络表管理器的作用

在原理图中所产生的各种报表中，以网络表最为重要，其地位不亚于电路图。网络表是电路板自动布线的灵魂，也是电路原理图设计软件与印制电路板设计软件之间的桥梁。由于 Protel 系统高度地集成性，可以在不离开绘图页编辑程序的情况下直接执行命令，产生当前原理图或整个工程项目的网络表。网络表由两部分组成：元器件信息和连接网络信息。

这种网络表的引入过程实际上是将原理图设计的数据加载到印刷电路板设计系统 PCB 的过程。PCB 设计系统中数据的所有变化，都可以通过网络宏（Netlist Macro）来完成，系统通过比较、分析网络表文件和 PCB 系统的内部数据，自动产生网络宏。

可以利用网络表管理器直接在 PCB 系统中编辑电路板各个组件间的连接关系，形成网络表。

5.4.2　网络表的生成过程

每个电路其实就是一个网络，由节点、元件及导线组成，实际上可以用网络表来完整描述一个电路。网络表是电路板自动布线的灵魂，也是原理图设计软件与印刷电路设计软件之间的接口。网络表可以通过电路原理图来创建，当然，也可以在 PCB 编辑器中，由已创建的 PCB 文档产生。生成网络表的操作过程如下。

① 打开设计文件“MyDesign7. ddb”中的电路原理图文件“Sheet1. Sch”。

② 执行菜单命令【Design】/【Creat Netlist...】后，系统弹出【Netlist Creation】（网络表生成向导）对话框，如图 5-25 所示。

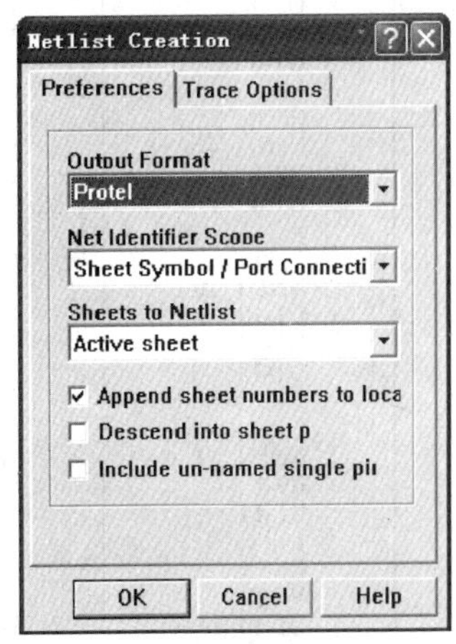

图 5-25　网络表生成向导对话框

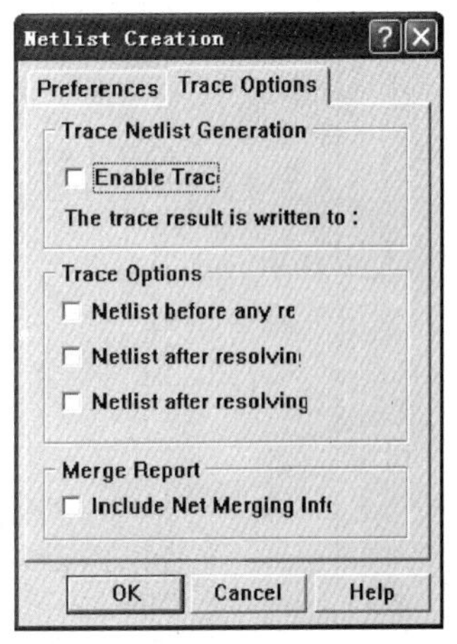

图 5-26　Trace Options 选项卡

③【Output Format】下拉列表框：设置生成网络表的格式，一般选择 Protel 格式。

④【Net Identifier Scope】下拉列表框：设置网络标识有效范围为【Sheet Symbol/Port Connections】。

⑤【Net Identifier Scope】下拉列表框

- 【Sheets to Netlist】下拉列表框：用于设置项目电路图网络标志符的作用范围。选择【Active sheet】只建立当前原理图的网络表；选择【Active project】建立当前项目的网络表；选择【Active sheet plussub sheets】建立当前原理图和各层次原理图的网络表。
- 【Append sheet numbers to local nets】复选框：确定是否在网络表中加入原理图编号。
- 【Descend into sheet parts】复选框：确定是否深入到图纸符号（层次原理图）中的内部电路。

表 5-1 执行“生成网络表”命令后生成的元件网络信息表

<table>
<tr>
<td>[C1

RAD0.1
0.1uF]

[
C2
RB.1/.2
47uF

]
[
C3
RB.1/.2
22uF

]
[
D1
DIODE0.4
7V5

]
[
D2
DIODE0.4
IN4148

]
[
D3
DIODE0.4
IN4007

]
[
D4
DIODE0.4
IN4007

]
[
D5
DIODE0.4
IN4007</td>
<td>]
[
D6
DIODE0.4
IN4007

]
[
J1
SIP2
CON2

]
[
MK1
SIP1
*

]
[
Q1
TO-9B
9013

]
[
Q2
TO-9B
MCR100-6

]
[
R1
AXIAL0.4
15K

]
[
R2
AXIAL0.4
3M

]
[
R3
AXIAL0.4
510K</td>
<td>]
[
R4
AXIAL0.4
220K

]
[
R5
SIP2
RL

]
[
R6
AXIAL0.4
18K

]
[
R7
AXIAL0.4
3.3M

]
[
R8
AXIAL0.4
160K

]
[
R9
AXIAL0.4
30K

]
[
U1
DIP-14
4011</td>
<td>NetQ1_2
Q1-2
R3-1
U1-1
)
(
NetQ2_3
Q2-3
R9-2
)
(
NetR1_2
C2-1
D1-2
R1-2
R2-2
R3-2
R4-2
R6-2
R8-2
)
(
NetR4_1
R4-1
R5-1
U1-2
)
(
NetR8_1
D3-2
D4-2
Q2-1
R8-1
)
(
NetU1_3
U1-3
U1-5
U1-6
)
(
NetU1_4
D2-1
U1-4
)
(
NetU1_10
U1-10
U1-12
U1-13
)
(
NetU1_11
R9-1
U1-11
)
(
VCC
U1-14
)</td>
<td>NetQ1_2
Q1-2
R3-1
U1-1
)
(
NetQ2_3
Q2-3
R9-2
)
(
NetR1_2
C2-1
D1-2
R1-2
R2-2
R3-2
R4-2
R6-2
R8-2
)
(
NetR4_1
R4-1
R5-1
U1-2
)
(
NetR8_1
D3-2
D4-2
Q2-1
R8-1
)
(
NetU1_3
U1-3
U1-5
U1-6
)
(
NetU1_4
D2-1
U1-4
)
(
NetU1_10
U1-10
U1-12
U1-13
)
(
NetU1_11
R9-1
U1-11
)
(
VCC
U1-14
)</td>
</tr>
</table>

- 【Include un-named single pin nets】复选框：确定是否包括无名端子网络。

⑥【Trace Options】选项卡

单击【Trace Options】标签，切换到【Trace Options】选项卡，如图 5-26 所示。

- 【Enable Trace】复选框：用于确定是否产生跟踪网络表。
- 【Trace Options】选项区的操作介绍如下。

【Netlist after resolving project】复选框：用于确定是否只有当项目内部网络结合后，才将该步骤保存为跟踪文件。

【Netlist before any resolving】复选框：用于确定是否在生成网络表时，将任何动作加入网络。

【Netlist after resolving sheets】复选框：用于确定是否只有当原理图中的内部网络结合到项目网络后，才加以跟踪，并形成跟踪文件。

【Include Net Merging information】复选框：用于确定跟踪文件是否包括网络合并信息。

设置完成后，单击【OK】按钮，系统进入网络表生成过程，并生成网络表文件，网络表文件名称与主电路图的文件名相同，扩展名为“.NET”。系统将自动打开生成的网络表，如表 5-1 所示。

Protel 99 SE 生成的网络表文件为文本文件，网络表文件的前半部分为元器件信息，信息内容包含元器件的标识、封装以及类型等，每个元器件的信息使用一个方括号进行分隔。网络表文件的后半部分是端子连线信息，每个圆括号包含一个连线信息，包括连线信息、网络名、元器件编号及端子名等。

项目练习

1. 练习使用绘制原理图的相关工具及使用方法。
2. 简述原理图电气规则检查的意义及方法。
3. 练习项目报表的生成过程。
4. 练习网络表文件的生成过程。
5. 按照图 5-27 所示的水塔自动上水实验电路，绘制电路原理图并进元件自动标号、电气规则检查及网络表生成方法。

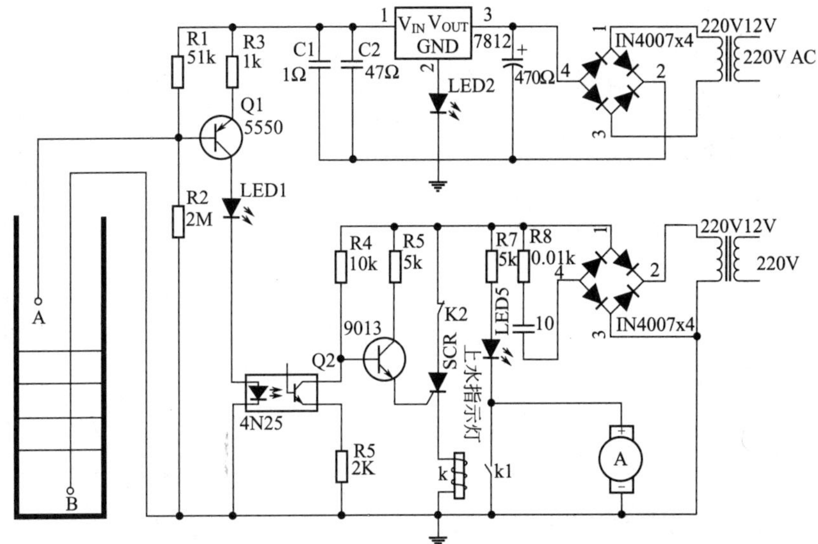

图 5-27　水塔自动上水实验电路

6. 按照图 5-28 所示的波形发生器电路，绘制电路原理图并进元件自动标号、电气规则检查及网络表生成方法。

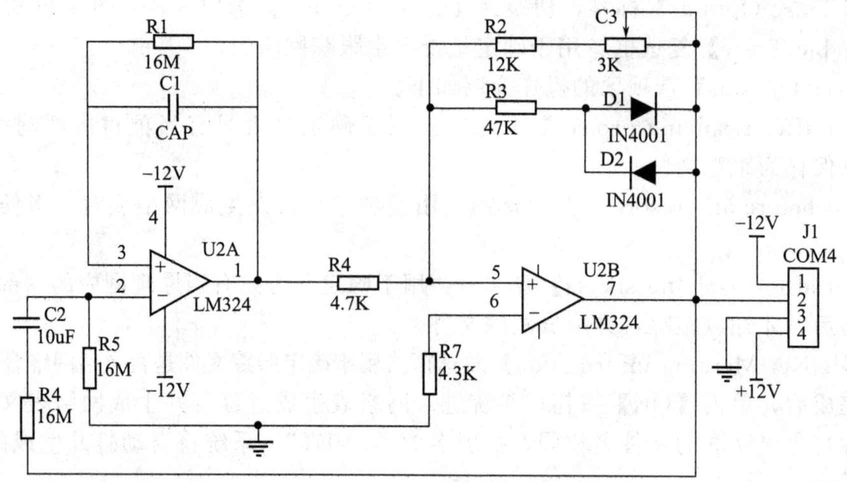

图 5-28 波形发生器电路原理图

项目 6　器件原理图符号及其库的制作

项目综述

着重介绍 Protel 99 SE 功能强大的元器件原理图符号库编辑器，使设计人员能够轻松完成对元器件原理图符号及其库的修改、创建与管理等工作。

在实际应用中元器件的种类很多，而且很多元器件并非标准封装，Protel 99 SE 不可能提供所有元器件的符号和封装，这时就需要户自己设计符号和封装。本项目重点介绍了原理图元件库的新建；简单元件的新建以及具有多个功能单元的元件新建；现有的元件库如何修改；原理图同步更新器的使用等。

任务 6.1　元器件原理图符号库编辑器简介

任务能力目标

① 启动 Protel 99 SE 元件编辑器。

② 绘制元件工具。

知识技能

在实际应用过程中，如果遇到元件库中没有的元件，需要用 Protel 99 SE 的元件编辑器来自己编辑元器件。也可以到 Protel 公司的网站下载最新的元件库（Library）。

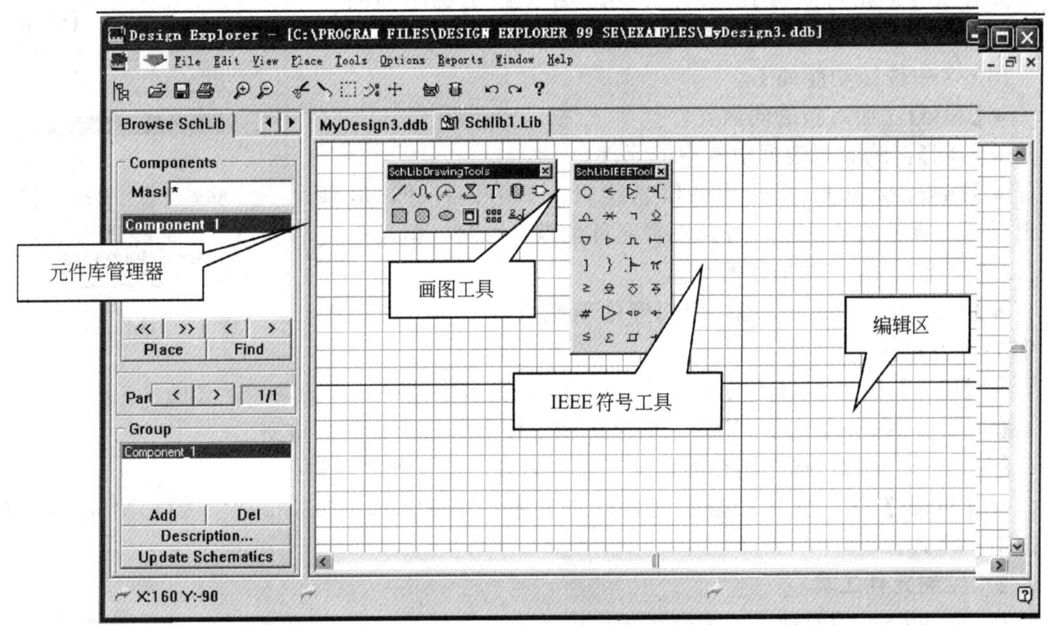

图 6-1　元件库编辑器的主界面

6.1.1 启动 Protel 99 SE 元件编辑器

进入 Protel 99 SE，执行【File】/【New】，在出现的对话框中双击图标 Schematic Librar...，新建一个元件库，系统默认库名为“Schlib1.lib”，在设计管理器中【Explorer】可以修改元件库名，双击该库，屏幕出现如图 6-1 所示的元件库编辑器的主界面。

图 6-1 中主界面与电路图编辑器的相似，但元件库编辑器的工作区划分为四个象限，像直角坐标一样，编辑元件通常在第四象限。与电路图编辑器相比，明显不同的是元件库管理器，它是编辑元件的一个重要工具。

执行菜单【View】/【Design Manager】可以打开或关闭设计管理器，选择【Browse SchLib】选项卡，打开元件库管理器，其各部分的作用如下。

①【Component】区。如图 6-2 所示，用于选择要编辑的元件。

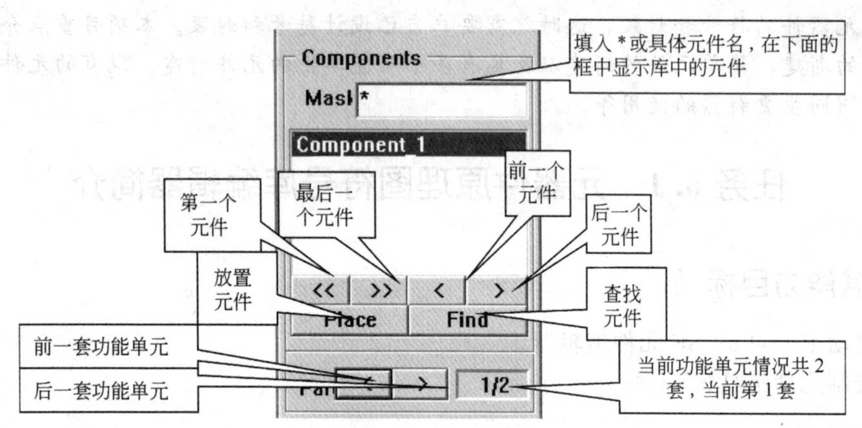

图 6-2 选择编辑的元件

②【Group】区。如图 6-3 所示，用于列出与【Component】区中选中元件的同组元件。同组元件指外形相同、端子号相同、功能相同但名称不同的一组元件的集合。同组元件具有相同的元件封装。

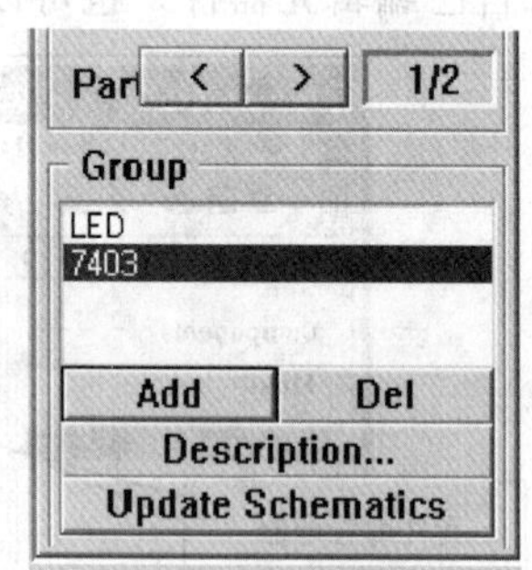

图 6-3 Group 区

图 6-3 中按钮功能如下。

- 【Add】：加入新的同组元件。
- 【Del】：删除列表框中选中的元件。
- 【Description】：用于元件信息编辑，单击该按钮，屏幕弹出图 6-4 所示的对话框，可以设置元件的默认标号、封装形式（可以有多个）、元件的描述等信息。
- 【Update Schematics】：使用库中新编辑的元件更新原理图中的同名元件。

③【Pins】区。作用是列出在【Component】区中选中元件的端子，如图 6-5 所示。

【Sort by Name】：选中则列表框中的端子按端子号由小到大排列。

【Hidden Pins】：选中则在屏幕的工作区内显示元件的隐藏端子。

④【Mode】区。作用是显示元件的三种不同模式，即“Normal”、“De-Morgan”和“IEEE”模式。

6.1.2 绘制元件工具

Protel 99 SE 的原理图库编辑系统提供了绘图工具、IEEE 符号工具及【Tools】菜单下的命令来完成元件绘制。

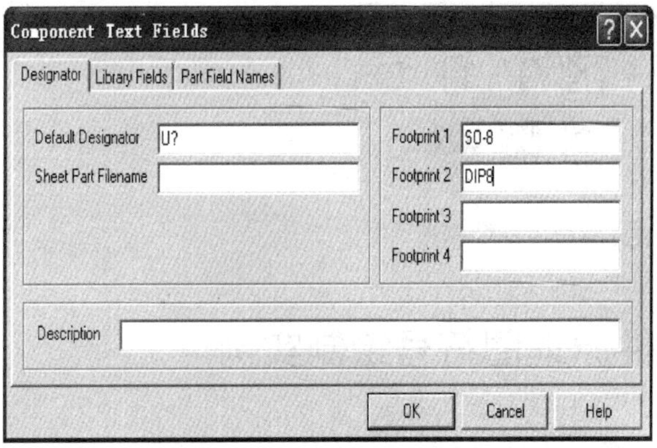

图 6-4　元件信息编辑窗口

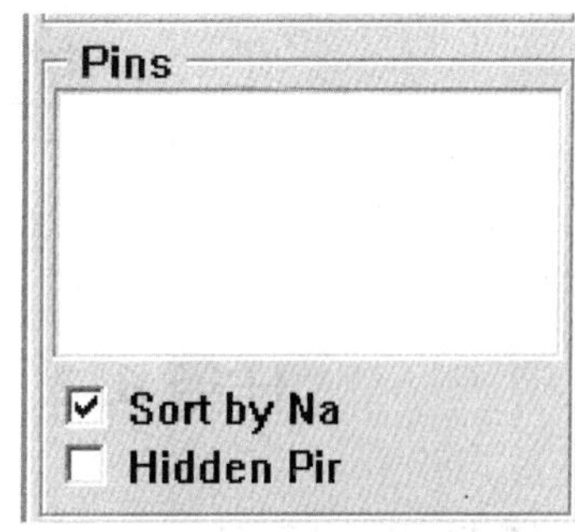

图 6-5　“Pins” 区

（1） 常用菜单

【Tools】菜单中的绝大多数命令在元件库管理器中均有相关的按钮，但有一些命令是特有的，这些命令如下。

① 【New Component】：在编辑的元件库中建立新元件。

② 【Remove Component】：删除在元件库管理器中选中的元件。

③ 【Rename Component】：修改所选中元件的名称。

④ 【Copy Component】：复制元件。

⑤ 【Move Component】：将选中的元件移动到目标元件库中。

⑥ 【New Part】：给当前元件增加一个新的功能单元（部件）。

⑦ 【Remove Part】：删除当前元件的某个功能单元（部件）。

⑧ 【Remove Duplicates】：删除元件库中的同名元件。

（2） 绘图工具栏

① 启动绘图工具栏。执行菜单【View】/【Toolbars】/【Drawing Toolbar】，或单击主工具栏上按钮，可以打开或关闭绘图工具栏。

② 绘图工具栏的功能。绘图工具栏如图 6-6 所示，它可用来绘制元件的外形，与绘图工具栏相应的菜单命令均位于【Place】菜单下，绘图工具栏的按钮功能如表 6-1 所示。

表 6-1　绘图工具栏按钮功能表

图标	功能	图标	功能	图标	功能
	画直线		新建元件		
	画曲线		新建功能单元		
	画椭圆线				
	画多边形				
	输入文本				

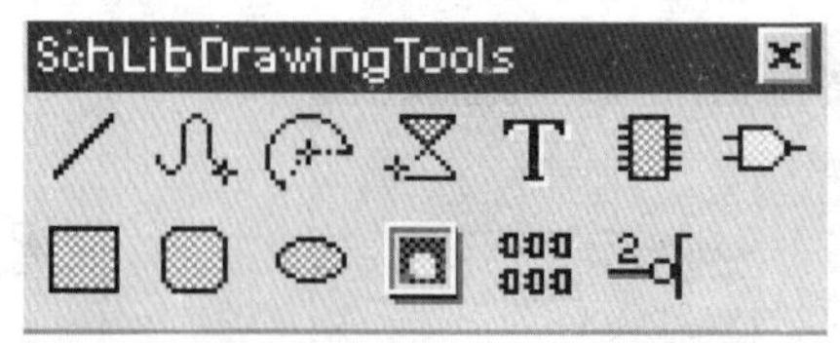

图 6-6 绘图工具栏

任务 6.2 元器件原理图符号绘制实例

任务能力目标

① 绘制新元件。
② 元件库制作实例。
③ 修改已有元件。

知识技能

6.2.1 绘制新元件

制作新元件的一般步骤如下。

新建元件库/设置工作参数/修改元件名称/在第四象限的原点附近绘制元件外形/放置元件端子/调整修改、设置元件封装形式（Footprint）等信息/保存元件。

以新建数码管元件为例，说明新元件库以及新元件的建立过程。

（1）新建元件库

进入 Protel 99 SE，执行菜单【File】/【New】，在出现的对话框中双击图标，新建一个元件库，修改元件库名。

在元件库中，系统会自动新建一个名为“Component _ 1”的元件，执行菜单【Tools】/【Rename Component】，出现如图 6-7 所示对话框，更改元件名。如果在新建的元件库中添加新的元件，只需执行菜单【Tools】/【New Component】，或者单击绘图工具中的按钮，也会出现如图 6-7 所示对话框，在其中输入新元件名称即可。

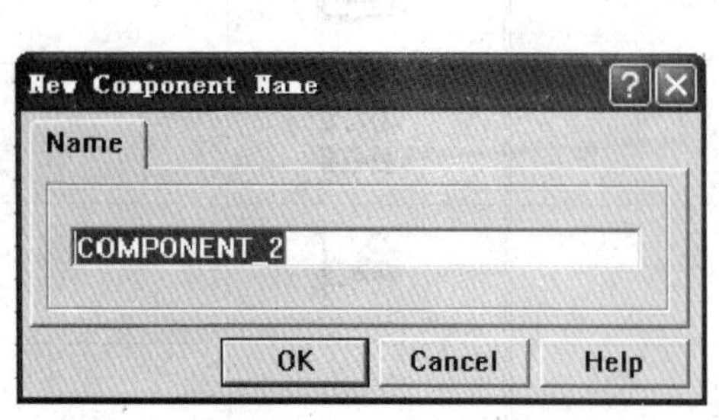

图 6-7 新建元件名称

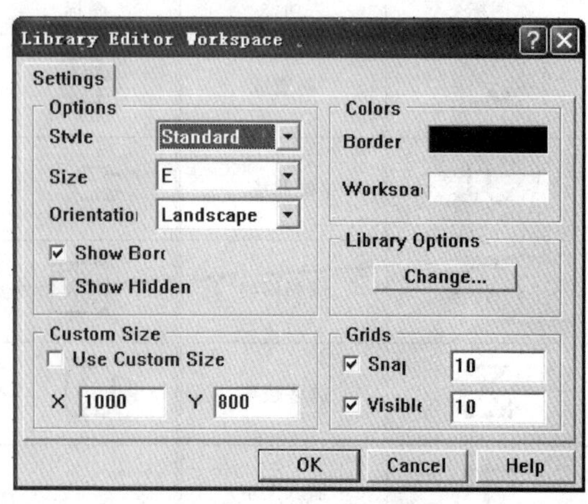

图 6-8 设置工作参数

（2）设置工作参数

执行菜单【Options】/【Document Options】，打开工作参数设置对话框，如图 6-8 所示。在对话框中可以设置工作区的样式、方向和颜色等内容，通常保持默认值。在【Grids】区中设置捕获栅格（Suap Grid）和可视栅格（Visible Grid）尺寸，一般均设置为 10mil。

（3）绘制元件形状

① 单击元件绘图工具栏中的按钮，在工作区绘制一个矩形，如图 6-9(a) 所示。

② 单击工具栏中的按钮，绘制一个“日”字，如图 6-9(b) 所示。

③ 单击工具栏中的按钮，绘制一个圆，并双击该圆，设置圆的半径均为 3，然后将该圆移到“日”字右下角，如图 6-9(c) 所示。

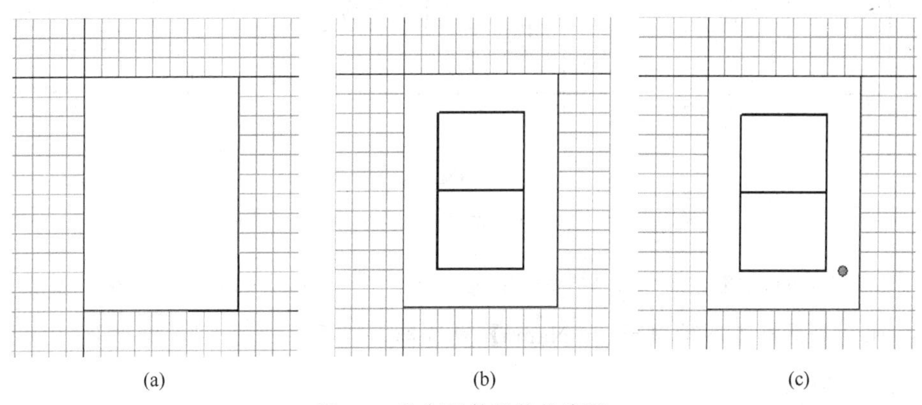

图 6-9　绘制元件形状的步骤

注意，一般情况下元件的位置放置在第四象限的左上角。

（4）放置元件端子

① 端子属性设置。单击工具栏中的按钮，出现十字光标时按下【Tab】键。弹出端子属性设置对话框，如图 6-10 所示。

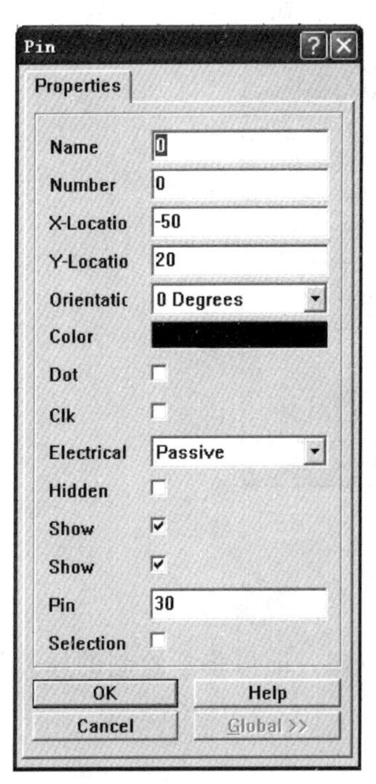

图 6-10　端子属性设置窗口

端子属性设置窗口中，【Name】指端子名称。【Number】指端子编号。【X-Location】和【Y-Location】指端子的位置。【Orientation】指端子方向。【Color】指端子颜色。【Dot】指端子是否显示反向标志（小圆圈），选中则显示。【Clk】指端子是否显示时钟标志，选中显示。【Electrical】指端子电气性质，包括八项：

- Input，输入端子；
- I/O，双向端子；
- Output，输出端子；
- Open Collector，集电极开路端子；
- Passive，无源端子（如电阻、电容端子）；
- HiZ，高阻端子；
- Open Emitter，射极输出；
- Power，电源（VCC 或 GND）；

【Hidden】指是否隐藏端子。两个【Show】，分别表示显示端子名和显示端子号。【Pin】指端子长度。【Selection】指是否选中端子。

② 放置端子。元件端子属性设置完成后，将光标移到数码管的矩形旁，单击放置一个端子，如图6-11(a)所示。如果需要改变端子方向，可在放置端子的同时按空格键，端子方向会依次改变 90°。用同样的方法放置好其他端子，如图 6-11(b) 所示。

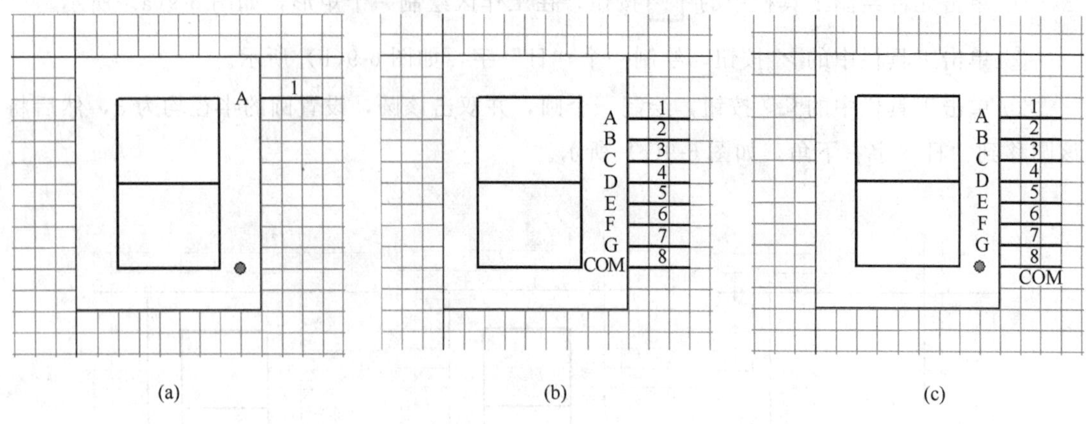

图 6-11 放置端子的步骤

③ 特殊端子的设置。如图 6-11(b) 中端子 8 的名称 COM 与小数点发生重叠。因此，在端子 8 属性对话框中取消【Show Name】复选框，然后用 T 按钮，添加“COM”字符，如图 6-11(c) 所示。

(5) 设置元件的标号

绘制好元件后，需要设置其标号。执行菜单命令【Tools】/【Description】，将【Default Designator】项设为“LED?”，再单击【OK】确定即可，如图 6-12 所示。

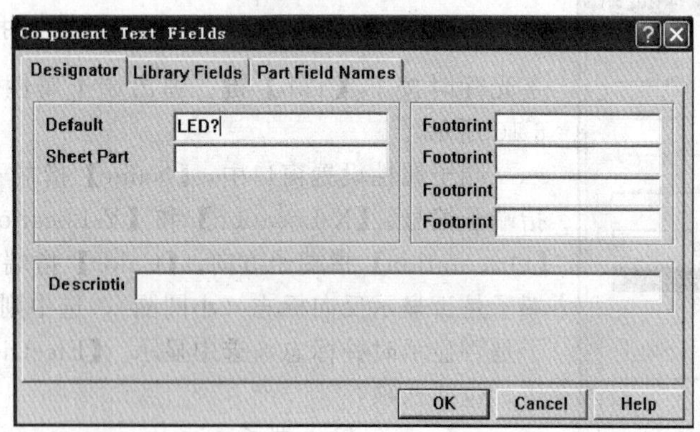

图 6-12 设置元件标号

(6) 保存元件

执行菜单命令【File】/【Save】，或单击主工具栏上的 按钮，即可将新绘制的原件保存在建立的文件库中。

6.2.2 元件库制作实例

(1) 设计新元件 74LS00

① 新建一个元件库。进入 Protel 99 SE，执行菜单【File】/【New】，新建元件库，并将库名改为“NEWTTL.lib”。

② 修改元件名。在新建的元件库中，已有名为“Component _ 1”的元件，执行菜单命令【Tools】/【Rename Component】，将其改名为“74LS00”。

③ 放大工作窗口并执行菜单【Edit】/【Jump】/【Origin】，将光标定位到原点处。

④ 执行菜单命令【Place】/【Line】或单击画线按钮，进入画直线状态，在坐标（40，0）处单击左键，定下直线起点，移动光标，在坐标（0，0）处再次单击左键，再移动光标，分别在坐标（0，－40）及（40，－40）处单击左键，画好三条边框线，如图 6-13 所示。

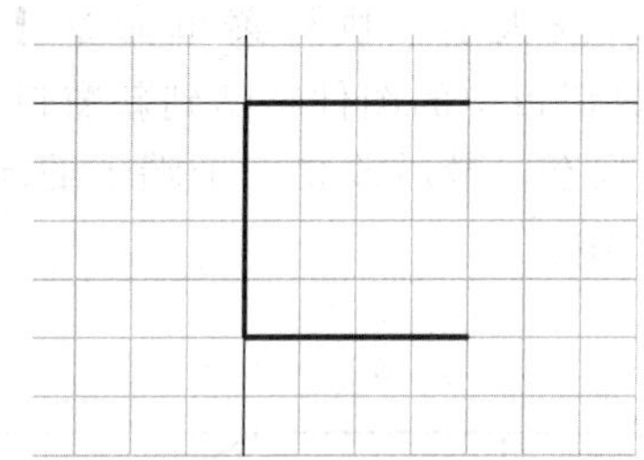

图 6-13　绘制边框

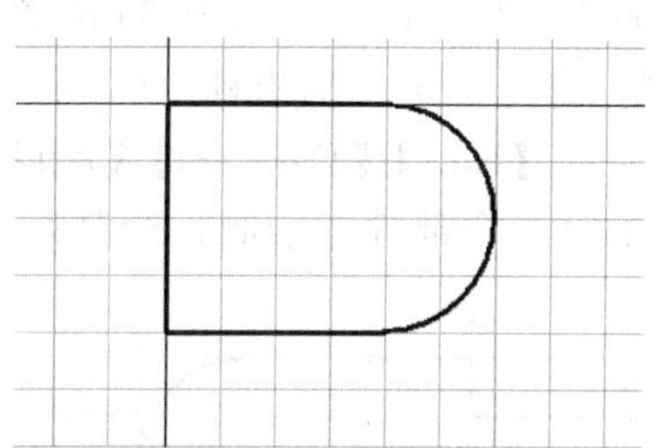

图 6-14　绘制圆弧

⑤ 执行菜单命令【Place】/【Arcs】，将光标移到坐标（40，－20）处单击鼠标左键，定下圆心；然后将光标移到坐标（40，－40）处单击左键，定下圆的半径；在同一点再次单击左键，定下圆弧的起点；将光标移到坐标（40，0）处单击左键，定下圆弧的终点，图上画出一段圆弧，如图 6-14 所示。

⑥ 执行菜单【Place】/【Pins】，按【Tab】键，调出属性对话框，具体设置如下。

- 【Name】：空。
- 【Number】：1。
- 【Orientation】：180 Degrees。
- 【Electrical Type】：Input。

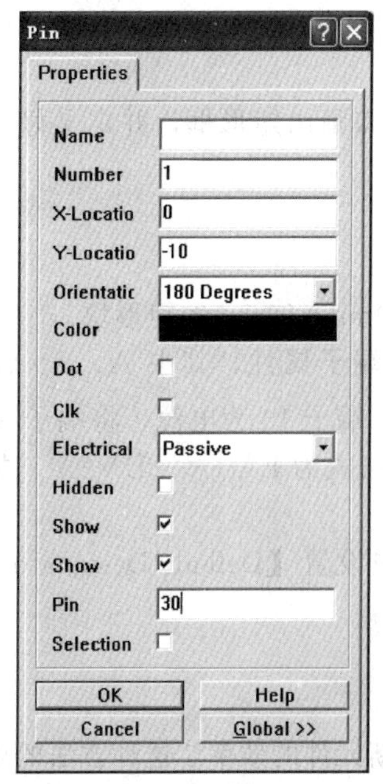

图 6-15　放置 1 号端子

然后将光标移到坐标（0，－10）单击左键，放下第一个端子，如图 6-15 所示；同理将光标移到坐标（0，－30），放下第二端子。这时，端子号自动加 1；再次按【Tab】键，设置属性如下。

- 【Name】：空。
- 【Number】：3。
- 【Orientation】：0 Degrees。
- 【Dot】：选中。
- 【Electrical Type】：Output。

然后将光标移到坐标（60，－20）单击左键，放下第三个端子。

⑦ 放置隐藏的电源端子。执行菜单【Place】/【Pins】，按下【Tab】键，在属性对话框中，设置参数如下。

- 【Name】：Vcc。
- 【Number】：14。

【Orientation】：90 Degrees。

【Electrical Type】：Power。

在【Hidden】复选框选中，将光标移到坐标（10，0）处放下隐藏的端子 Vcc，同理放置隐藏的端子 GND（端子号为 7），至此完成 74LS00 中第一个功能单元的绘制，结果如图 6-16所示，图中端子 Vcc 和 GND 已隐藏。

⑧ 由于每个 74LS00 元件中包含有四个功能单元，接下来绘制第二个功能单元，为了提高效率，可以采用复制的方法。

执行菜单命令【Edit】/【Select】/【All】，这时所有图件均处于选取状态，执行命令【Edit】→【Copy】，将光标定位在坐标（0，0）处单击左键，这样，所有图件均被复制入剪切板。取消选取状态，执行命令【Tools】/【New Part】，这时出现了一张新的工作窗口，在元件库管理器中，注意到现在的位置是 2/2 ，将窗口放大后，执行菜单命令【Edit】/【Paste】，将光标定位到坐标（0，0）处单击左键，将剪切板中的图件粘贴到新窗口中，执行菜单命令【Edit】/【Deselect】/【All】取消图件的选取状态，最后改变三个端子的端子号，即完成了第二个部件的绘制，绘制好的部件如图 6-17 所示。

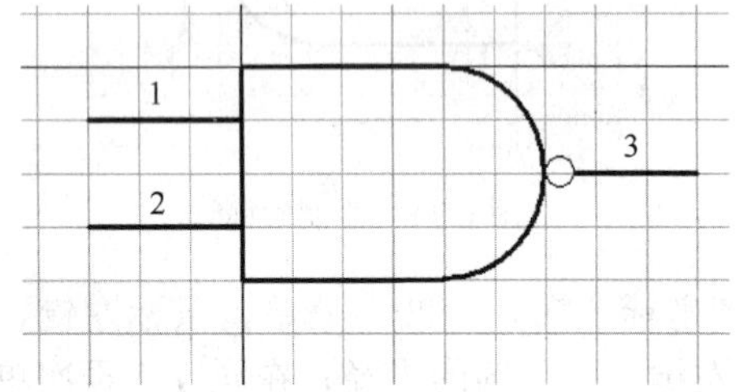

图 6-16　74LS00 的第一个功能单元

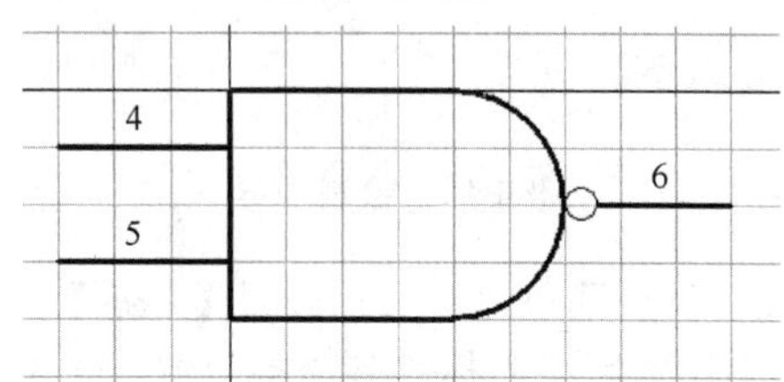

图 6-17　74LS00 的第二个功能单元

⑨ 按照同样的方法，绘制完成另外两个功能单元。

⑩ 执行菜单命令【Tools】/【Description】，在弹出的菜单中设置【Default Designator】为“U?”；设置【Footprint】为“DIP14”。

⑪ 保存退出。执行菜单命令【File】/【Save】将文件保存。

（2）设计新元件 74LS138

74LS138 与上例中的 74LS00 相比，元件图形比较规则，只需画出矩形框，并定义好端子，设置好元件信息即可，74LS138 的外观如图 6-18 所示。

① 在“NEWTTL. lib”库中新建元件 74LS138。

② 设置栅格尺寸，可视栅格和捕获栅格为 10mil。

③ 执行菜单命令【Place】/【Rectangle】，在第四象限绘制 60mil×90mil 的矩形块。

④ 执行菜单命令【Place】/【Pins】放置元件端子，并设置端子属性，其中 A、B、C、$\overline{\text{E1}}$、$\overline{\text{E2}}$、E3 为输入端子；Y0～Y7 为输出端子；端子 8 为接地、端子 16 为电源，将端子 8、16 隐藏；端子 4、5 端子为低电平有效，设置端子 4、5 端子名的格式为 E\1\、E\2\。如图6-19所示。

⑤ 执行菜单命令【Tools】/【Description】，在弹出的菜单中设置【Default Designator】为“U?”；设置【Footprint】为“DIP16”。如图 6-20 所示。

⑥ 保存退出。

6.2.3　修改已有元件

修改已有元件，使其成为新元件，这样做有时可以大大提高新元件的效率。这种方法的思路是将一个已有元件库中的某个元件复制到新建的元件库中，再进行修改而使其成为新元件。

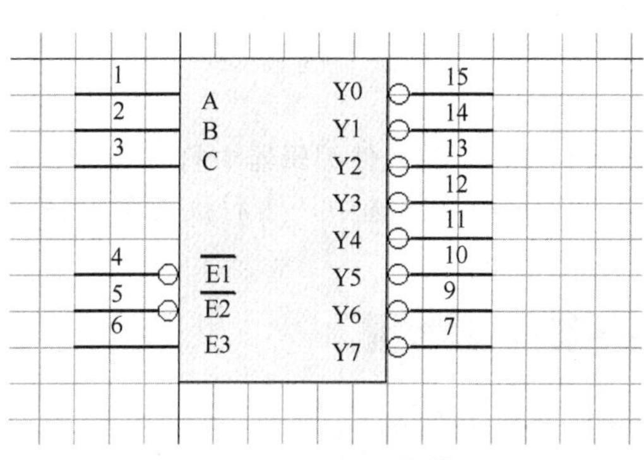

图 6-18　74LS138 的外形

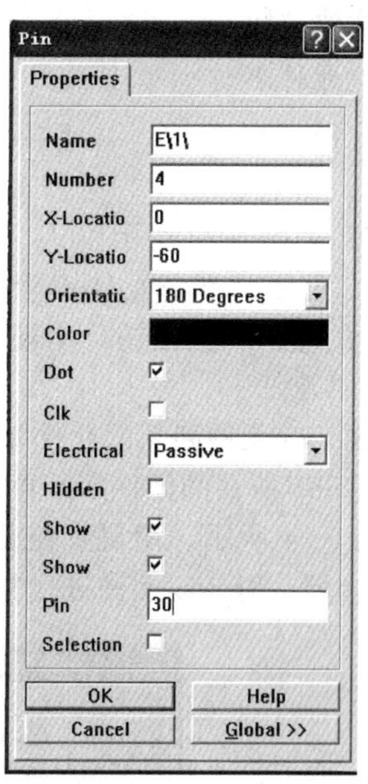

图 6-19　低电平端子名称设置

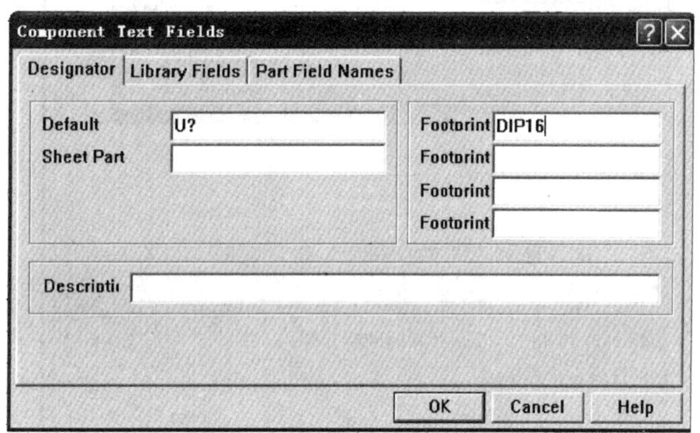

图 6-20　设置端子编号与封装

下面以修改“Protel Dos Schematic Libraries. ddb”中的 555 元件使其成为新样式的 555 元件为例进行介绍。修改前后的 555 元件分别如图 6-21(a)、图 6-21(b) 所示。

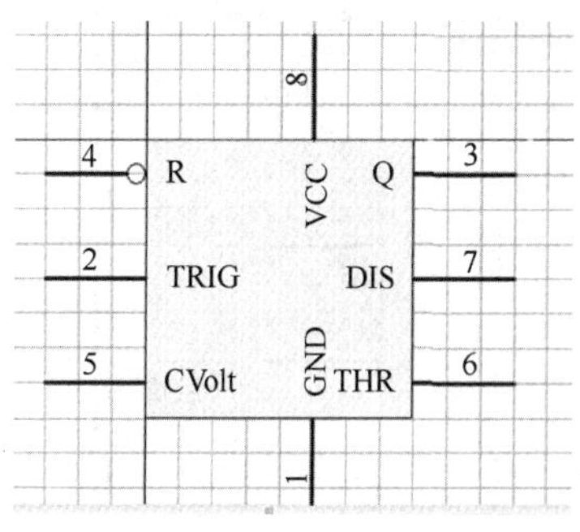

(a) 修改前的 555

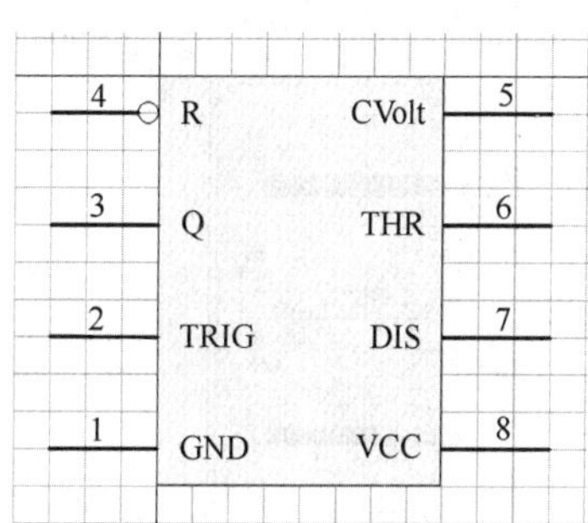

(b) 修改后的 555

图 6-21　修改前后 555 元件的对比

修改已有元件使之成为新元件的操作过程如下。

① 打开或新建一个元件库文件。

② 新建元件名称。单击工具栏中的按钮，或执行菜单命令【Tools】/【New Componet】，命名新元件。给新改的元件起名为“555-1”，如图 6-22 所示。

③ 查找元件。单击元件库管理器【Component】区的【Find】按钮，出现如图 6-23 所示界面。

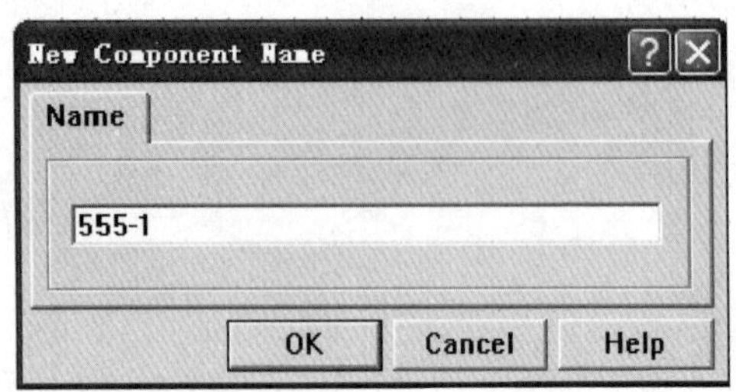

图 6-22　新建新元件

④ 复制 555 元件到新的元件库中。

● 找到 555 所在的元件库，单击上图中的【Edit】按钮，在元件编辑器中打开了 555 元件库，如图 6-24 所示。用鼠标拖出一个矩形框将 555 元件全部选中，然后执行菜单命令【Edit】/【Copy】，对 555 元件进行复制。

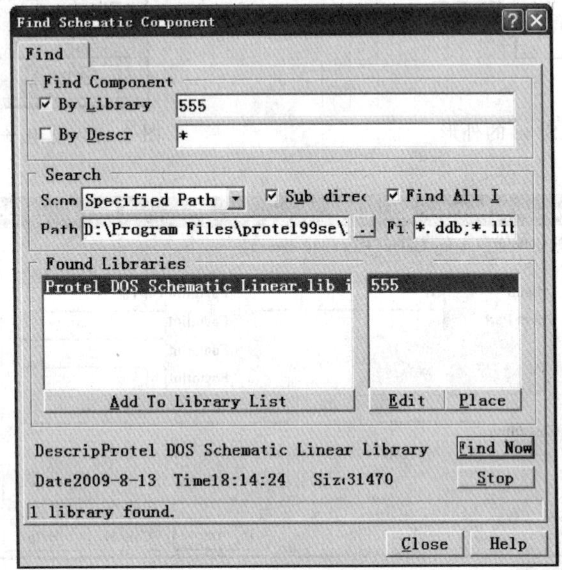

图 6-23　查找元件的界面

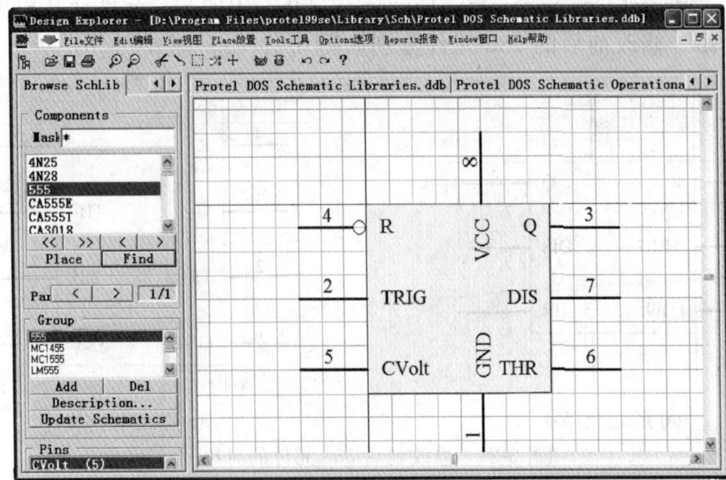

图 6-24　打开 555 元件库

● 粘贴元件。打开新建的库文件，并选择“555 _ 1”元件，然后执行菜单命令【Edit】/【Paste】，将 555 元件粘贴到新建的“555 _ 1”元件工作区。如图 6-25 所示。

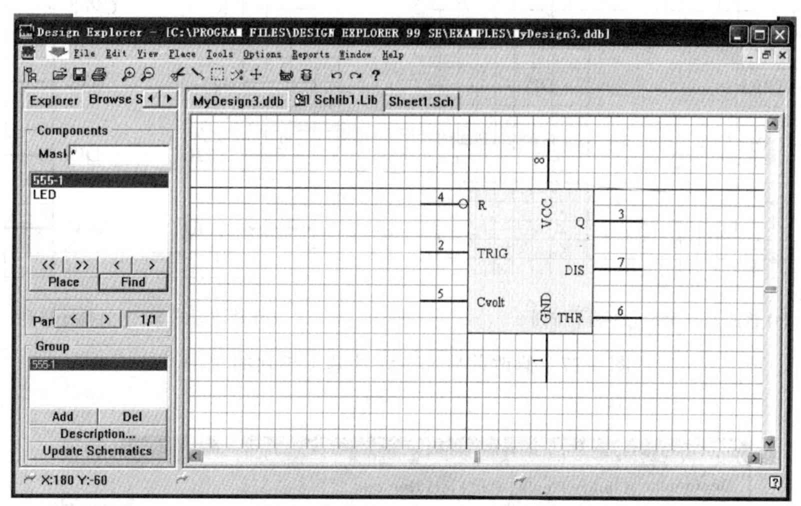

图 6-25 复制到新的元件库

⑤ 修改元件。

● 修改元件的形状。在元件的矩形块上双击，弹出属性对话框，修改 X、Y 的值，即可改变元件形状。例如将“Y1-Location”的值改为“-110”，单击【OK】按钮，则 555 元件的矩形块发生变化，如图 6-26 所示。

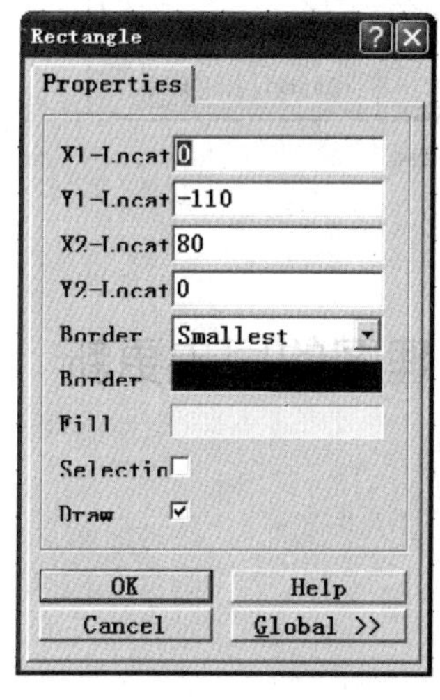

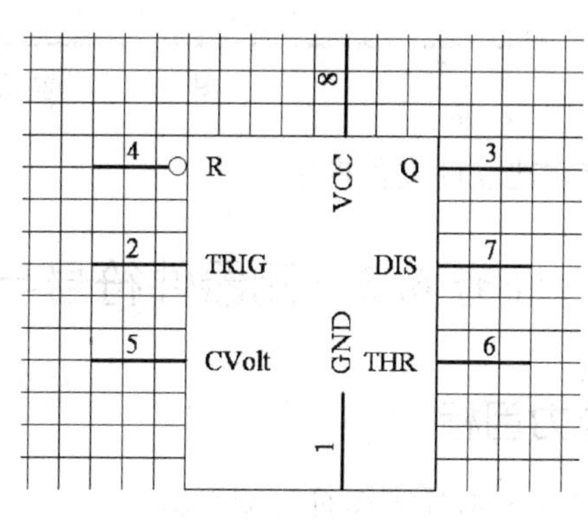

图 6-26 修改后的 555 元件形状

● 修改元件的端子排列。用鼠标将 555 元件的每个端子都拖离矩形方块，如图 6-27(a) 所示，然后重新排列端子，如图 6-27(b) 所示。在排列时，如果端子方向不对，可在拖动端子时按【Space】键切换端子方向。

⑥ 设置元件的标号。元件修改好后，需要设置其标号，执行菜单命令【Tools】/【Description】，将【Default Designator】文本框设为“IC?”，如图 6-28 所示，单击【OK】确定。

⑦ 保存元件。执行菜单命令【File】/【Save】，或单击主工具栏上的按钮，即可将新绘

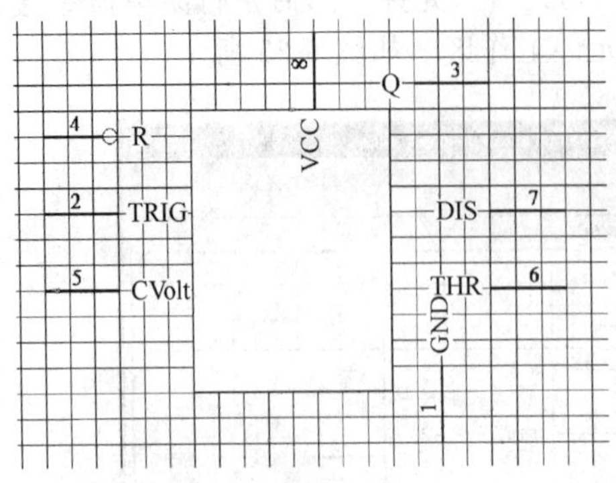

(a) 修改前的555元件端子排列

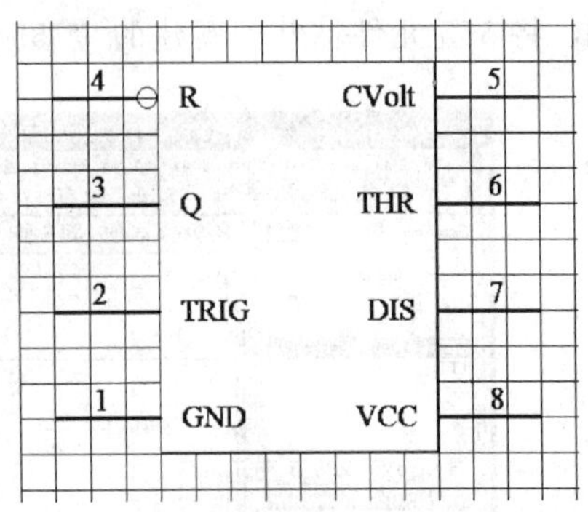

(b) 修改后的555元件端子排列

图 6-27　修改前后 555 元件端子排列的对比

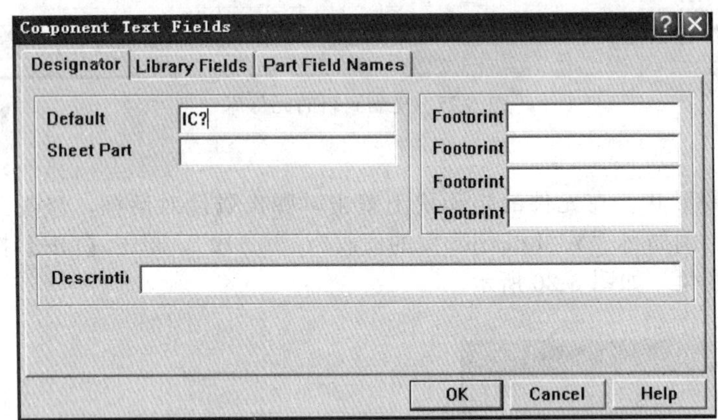

图 6-28　设置元件标号

制的原件保存在建立的文件库中。

任务 6.3　元器件符号与原理图的同步更新

任务能力目标

① 制作新元件对原理图符号的更新。

② 原理图设计同步器的使用。

知识技能

6.3.1　制作新元件对原理图符号的更新

新元件绘制好后就可以使用。使用新元件的操作方法有多种。

(1) 方法一

① 开一个电路原理图文件和新建的元件库文件。

② 在元件库文件中，找到要放置的元件，单击【Place】按钮，系统将自动切换到打开的原理图文件编辑状态。

③ 鼠标移动到原理图文件工作区的适当位置，单击放置元件，如图 6-29 所示。

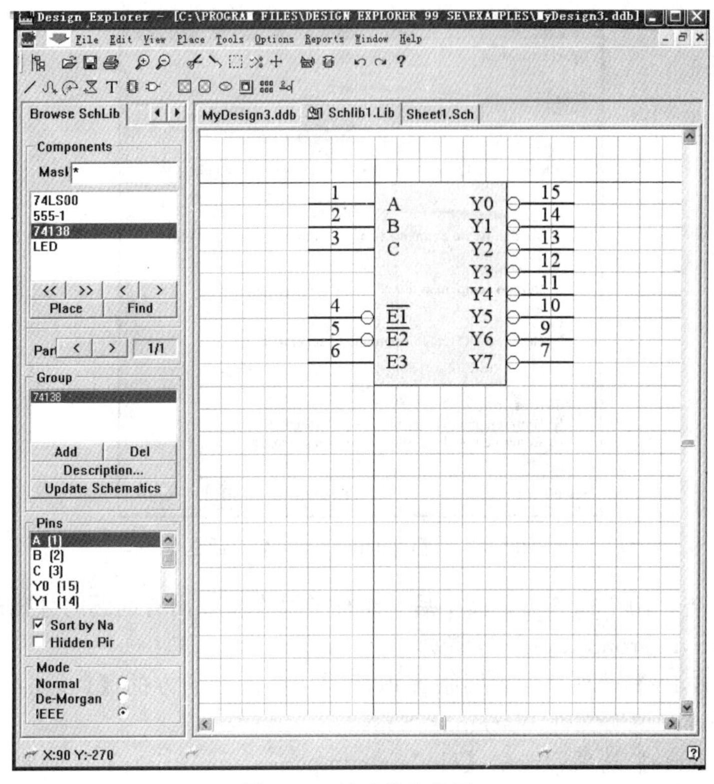

图 6-29　新元件的放置

（2）方法二

① 打开一个电路原理图文件。

② 在原理图文件管理器中加载新建的元件库文件。

③ 在库文件中找到要放置的元件，单击【Place】放置。这时光标上粘着元件，移动鼠标到适当的位置放置。

6.3.2　原理图设计同步器的使用

当原理图设计完成之后，有时可能要进行设计更改，如果要使原理图中的更改与 PCB 图中保持一致，这时可以利用同步设计器很容易地将原理图设计信息传递给 PCB，反之亦然。同时，它还能在设计过程中随时对原理图和 PCB 中任意一方的修改进行更新并保持同步。

虽然设计同步器能在设计过程中随时使原理图和 PCB 保持同步。但是，为了使向 PCB 传送信息比较顺利，应力求原理图设计文件的完整性和正确性。

在将原理图设计信息传送到 PCB 编辑器时，同步器自动地从原理图中提取元件和连接信息，从 PCB 库中定位封装，并将它们放入 PCB 工作空间，然后将相连的端子加上连接线。同步器会将匹配的封装按行排放。如果传递设计信息前，在“Keepout”层上定义了板框，元件会排放在它的右边，否则元件会放在 PCB 编辑区的工作中心。

当一个原理图和它的 PCB 图匹配后，就会制定一个匹配识别器负责元件的匹配。因此以后就不必对原理图和 PCB 图单独进行重标注，它们可以在任何时候由更新（Update）命令来协调。操作过程如下。

（1）执行菜单命令【Design】/【Update PCB】命令

执行此菜单命令后，同步器快速检查原理图在传递设计信息时可能发生的问题，并弹出【Update Design】对话框，如图 6-30 所示。该对话框包括【Synchronization】（同步）和

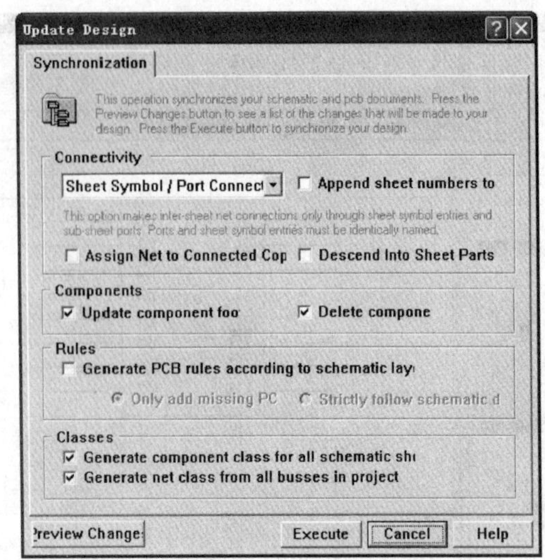

图 6-30 【Update Design】对话框

【Warnings】（警告）两个标签页，其中后一个标签页在检查出有问题时才出现。

（2）设置【Synchronization】标签页

①【Connectivity】选项：设置网络标识范围。单击右下方的【Report】按钮，可以生成一个对警告的详细说明文件 Warnings. SYN。

②【Components】选项：选中【Update component footprints】可将原理图文件中修改的封装传递到目标文件即 PCB 文件中；选中【Delete components】可以自动在目标文件中删除与参考文件不匹配的元件。

（3）检查警告内

用鼠标激活标签【Warnings】，在窗口中即可看到对错误的描述。

当出现警告后应按【Cancel】按钮停止同步更新，返回到原理图文件中，将错误修改后再进行同步更新。

（4）【Rules】选项

选中【Generate PCB rules according to schematic layout directives】同步器可以将原理图中 PCB 设计提示符的信息传递到 PCB 的设计规则中，并且还可以进一步选择是仅添加遗漏的 PCB 规则（Only add missing PCB rules），还是严格遵照原理图指示符。

（5）执行同步

当确定进行同步时，单击对话框下部的【Executive】按钮即将设计信息传送到 PCB 中。

项目练习

1. 手工创建一个新的元件封装的步骤是什么？
2. 新建元件 8031 的封装。
3. 新建元件 74LS02，要求有四个功能单元。

项目 7　单片机控制八路抢答器电路板设计

项目综述

经过前面项目的练习，大家对原理图的设计已经具有了相当程度的体验及熟悉度了。设计电气原理图的最终目的是制作出电路的实用印制电路板，以满足实用的需要。

本项目以抢答器为例，介绍单面印制电路板的设计。主要内容有 PCB 元件的制作、PCB 编辑器的基本操作，网络表的导入及错误排除、手动布局、手动布线方法及技巧，能够初步完成一个印制电路板的 PCB 图设计。通过此项目的学习，学生应掌握在 Protel 99 SE 中设计单面印制电路板的具体操作方法和步骤。

任务 7.1　印制电路板设计准备

任务能力目标

① 印制电路板设计的对象。

② 电路板工作层设置。

知识技能

7.1.1　印制电路板设计的对象

印制电路板设计的基本元素，它包括元件封装、焊盘、过孔、铜膜线、字符串、坐标、尺寸标注、圆弧线、矩形填充块、多边形敷铜等。

（1）元件封装

元件封装（Footprint）是指元件焊接到电路板上时元件的外观和焊盘的位置。它代表了实际元件的外形尺寸。它是实际元件端子与 PCB 板上焊盘一致的保证。不同的元件可以共用同一个元件封装；同种元件也可以有不同的封装形式。元件封装可以在设计原理图时指定，也可以在设计 PCB 图引进网络表时指定。元件封装形式分为两大类：插针式元件封装，元件端子要插入焊点导通孔中进行焊接；表面贴装式元件（STM）封装，元件端子直接焊在表面板层上。

常用的元件封装形式如下。

① 端子式电阻的封装系列名为 AXIAL-*xxx*，其中 AXIAL 表示轴状的包装方式，*xxx* 表示元件两焊盘之间的距离，单位是英寸，如 AXIAL-0.3～1.0。后缀数越大，其形状也越大。如图 7-1 所示，AXIAL-0.3 两端子之间的距离是 0.3in，即 300mil。

② 二极管的封装系列名称为 DIODE-*xxx*，后面的数字 *xxx* 表示功率。后缀数越大，表示功率越大，其形状也越大。如图 7-2 所示，DIODE-0.4 两端子之间的距离是 400mil。

③ 三极管的封装系列名称为 TO-*xxx*，后缀 *xxx* 表示三极管的类型。如图 7-3 所示，三极管常用的两种封装类型。

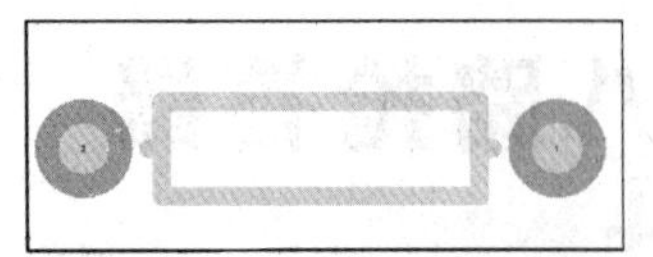

图 7-1 电阻的封装 DIA AXIAL-0.3

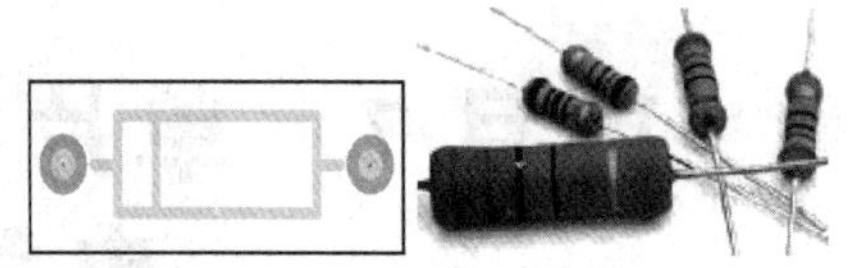

图 7-2 二极管的封装 DIODE-0.4

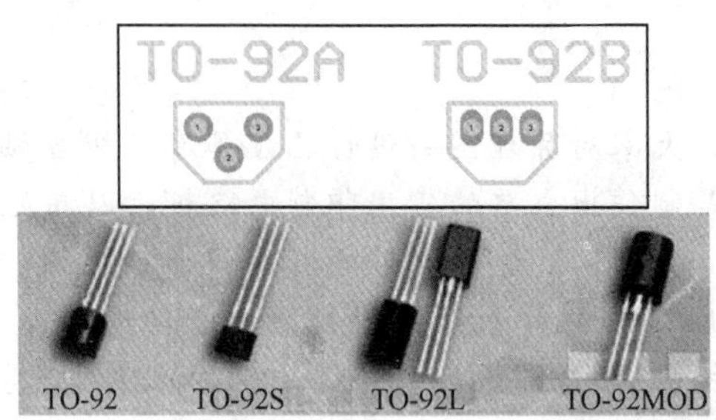

图 7-3 三极管的封装 TO-92A 与 TO-92B

④ 双列直插式集成电路的封装系列名称为 DIP-xxx，后缀 xxx 表示端子数。如图 7-4 所示，是端子数为 16 的双列直插式集成电路的封装 DIP16。

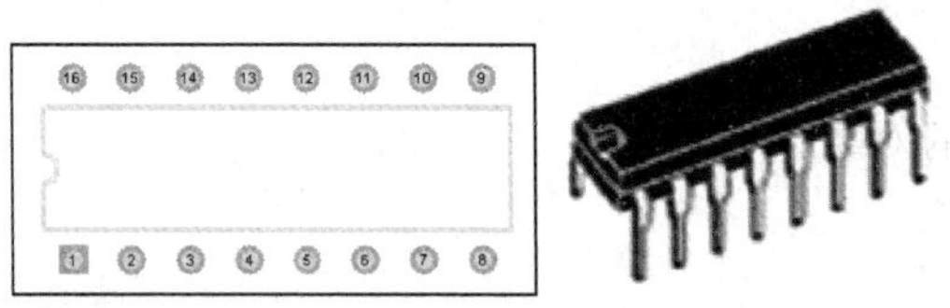

图 7-4 双列直插式集成电路的封装 DIP16

⑤ 扁平状电容的封装系列名为 RAD xxx，是无极性电容的封装形式，RAD0.1～0.4；筒状的有极性区分的电解电容常用 RBx/x 封装，两个 x 表示两个数字，分别是焊盘之间的距离和圆筒的直径，单位是英寸，如 RB.2～.5/.4～1.0。如图 7-5 所示，RAD0.1 两焊盘之间距离为 100mil，RB.2/.4 两焊盘之间距离为 200mil，圆筒直径为 400mil。

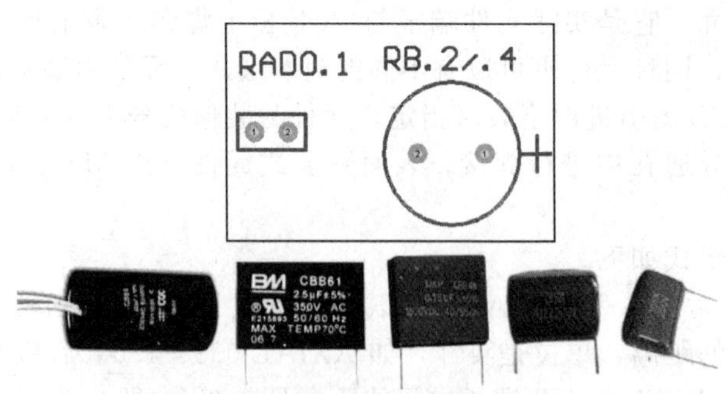

图 7-5 扁平电容和筒状电容的封装

（2）焊盘

焊盘（Pad）是元件封装的重要组成部分，用于放置焊锡、连接导线和元件端子。它是电路板与元件之间联系的桥梁。焊盘分为端子式焊盘与表面贴装式焊盘。

（3）过孔

过孔（Via）用于将两个或多个层面上的铜膜线连接起来。过孔有三种类型：穿透式过孔（Throush Via）、盲孔（Blind Via）即电路板表面与内层平面的连接孔、隐藏式过孔（Buried Via）即内层与内层之间的连接孔。

（4）铜膜线

铜膜线也可简称为导线，是用于连接电路板上各个焊盘或过孔的连线。在 PCB 设计中还有另一种连线称为预拉线，或称为飞线。飞线与导线有本质上的区别，飞线只是一种形式上的连线，没有电气连接意义。导线则具有电气连接意义，为实际存在的连线。

（5）填充与敷铜

填充（Fill）是电路板上一整块实心矩形的铜膜区域。敷铜（Polygn Plane）是一种比较特殊的多边形铜膜区域，一般连接的网络，由实心的铜膜或栅格的铜膜组成。对电路板进行填充与敷铜都是为了提高 PCB 板的抗干扰能力。

7.1.2　电路板工作层设置

这里所说的印制电路板的工作层，是印制电路板设计中的层，其中有的层并不是实际的物理层，只是设计中的参考层。

（1）Protel 99 SE 工作层类型

单击主菜单【Design】/【Option】命令，就可以看到如图 7-6 所示的【Documeng Options】工作层设置对话框。

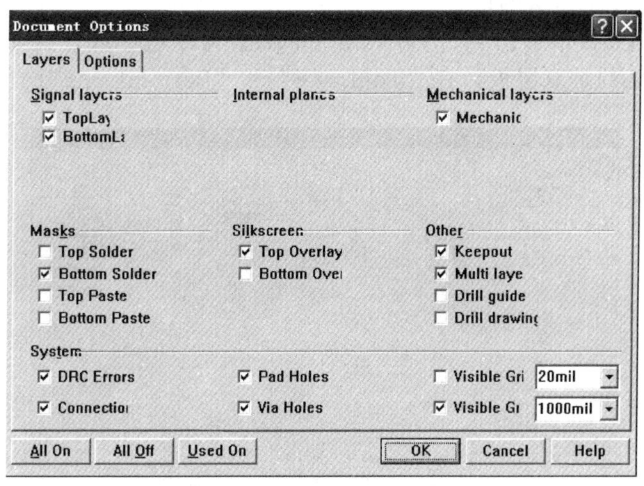

图 7-6　工作层设置对话框

此对话框分为【Layers】和【Options】选项。

【Layers】选项卡包括 7 个选项组，用于设置各板层的打开状态。如需打开某一个信号层，可以单击该信号层名称，当其名称左边的复选框出现“√”号时表示该信号层处于打开显示状态。再单击时“√”号将消失，相应的信号层关闭。具体内容如下。

①【Signal Layers】信号板层选项组。信号板层主要是电气布线的敷铜板层，用于放置与信号有关的电气元素。如【TopLayers】（顶层）用作放置元件面；【Bottom Layers】（底层）用作焊锡面；【MidLayers】为中间工作层，用作布置信号线。

②【Internal Plane】内部电源层选项组。

③【Mechanical layers】机械层选项组。系统默认的信号层为两层，所以机械层默认时是一层，可设置更多的机械层，Protel 99 SE 提供了 16 个机械层。

④【Masks】掩模层选项组。Protel 99 SE 提供了【Top Solder Masks】（顶层助焊层）、

【Bottom Solder Masks】(底层助焊层)、【Top Paste Masks】(顶层阻焊层)、【Bottom Paste Masks】(底层阻焊层)。

⑤【Silkscreen】丝印层选项组。用于绘制元件的外形轮廓和标示元件标号等，有【Top Overlay】、【Bottom Overlay】两层。

⑥【Othe】其他工作层选项组。有 4 个复选框，意义如下。

- 【KeepOut layer】(禁止布线层)：选中表示打开禁止布线层，用于设置布置元件和导线的区域边界。
- 【Multi layer】(多层)：选中表示打开多层，若不选中此项，焊盘、过孔将无法显示。
- 【Drill g uide layer】(钻孔层)：主要用来绘制钻孔导引层。
- 【Drill Drawing】(钻孔图层)：主要用来绘制钻孔图层。

⑦【System】系统设置选项组。系统设置设计参数的各选项如下。

- 【DRC Errors】：用于设置是否显示自动布线检查错误信息。
- 【Connection】：用于设置是否显示网络中连线。
- 【Pad Holes】：用于设置是否显示飞线，绝大多数情况下都要显示飞线。
- 【Via Holes】：用于设置是否显示焊盘过孔。
- 【Visibles Grid1】：用于设置是否显示第一组栅格。
- 【Visibles Grid2】：用于设置是否显示第二组栅格。

(2) Ptotell 99 se 工作层的设置

单击主菜单的【Design】/【Layer Srock Manager】命令就可以看到如图 7-7 所示的工作层管理器。系统默认的是双层板，有“TopLayer”和“BottomLayer”。

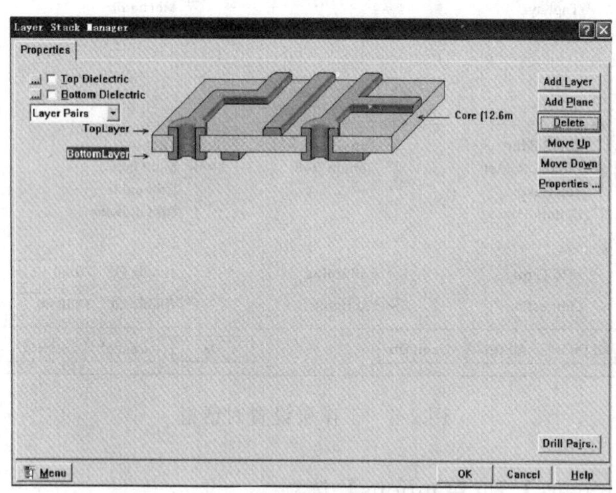

图 7-7　管理器对话框

① 在图 7-7 左上方，如果选中【Top Dielectric】复选框，则在顶层添加绝缘层，如果选中【Bottom Dielectric】，则在底层添加绝缘层。

② 可以直接点击【Add layer】添加中间信号层，点击【Add Plane】添加内部板层，也可以点击右下角【Menu】菜单栏中的【Example Layer Stocks】，进行单层、双层和多层板的选择，其中多层板提供了具有不同信号层和中间层的 7 种示范模式，如图 7-8 所示。

③ 删除工作层。单击想要删除的工作层，然后单击【Delete】按钮，在系统提示对话框单击【Yes】，即可删除工作层。

④ 调整个工作层面的位置。单击【Move Up】按钮或【Move Down】按钮，可将选中的工作层上移或下移，最后单击右下方【OK】按钮即可。

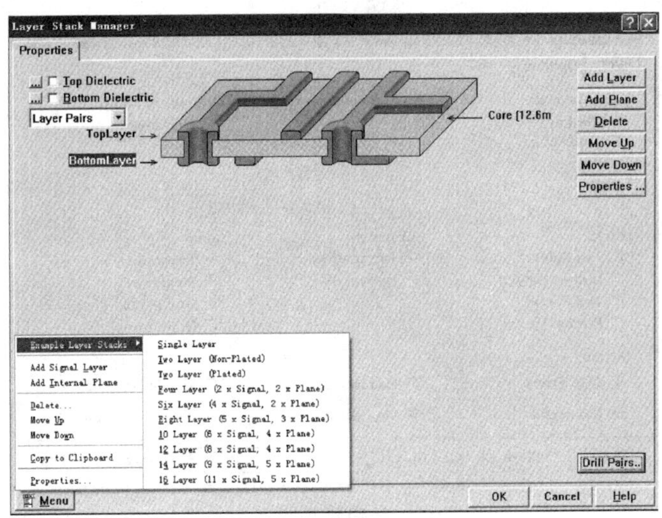

图 7-8 Menu 提供的示范模式

在 PCB 编辑器中体现的板层如图 7-9 所示。

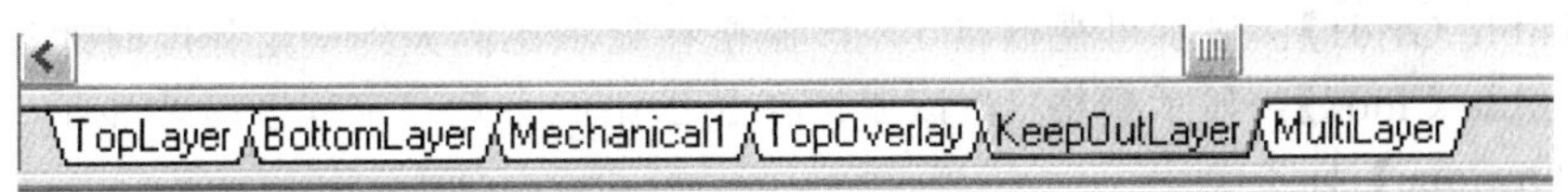

图 7-9 PCB 板层栏

任务 7.2 进入 PCB 编辑器工作环境及参数设置

任务能力目标

① 熟悉图纸参数设置。

② 熟悉 PCB 编辑器工作区的参数设置。

③ 熟悉 PCB 编辑器视图管理。

知识技能

进入 PCB 系统后的第一步就是设置 PCB 设计环境，包括设置格点大小和类型、光标类型、版层参数、布线参数等。大多数参数都可以用系统默认值，而且这些参数经过设置之后，符合个人的习惯，以后无需再去修改。

7.2.1 图纸参数设置

图纸参数设置，需选择【Design】/【Options】菜单命令，即弹出文档设置对话框，如图 7-10 所示。图中有两个标签页，用来设置 PCB 板层和网格参数。

(1)【Layers】标签页

设置图纸上显示的板层，其中包括如下两项。

①【Singal Layers】信号层选项区，显示当前文件中板层的使用情况。可通过复选框设置选项是否在编辑区显示。

②【System】选项区，设置系统显示的内容。

- 【DRC Errors】：显示设计规则检查错误。

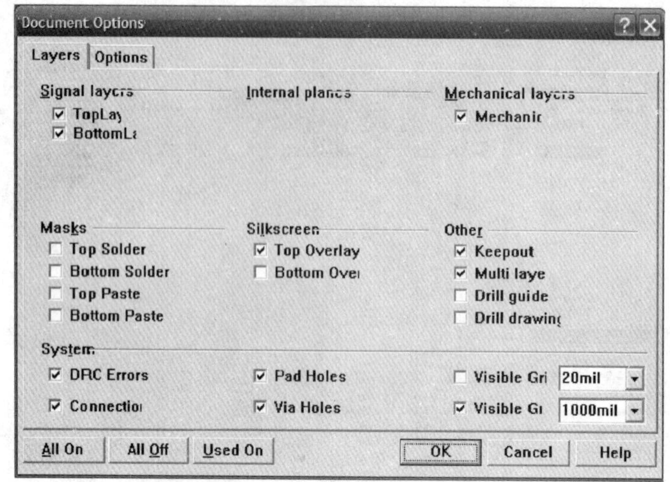

图 7-10 文档选项设置对话框

- 【Connection】：显示网络中连线。
- 【Pad Holes】、【Via Holes】：显示焊盘、过孔的钻孔。
- 【Visible Grid1】：显示可视栅格 1，该栅格在显示比例大到一定程度时才显示。
- 【Visible Chid2】：显示栅格 2，该栅格在显示比例小到一定程度时才显示。

（2）【Options】标签页

设置栅格及电气栅格的有关参数，如图 7-11 所示。其中包括如下项目。

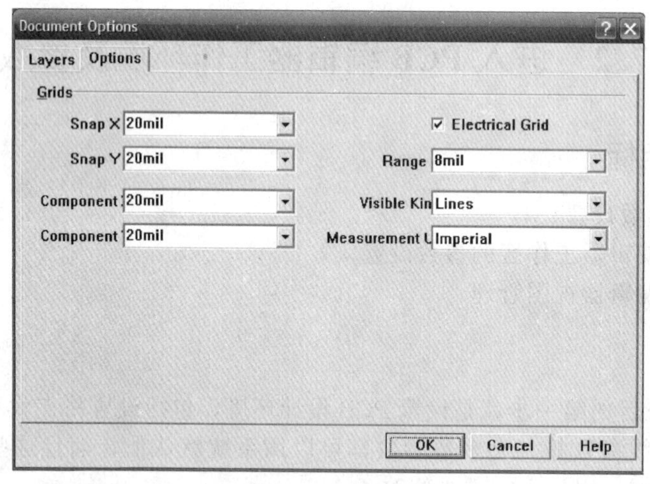

图 7-11 Options 标签页

① 【Snap X】、【Snap Y】，设置捕捉栅格 X、Y 方向尺寸。

② 【Component X】、【Component Y】，设置放置元件时捕捉栅格的 X、Y 方向尺寸。

③ 【Electrical Grid】复选框，被选择后，可在 Range 栏设置电气捕捉栅格的捕捉距离。

④ 【Visible Kind】栏，选择可视栅格的显示种类。包括两项：Dots（点）、Lines（线）。

⑤ 【Measurement Unit】栏，选择测量单位。包括两项：Metric（公制）、Imperial（英制）。系统默认的是英制单位，1mil=1/1000in，1in≈0.0254m，即 1mil≈0.0254mm。

7.2.2 系统参数设置

系统参数的设置也是 PCB 板设计过程中非常重要的一步。需选择【Tool】/【Preference】

菜单命令，即弹出【Preference】对话框，如图 7-12 所示。共有 6 个标签页。主要用来设置 PCB 工作区的选项、显示、颜色、显示/隐藏、默认、信号完整性。

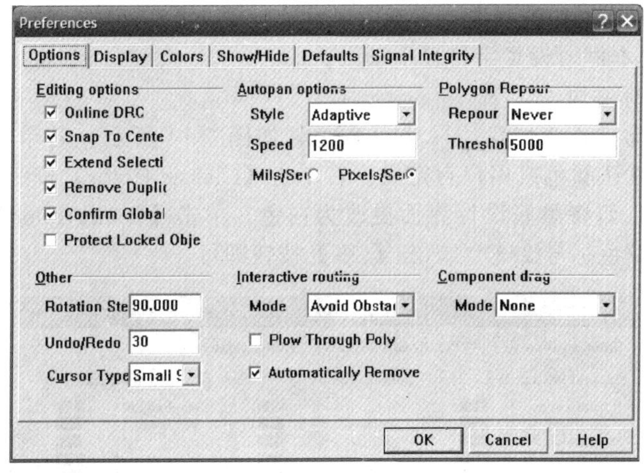

图 7-12　Preference 对话框

（1）【Options】标签页

设置 PCB 工作区的有关选项，其中包括如下项目。

① 【Editing Options】选项区，设置有关编辑属性。

② 【Autopan Options】选项区，设置自动移动功能，当用鼠标移动到屏幕边缘时，屏幕具有自动移动的方式和速度。

③ 【Polygon Repour】选项区，设置有关敷铜区。

④ 【Interactive routing】选项区，设置交互式布线。

⑤ 【Component drag】选项区，在【Mode】下拉框中设置元件封装拖动的方式。其中：

- 【None】选择移动命令时，与元件连接的铜膜导线会和元件断开；
- 【Component Tracks】选择移动命令时，与元件连接的铜膜导线不会和元件断开。

（2）【Display】标签页

设置有关显示内容，如图 7-13 所示，其中包括如下项目。

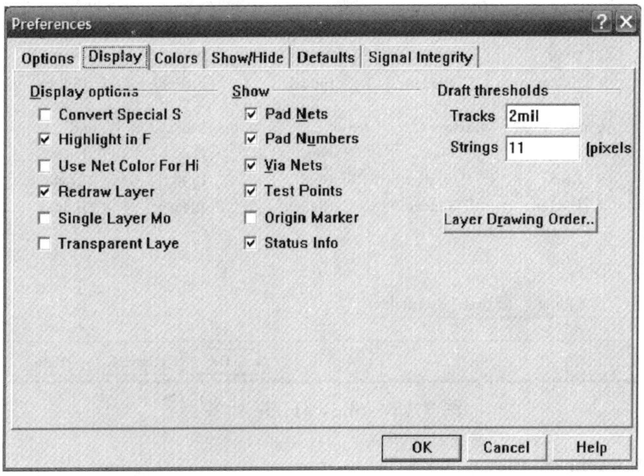

图 7-13　Display 标签页

①【Display options】选项区，设置显示方式。如选取【Highlight in Full】，表示高亮显示。

②【Show】选项区，在显示区域设置应该显示的内容。如【Pad Nets】（焊盘节点）、【Via Nets】（过孔节点）、【Convert Special Strings】（特殊字符串）。

③【Draft thresholds】选项区，设置图形显示极限。【Tracks】文本框，设置导线显示极限；【Strings】文本框，设置字符显示极限。

(3)【Colors】标签页

设置板层、系统背景、焊盘、网格等颜色，如图 7-14 所示。若单击【Default Color】按钮，恢复板层为默认颜色或用户自定义。若单击【Classic Color】按钮，系统将板层颜色指定为传统的颜色，如将黑底设计界面更改为白色，单击【Background】按钮旁边的颜色显示框选择白色（颜色标号 233），单击【OK】按钮即可。

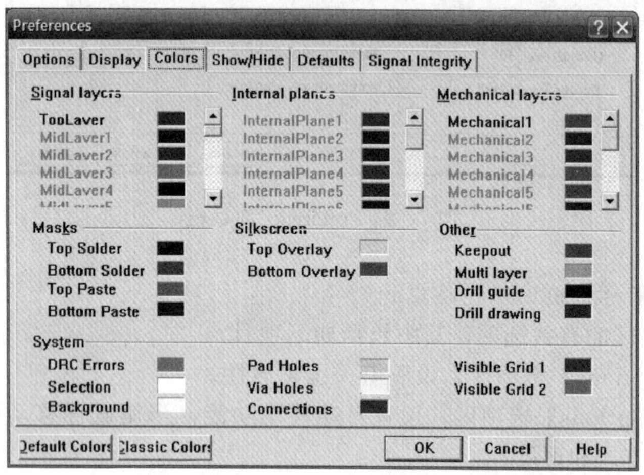

图 7-14 Colors 标签页

(4)【Show/Hide】标签页

设置各种图形的显示模式，如图 7-15 所示。显示模式分别为 Final（最终稿）、Draft（草稿）和 Hidden（不显示）模式。

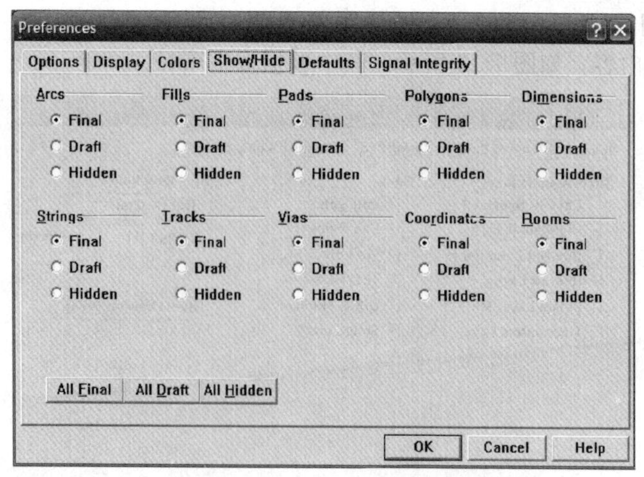

图 7-15 Show/Hide 标签页

(5)【Defaults】标签页

设置各个组件的系统默认值。各个组件包括 Arc（圆弧）、Component（元件）、Coordinate

(坐标)、Dimension（尺寸)、Fill（金属填充)、Pad（焊点)、Polygon（敷铜)、String（字符串)、Track（铜膜导线）和 Via（导孔）等。在图 7-16 所示的对话框中，选中组件，点击【Edit Values】按钮即可进入编辑系统默认值对话框。如选中“Component”元件设置，单击【Edit Values】按钮，就会出现修改元件参数的对话框，各项的修改会在取用元件时反映出来。

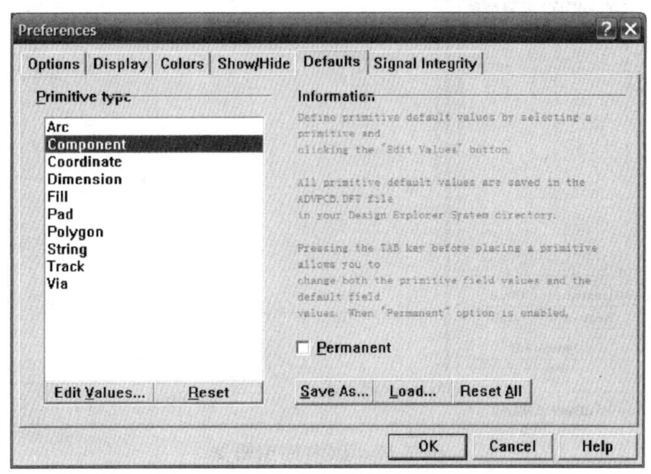

图 7-16　系统默认值设置

(6)【Signal Integrity】标签页

用来设置元件标号和元件类型之间的对应关系，为信号完整性分析提供信息。在此不做详述。

任务 7.3　创建 PCB 元件

任务能力目标

① 熟悉元件封装编辑器的使用。

② 熟悉使用元件封装向导进行设计 PCB 元件。

③ 熟悉手动创建元件封装的方法和步骤。

④ 熟悉修改自带元件封装库的元件封装。

知识技能

在 Protel 系统中自带了大量的元件封装，可以直接调用。但是对于缺少的有用的元件封装形式，可以根据实际元件形状、尺寸等，通过手工制作或者利用元件封装向导为其新建一个元件封装。还可以通过相关的命令或按钮等新建元件封装、编辑元件封装属性。

7.3.1　启动元件封装编辑器

选择【File】/【New】菜单命令，显示【New Document】对话框，双击【PCB Library Document】图标，建立元件封装库“PCBLIB1. LIB”，单击此文件即打开 PCB 库编辑器，进入元件封装编辑器工作界面，如图 7-17 所示。

单击【Tools】/【Rename Component】给 PCB 元件重新命名“DIP40N”，如图 7-18 所示。

7.3.2　利用向导创建元件封装

① 单击【Tools】/【New compoent】 按钮，打开建立元件封装的向导，如图 7-19 所示。

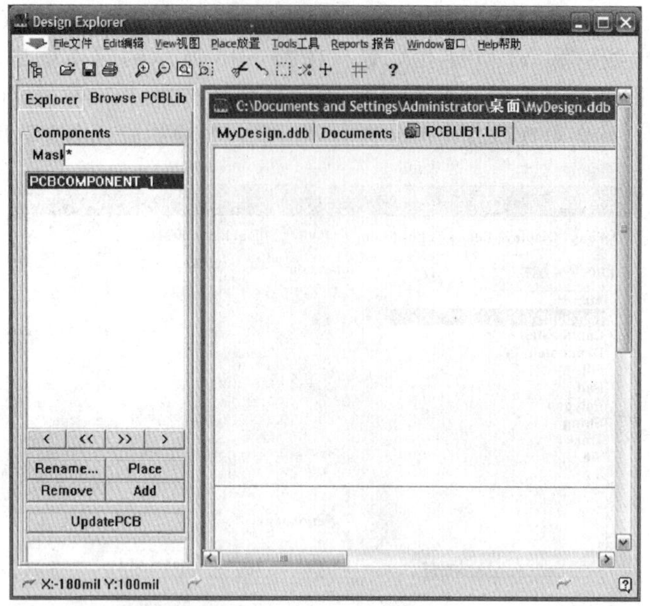

图 7-17 PCB 库编辑器

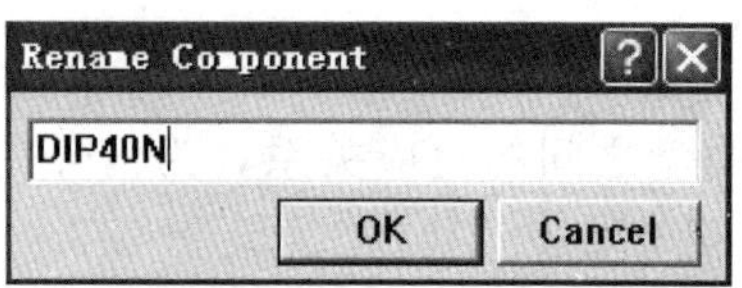

图 7-18 PCB 元件重命名

② 单击【Next】按钮，系统将弹出如图 7-20 所示的元件封装类型选择对话框，共有 12 种元件的外形供设计者选用。根据本例要求，选择 DIP 封装外形。在对话框中还可以选择元件封装的度量单位，有公制和英制两种。

图 7-19 元件封装向导界面

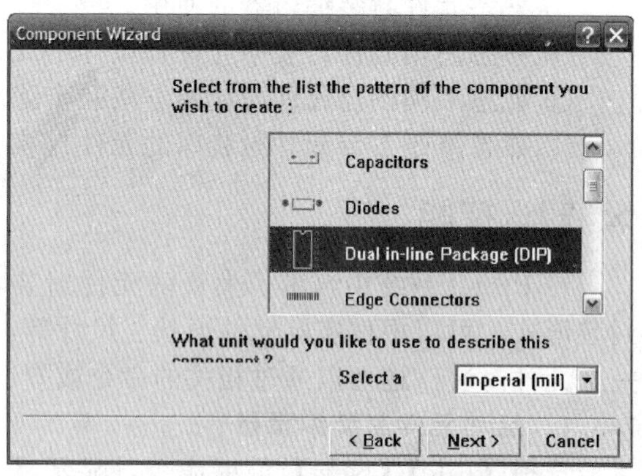

图 7-20 选择元件封装类型

③ 单击【Next】按钮，系统将弹出如图 7-21 所示的设置焊盘尺寸的对话框，设置焊盘尺寸为 32mil。

④ 单击【Next】按钮，系统将弹出如图 7-22 所示的设置端子位置和尺寸的对话框。

⑤ 单击【Next】按钮，系统将弹出如图 7-23 所示的设置元件轮廓线宽的对话框，设置线宽为 12mil。

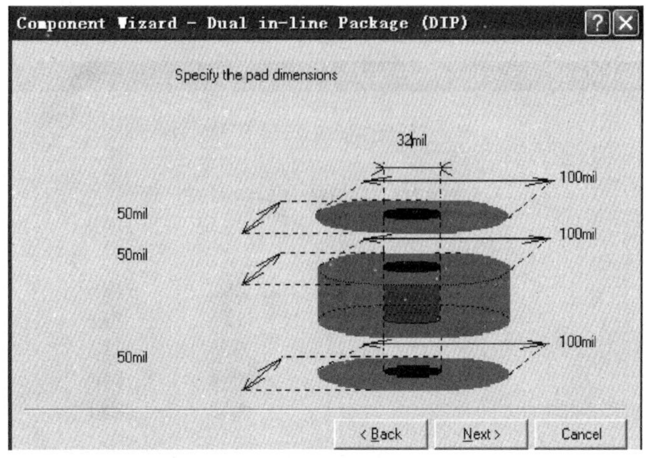

图 7-21　设置焊盘尺寸的对话框

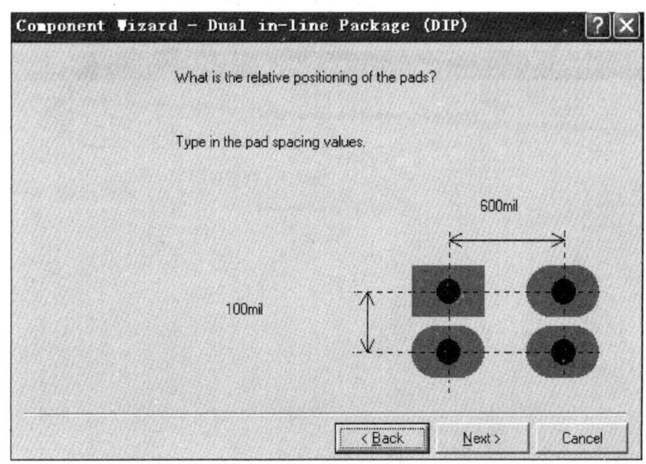

图 7-22　设置端子位置和尺寸的对话框

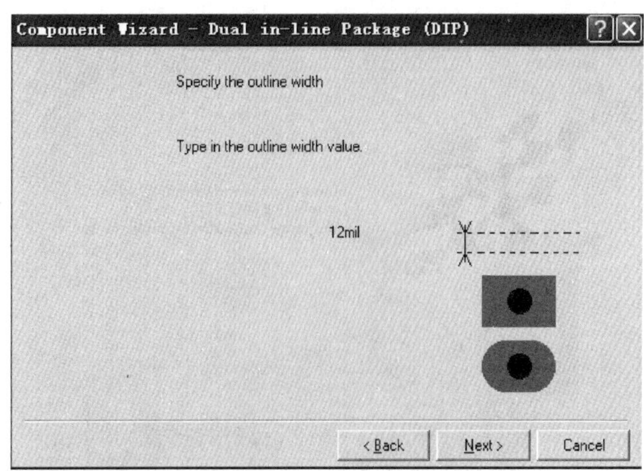

图 7-23　设置元件轮廓线宽的对话框

⑥ 单击【Next】按钮，系统将弹出如图 7-24 所示的设置端子数量的对话框。

⑦ 单击【Next】按钮，系统将弹出如图 7-25 所示的设置元件封装名称的对话框。

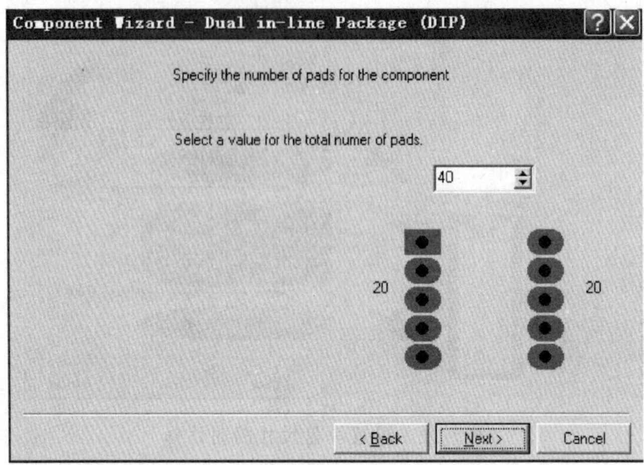

图 7-24 设置端子数量的对话框

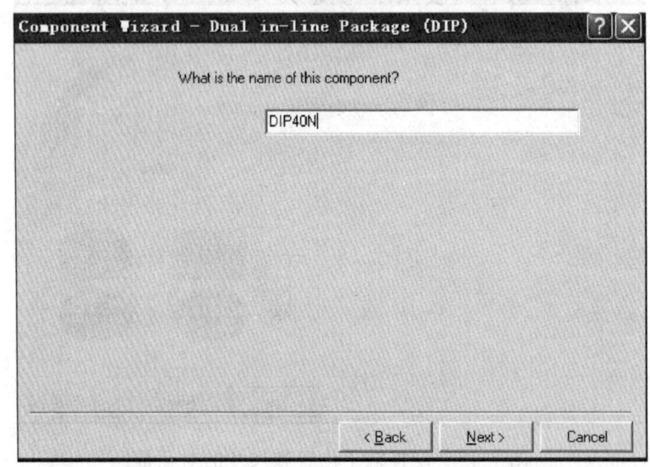

图 7-25 设置元件封装名称的对话框

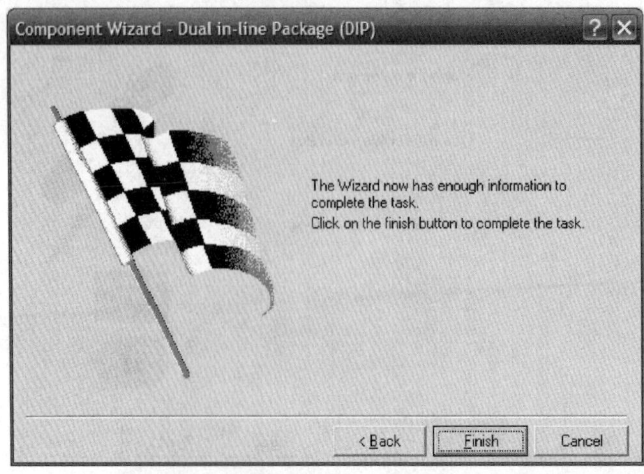

图 7-26 完成对话框

⑧ 单击【Next】按钮，系统将弹出如图 7-26 所示的完成对话框。

⑨ 创建完成后的元件封装如图 7-27 所示。

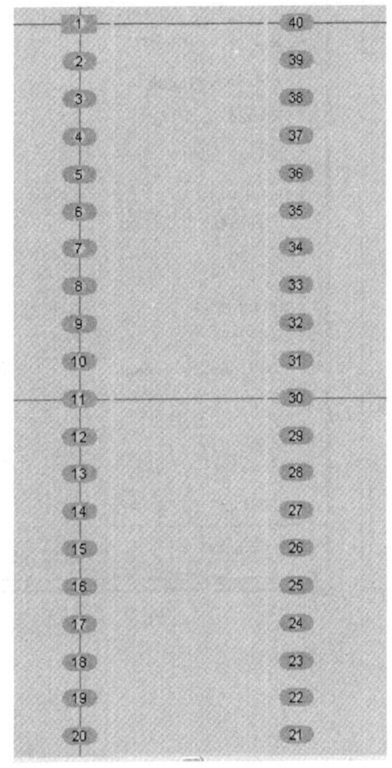

图 7-27 完成后的元件封装

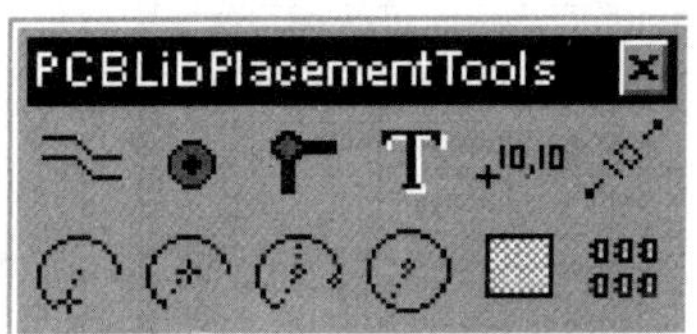

图 7-28 元件封装制作工具箱

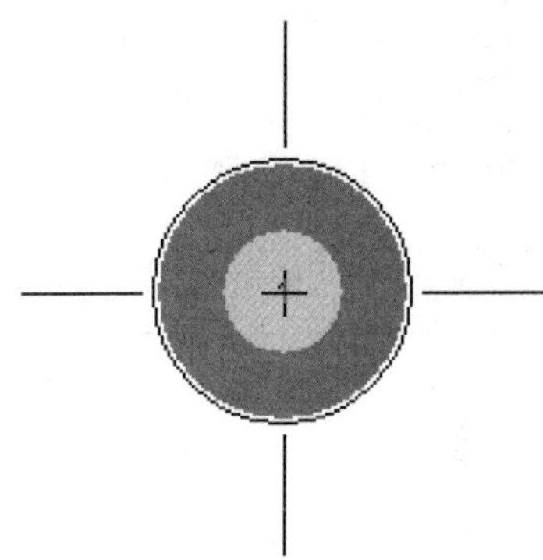

图 7-29 放置焊盘

7.3.3 手工创建元件封装

虽然带有丰富元件封装库，但仍有元件无法找到合适的封装，需要设计者手工创建元件封装，这也是设计者必须掌握的技能。

现以七段数码管的封装为例，创建一个封装元件。

单击【Add】按钮，建立 PCB 元件，单击【Rename】按钮，键入元件封装名“8-0.8”，再单击【OK】按钮，就可以选择菜单命令或利用元件封装制作工具栏，进行元件封装的制作，如图 7-28 所示。可按下述步骤操作。

(1) 放置焊盘

焊盘是用于连接实体元件的元素，可以放置在顶层或底层。选择【Place】/【Pad】菜单命令，放置焊盘，产生一个浮于光标上的焊盘，如图 7-29 所示。移动光标到适当位置，单击鼠标左健，焊盘即被放下，单击鼠标右键，放置完毕。

(2) 编辑焊盘

焊盘有一定的尺寸，其形状主要有圆形、矩形、八边形、椭圆等，如图 7-30 所示。

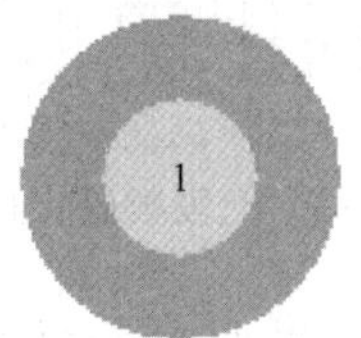

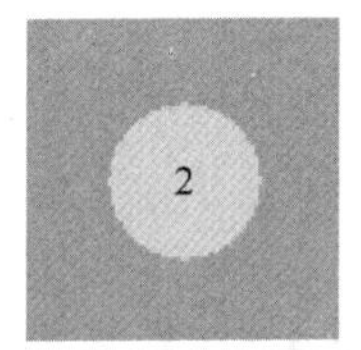

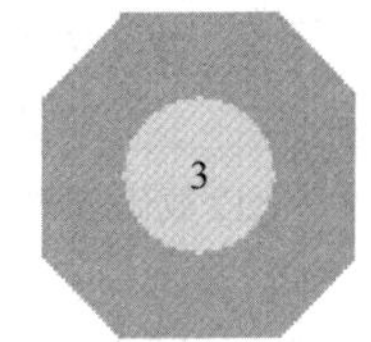

图 7-30 焊盘形状

双击焊盘，将弹出焊盘属性对话框，如图 7-31 所示。

①【Properties】标签页，设置焊盘的尺寸（X-Size、Y-Size）、形状（Shape）、焊盘通

(a)

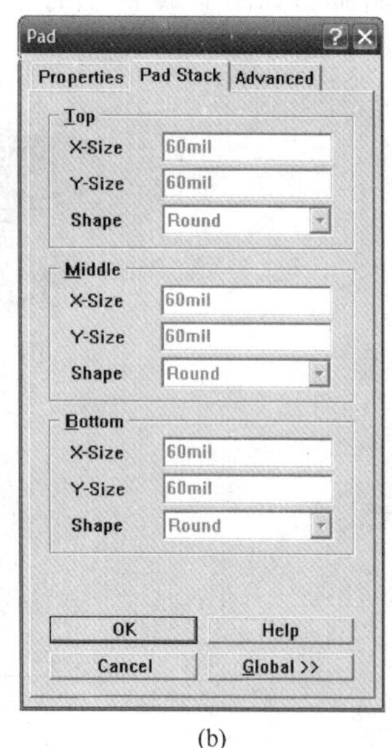

(b)

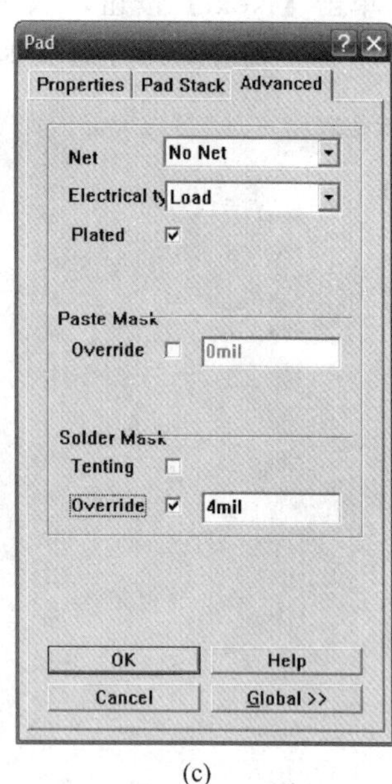

(c)

图 7-31 焊盘属性对话框

孔直径（Hole Size）、坐标等参数。

②【Pad Stack】标签页，设置在某一层上的焊盘尺寸和形状。

③【Advanced】标签页，设置焊盘所在网络及焊盘通孔壁是否加电镀（Plated）、焊盘防锡膏层的属性（Paste Mask）、焊盘阻焊层的属性（Solder Mask）。

两焊盘的编号与焊盘之间的距离如图 7-32 所示（焊盘 5 与 6 之间的距离是 600mil）。

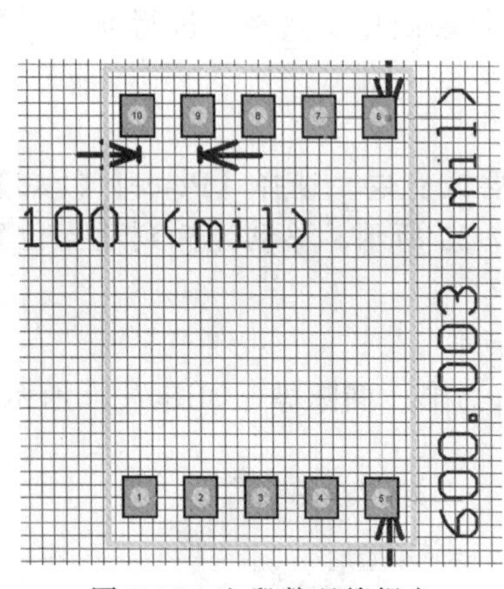

图 7-32 七段数码管焊盘

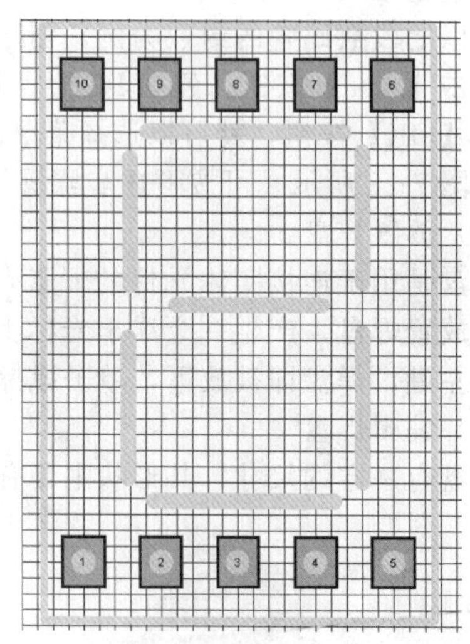

图 7-33 七段数码管封装元件

选择【Place】/【Track】及【Place】/【Arc】菜单命令，画出如图 7-33 所示元件封装的外形。

本项目应用的封装类型还有：晶振的封装 Y1。

7.3.4 修改元件封装

（1）修改现存元件封装，建立新的元件封装可以调用现有的元件封装，经过修改，建立新的元件封装，这种方法更加方便、快捷。

如图 7-34 所示，二极管的 SCH 元件的两端子是 1 和 2，而二极管的 PCB 元件的两端子如图 7-35 所示是“A”和“K”，端子不匹配。

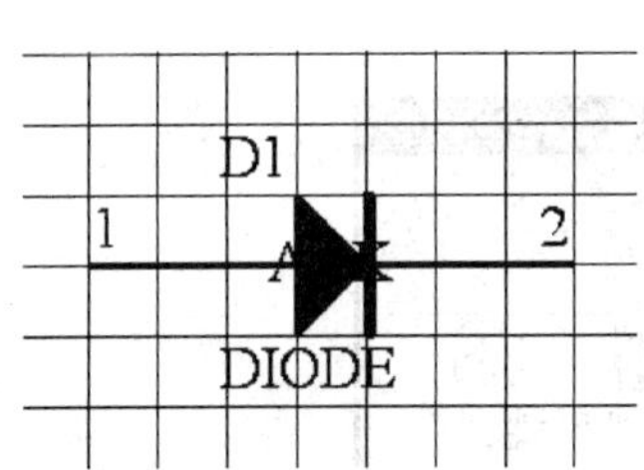

图 7-34　二极管的 SCH 元件

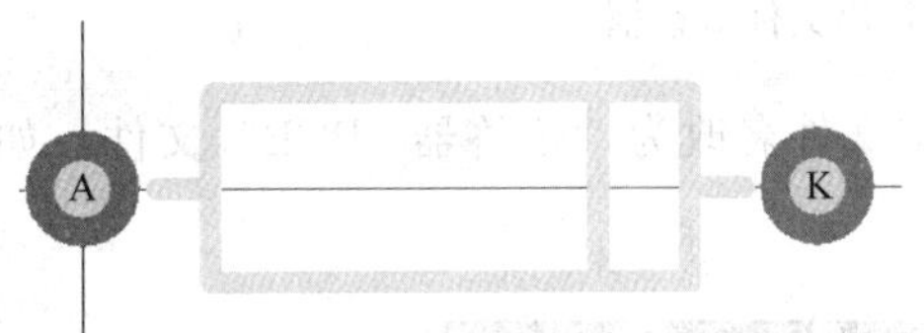

图 7-35　二极管的 PCB 元件

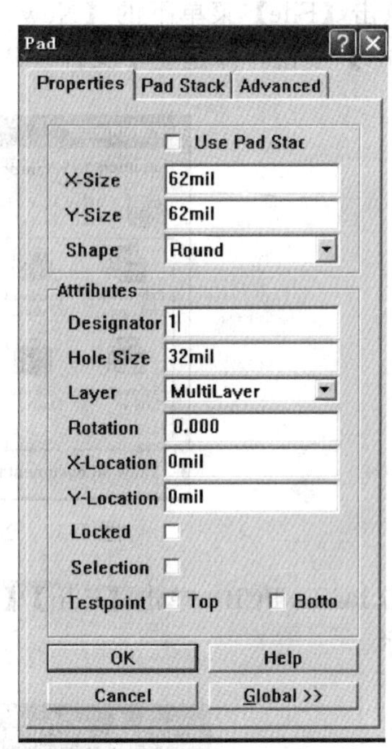

图 7-36　焊盘属性标签

在 PCB 编辑器中单击【Compoent】窗口下的【Edit】，编辑“DIODE-0.4”文件。单击焊盘，调出焊盘属性标签，如图 7-36 所示修改焊盘编号，将【Designator】栏的“A”改为“1”、“B”改为“2”。然后单击【UpdatePCB】按钮，这时二极管的属性标签中的封装就可填写 DIODE-0.4。

(2) 复制现存元件封装，建立新的元件封装

另一种方便、快捷的方法是按【Ctrl+C】键复制现有的 PCB 元件封装，按【Shift+Insert】键粘贴到元件封装编辑器中，根据封装的需要经过修改，重新命名后建立新的元件封装。

任务 7.4　印制电路板设计的基本操作

任务能力目标

① 熟悉 PCB 文件的建立和保存。

② 熟悉板框定义的方法。

③ 熟悉 PCB 编辑器的工具栏。

④ 熟悉放置元件封装的各项操作。

知识技能

7.4.1　建立 PCB 文件及定义板框

(1) 建立 PCB 文件

进入【Design Explorer】设计管理器后，建立设计数据库。在打开的设计管理器后，应建立 PCB 文件。

点击【File】菜单下的【New Design】，建立一个设计文件抢答器“.ddb”文件，在此文件下点击【File】菜单下的【New File】，选中【PCB Document】图标，如图 7-37 所示，单击【OK】按钮，即建立了文件“PCB1. PCB”。

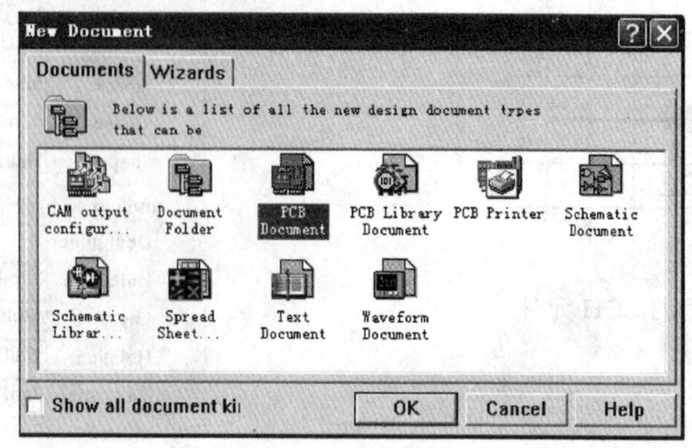

图 7-37 New Document 新建文件对话框

单击 PCB1. PCB，单击【Edit】/【Rename】，将文件名改为“抢答器 . PCB”文件，如图 7-38 所示。

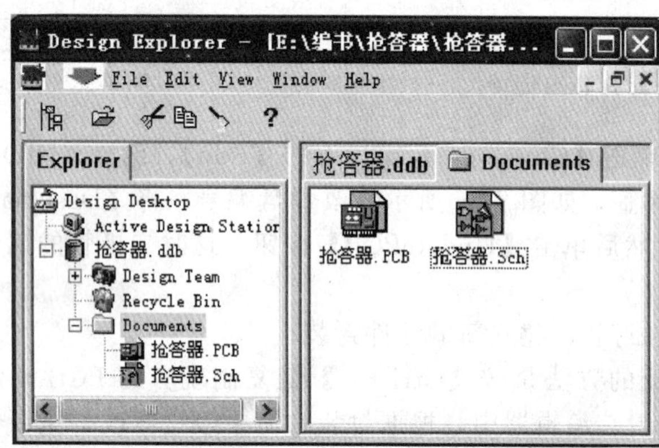

图 7-38 建立 PCB 文档图标

(2) 打开 PCB 文件

双击图中的“抢答器 . PCB”图标，就打开了 PCB 文件，进入 PCB 文档编辑窗口，如图 7-39 所示。

(3) 保存 PCB 文件

保存 PCB 文件的方法有多种，常用的有如下几种。

① 执行菜单命令【File】/【Save】保存 PCB 文件。

② 执行菜单命令【File】/【Save All】，保存所有文件。

③ 单击工具栏【保存】按钮。

(4) 关闭 PCB 文件

关闭 PCB 文件的方法有以下两种。

① 执行菜单命令【File】/【Close】。

② 鼠标指向编辑窗口中要关闭的 PCB 文件标签，右击，在弹出的对话框中单击

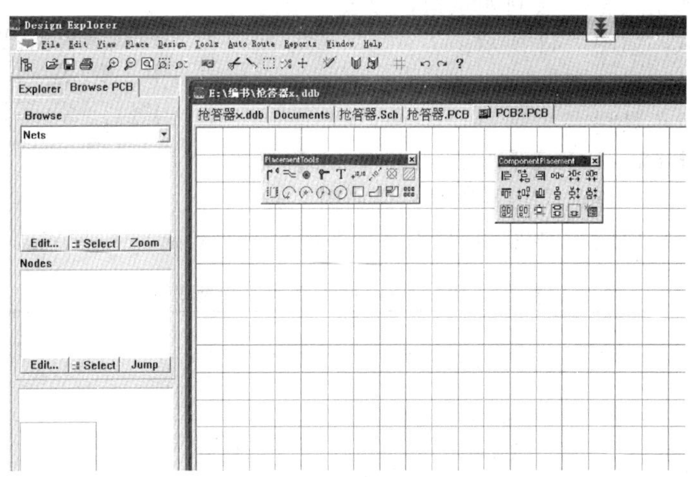
图 7-39　PCB 编辑窗口

【Close】命令。

7.4.2　定义板框

定义板框是用来规划印制电路板的大小并定义电气边界。手动规划电路板和电气定义是常用的一种方法，就是在禁止布线层即【KeepOutLayer】上用走线绘制出一个封闭的多边形（一般情况下绘制成一个长方形），多边形内部为布局的区域。

具体操作步骤如下。

① 单击编辑区下方的标签【KeepOutLayer】，将禁止布线层设置为当前工作层，如图 7-40所示。

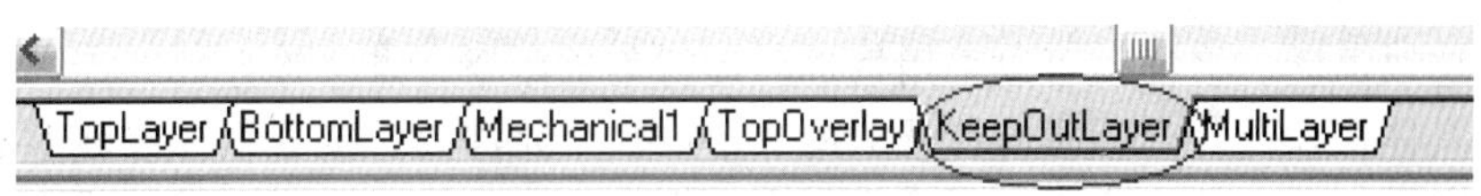

图 7-40　当前工作层设置为禁止布线层

② 单击放置工作栏中的按钮，也可执行【Place】/【Keepout】/【Track】命令。

③ 光标变成十字状态，单击确定第一条边的起点，拖动鼠标，到合适位置后再单击鼠

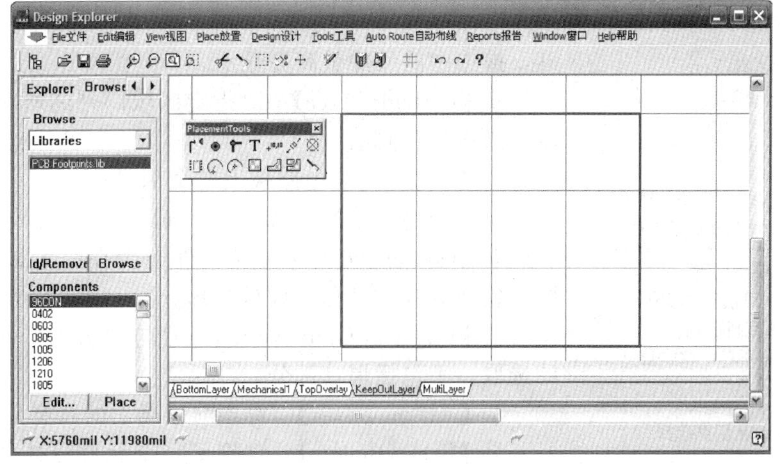
图 7-41　PCB 的板框

标，确定第一条边的终点。绘制四条边，形成一个封闭的长方形限制区域，如图 7-41 所示。

图 7-42 Placement Tools 工具栏

7.4.3 放置对象

（1）放置对象工具栏

选择【View】/【Toolbars】/【Placement Tools】菜单命令，即弹出【Placement Tools】工具栏，如图 7-42 所示。此工具栏用于在电路板中放置电气对象，各图标的功能说明见表 7-1。

表 7-1 Placement Tools 工具栏功能说明

图 标	功能说明	图 标	功能说明
	放置铜铺线		放置元件
	放置焊盘		放置圆弧
	放置过孔		放置圆弧
	放置文字说明		放置填充
	放置坐标		放置铺铜
	放置尺寸线		放置分裂内层平面
	设置原点		设置粘贴

（2）元件选取与编辑

元件的选取灵活、多样，可以采用框选、运行菜单命令、点选等方式进行。最简单的方法为框选，具体操作是将光标指向待选取的一个或多个元件处，按下鼠标左键不松开，此时光标变成十字形。移动此十字光标，产生一个虚框，框入元件，放开左键，被选中的元件被高亮显示。

使用菜单命令进行选取，需要选择【Edit】/【Select】菜单命令，弹出如图 7-43 所示的菜单项，这些项包括选取元件所在区域、选取网络、选取过孔与焊盘等。

①【Inside Area】 对指定区域内的所有元件实现选取。执行该命令后，光标变成十字形，移动光标到指定区域的一个角，点击左键，移动光标产生虚框，框入元件后再次点击左键，被选中的元件被高亮显示。

Inside Area 区域内
Outside Area 区域外
All 全部

Net 网络
Connected Copper 连接的铜层
Physical Connection 物理连接

All on Layer 层上全部
Free Objects 可活动的实体
All Locked 所有锁定的
Off Grid Pads 不在网格的焊盘
Hole Size... 孔径

Toggle Selection 切换选择

图 7-43 选取菜单

②【Outside Area】 对指定区域以外的所有元件实现选取，操作过程同上。

③【All】 选取电路板上的全部元件。

④【Net】 对指定网络进行选取。

⑤【Connected Copper】 对连接在一起的铜膜进行选取，包括导线、过孔、焊盘等部分。

⑥【Physical Connection】 对与焊盘连接的导线、过孔的选取，不包括焊盘部分。

⑦【All on Layer】 对当前板层上的所有元件进行选取。

⑧【Free Objects】 对除了某个元件以外的所有元件的选取。

⑨【All Locked】 对所有被锁定的元件选取。

⑩【Off Grid Pads】 对所有不在网格上的焊盘进行选取。

⑪【Hole Size】 对指定钻孔直径的过孔、焊盘进行选取。

⑫【Toggle Selection】 切换元件的选取状态。

7.4.4　放置元件封装

(1) 放置元件封装

选择【Place】/【Component】菜单命令，弹出如图 7-44 所示的对话框。此对话框包括输入元件封装形式（Footprint），元件封装序号（Designator），元件封装注释（Comment）栏。若想查看元件封装，可以单击【Browse】按钮，打开如图 7-45 所示的元件封装库浏览对话框，进行浏览。这里浏览的是 RB. 2/. 4 封装形式。单击【Place】按钮后，一圆形封装形式浮于十字光标上。移动鼠标，在确定位置处点击鼠标左键，RB. 2/. 4 元件封装被放置，点击鼠标右键结束放置操作。

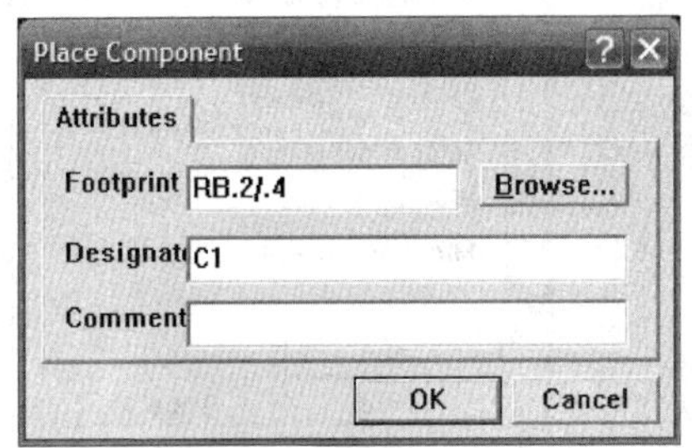

图 7-44　放置元件对话框

(2) 编辑元件封装属性

选择【Edit】/【Change】菜单命令，将十字光标指向所要编辑属性的元件，或双击要编辑的元件就会弹出如图 7-46 所示元件封装属性对话框。可对元件名称与编号、元件描述、元件封装名、板层（顶层和底层）、元件旋转的角度、位置坐标、锁定设置、翻转、显示/隐藏进行编辑。各标签页的主要内容说明如下。

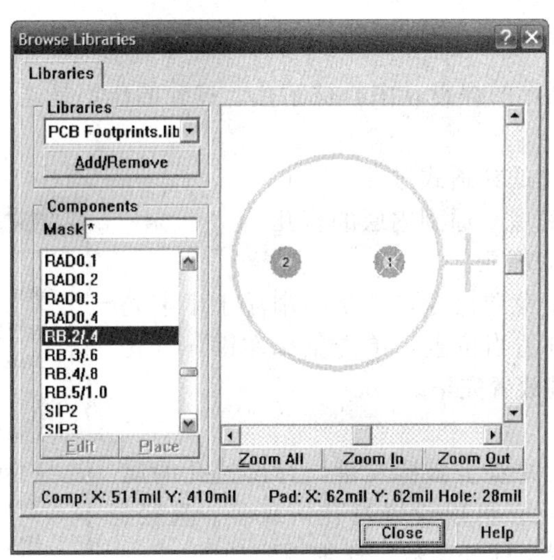

图 7-45　元件封装库浏览对话框

【Properties】标签页，设置元件封装的基本属性，如图 7-46(a) 所示。

①【Designator】：设置元件封装的序号。

②【Comment】：设置元件封装的注释。

③【Footprint】：设置元件封装的形式。

④【Layer】：设置元件封装所在的板层。

⑤【Rotation】：设置元件封装的旋转角度。

⑥【X-Location】、【Y-Location】：设置元件封装顶点位置的坐标。

⑦【Lock Prims】：设置元件封装为整体图形。

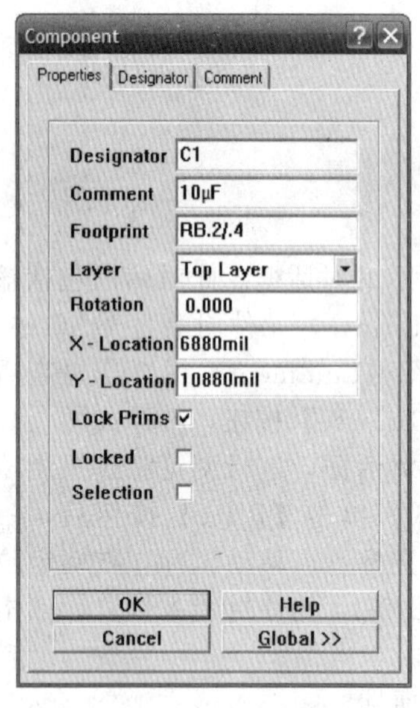

(a)

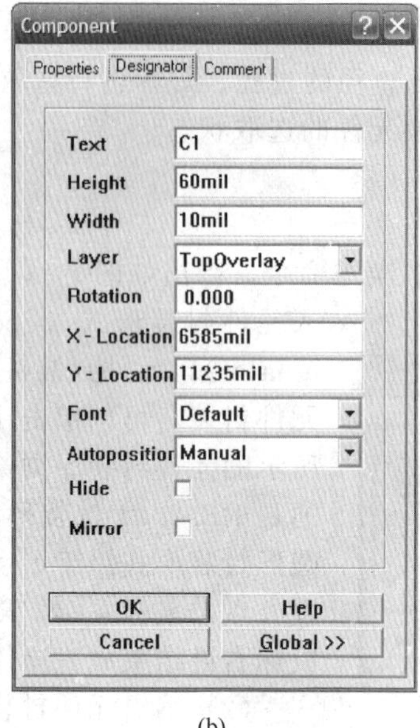

(b)

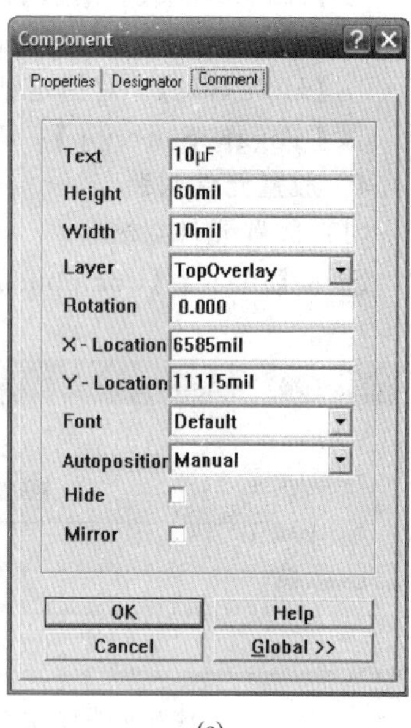

(c)

图 7-46 元件封装属性对话框

⑧【Locked】：元件封装处于锁定状态。

⑨【Selection】：元件处于被选取状态。

7.4.5 放置和编辑过孔

（1）放置过孔

过孔的形状类似于圆形的焊盘，中心被钻孔。过孔的作用是连接不同板层间的导线。过孔有三种形式。

① 从顶层贯通到底层的穿透式过孔。

② 从表层（顶层或底层）通到内层的盲孔。

③ 内层间相互连接的埋孔。

选择【Place】/【Via】菜单命令，产生一个浮于十字光标上的过孔，移动光标到适当位置，单击鼠标左键，过孔即被放下，单击鼠标右键放置完毕。

（2）编辑过孔

选中要编辑的过孔，并双击鼠标左键，弹出过孔的属性对话框，如图 7-47 所示。可以设置过孔的直径、孔径、连接的板层、过孔的位置坐标等参数。详细说明如下。

①【Diameter】文本框，设置过孔直径。

②【Hole Size】文本框，设置过孔钻孔直径。

③【Start Layer】下拉框，设置导通的起始板层。

④【End Layer】下拉框，设置导通的终止板层。

⑤【X-Location】、【Y-Location】文本框，设置过孔在 X、Y 方向的坐标。

⑥【Net】下拉框，设置过孔所在网络。

⑦【Locked】复选框，是否锁住该过孔。

⑧【Selection】复选框，是否选择该过孔。

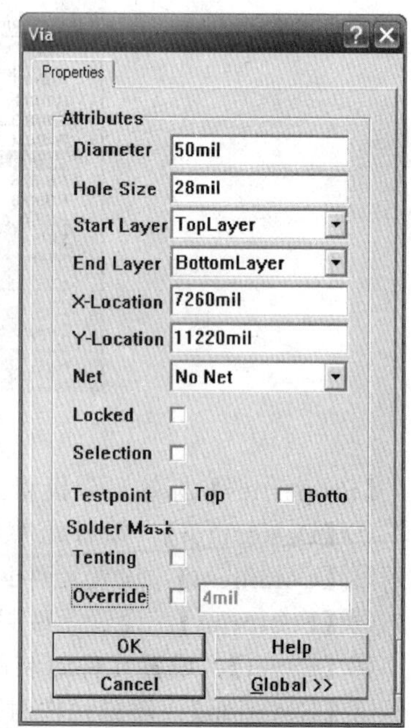

图 7-47 过孔属性对话框

⑨【Testpoint】选项组，分别设置过孔的顶层或底层为测试点。

⑩【Solder Mask】区，设置过孔的阻焊层属性。

7.4.6　放置和编辑导线

导线是 PCB 中的最基本元素，可以放置在任何电路板层上。导线的宽度可以进行设置，范围在 0.001～10000mil 之间。

（1）放置导线

选择【Place】/【Line】菜单命令，产生十字光标，如图 7-48(a) 所示。移动十字光标到导线的起始位置，单击鼠标左键，确定起点；移动光标产生一线段，如图 7-48(b) 所示，到另一位置处时点击鼠标左键，确定线段终点，再点击鼠标右键结束画线，如图 7-48(c) 所示。

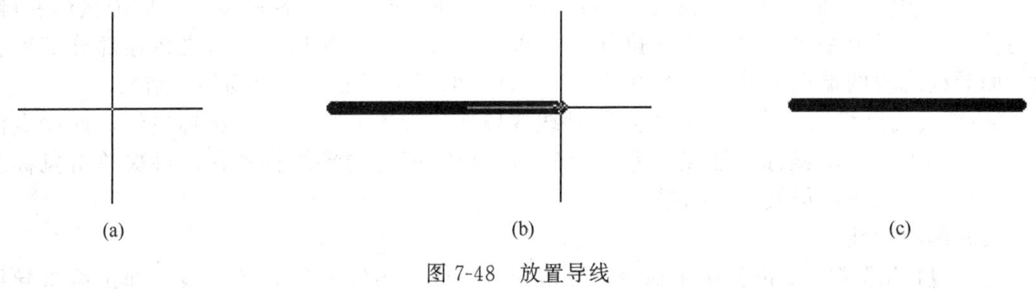

图 7-48　放置导线

（2）导线转折方式

在绘制导线过程中，导线可以转折。PCB 提供 6 种导线的转角模式，如图 7-49 所示。可以使用【Shift＋空格键】进行切换。利用空格键还能切换转折样式的布线方向。

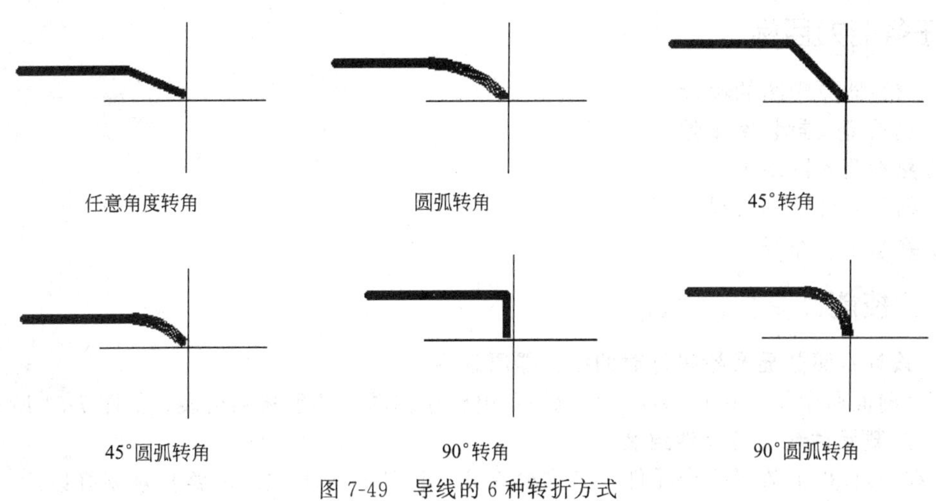

图 7-49　导线的 6 种转折方式

（3）在不同板层间放置导线

通过添加过孔，实现导线在不同板层间的放置。在放置导线过程中，在层间转换的地方，按数字键盘上的“＊”键，系统自动添加一个过孔，然后可以继续布线，如图 7-50 所示，图左边深色导线位于顶层，右边浅色导线位于底层。或者通过切换板层方法，在层间转换的地方，添加一个过孔，实现不同板层间导线的连接。

（4）移动导线

① 线段移动。移动光标到所要编辑的导线线段上，并点击，此时被选中的导线显示出

图 7-50　不同板层间放置导线示意图

两个端点和一个中间控制点。若按着鼠标左键不放，所选导线将随鼠标一起移动；到合适的位置时，松开左键，又一次点击鼠标左键，线段被放下。这里只移动了被选中的导线线段，原来与其相连的导线线段被分离开来。

② 导线平移。对选取的导线，点击鼠标左键（不能点在导线线段的控制点上），将出现十字光标，导线浮于十字光标上。移动鼠标（松开鼠标左键），该导线线段随之移动；同时与其两个端点相连的导线随着摆动。单击鼠标左键，去除十字光标，导线平移成功。

③ 导线中间控制点移动。将光标移到所点取导线线段的中间控制点时，单击鼠标左键，中间控制点浮于十字光标处。移动鼠标，中间控制点随着一起移动，与之相连部分随着移动；而导线线段两端点不动。再次单击鼠标左键，取消十字光标，得到移动结果。

④ 导线端点移动。光标移到所点取导线线段的一个端点时，单击鼠标左键，此端点浮于十字光标处。移动鼠标，端点随着一起移动，与之相连的导线将平移。再次单击鼠标左键，取消十字光标，得到移动结果。

(5) 编辑导线

选择【Edit】/【Change】菜单命令，点击导线，或双击需要编辑的导线，弹出编辑导线属性对话框，可以对导线线宽、所放置的板层、导线端点坐标、导线锁定等进行编辑。

任务 7.5　抢答器应用电路的印制电路板设计

任务能力目标

① 抢答器原理图的设计。
② 熟悉调入封装库步骤。
③ 熟悉调入网络表。
④ 熟悉元件手动布局。
⑤ 熟悉手动布线。

知识技能

7.5.1　设计八路数显及抢答计时的抢答器原理图

根据前面所学知识设计八路数显抢答器电路原理图，并创建网络表，如图 7-51 所示。

7.5.2　加载元件封库与元件封装

要在 PCB 板上放置一个元件，必须要有此元件的封装形式。电路板规划好以后，接下来的任务就是装载网络表和元件封装。在装载网络表和元件封装之前，必须装载所需的元件封装库。如果没有装载元件封装库，在装载网络表和元件封装的过程中，程序就会提示找不到元件封装，而无法进行下一步的设计。

(1) 元件库的装载

选择【Design】/【Add】/【Remove Library】菜单命令。弹出添加/删除元件封装库对话框，如图 7-52 所示，在该对话框中，可以找出元件所对应的封装库。选中这些元件库，单击【Add】按钮，即可添加这些元件库。在制作 PCB 时，除了 PCB 编辑器自带的 PCB Footprint. lib 外，比较常用的元件封装库有：Miscellaneous. ddb、Advpcb. ddb、DC to

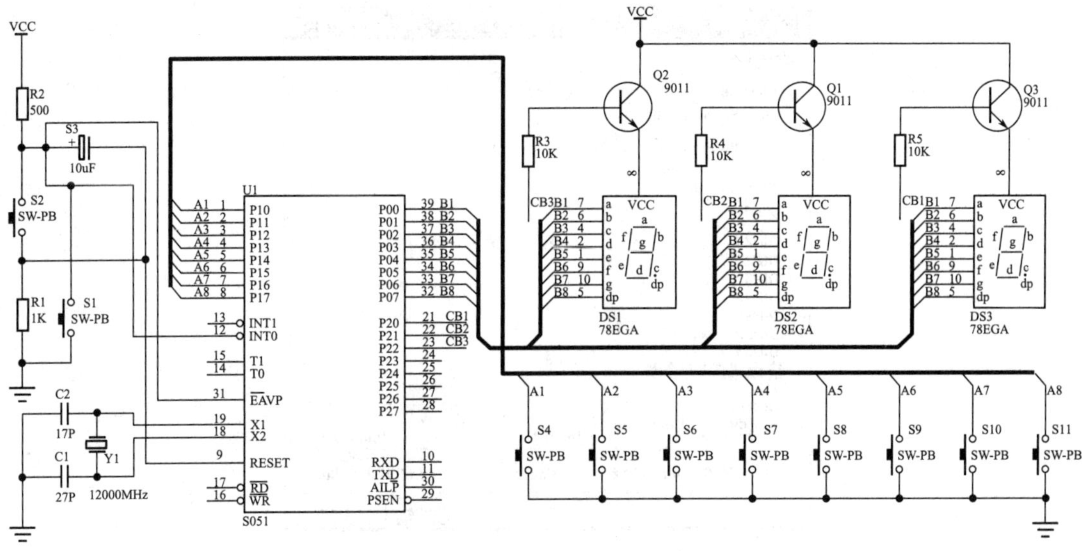

图 7-51　数显八路抢答器原理图

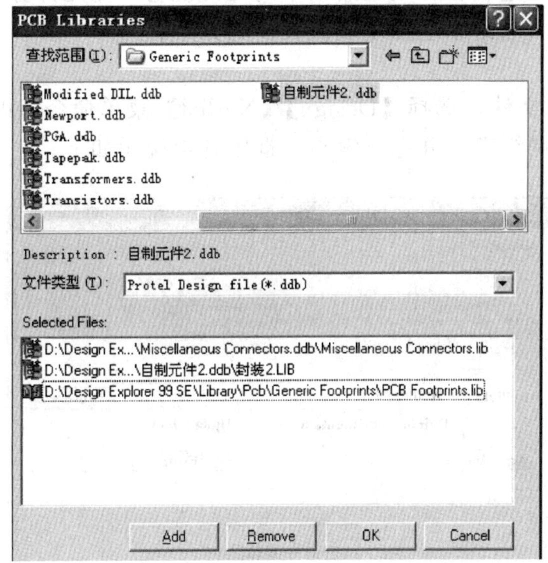

图 7-52　PCB Library 选择对话框

DC.ddb、General IC.ddb 等，设计者还可以根据设计的需要，选择其他的元件库，包括自己编辑的库文件。添加所有需要的元件封装库后，单击【OK】按钮，程序即完成了元件库的装载。

(2) 浏览元件库

当完成元件库的装载后，可以对装载的元件库进行浏览，查看是否满足设计要求。浏览元件库需要选择【Design】/【Browse Components】菜单命令，弹出浏览元件库对话框，如图 7-53 所示。在该对话框中可以查看元件的类别和形状等，可以单击【Edit】按钮对选中的元件进行编辑，也可以单击【Place】按钮将选中的元件放置到电路板上。

(3) 载入网络表

网络表是描述电路元件及其连接情况等信息的列表文件，是电路原理图设计与印制电路

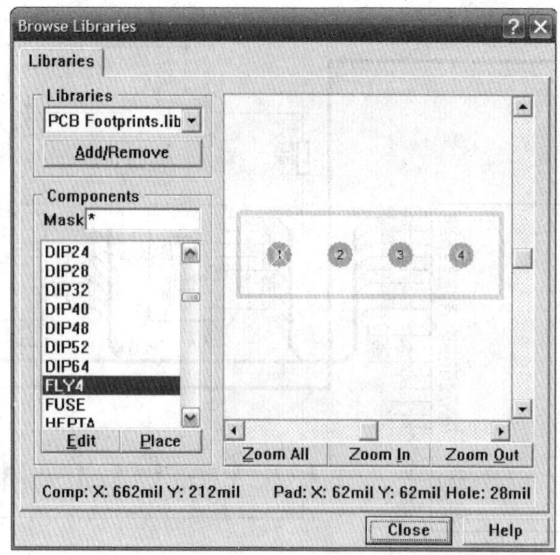

图 7-53 浏览元件库对话框

设计之间的接口。网络表记载着有关电路图中的元件说明，如元件标号、元件封装、元件注释等。网络表可以直接由电路原理图生成。其步骤如下。

（4）调入网络表

打开已创建的 PCB 文件，选择【Design】/【Netlist】菜单命令，即弹出图 7-54 所示的对话框。可在该框中调入网络表，并进行编辑。框中各项说明如下。

图 7-54 装载网络表文件对话框

① 【No Netlist File】文本框，填写需要调入的网络表名称。可以单击【Browse】按钮寻找已存在的网络表文件，如图 7-55 所示。可以单击图 7-55 中的【Add】按钮，进行网络表目标的寻找。

② 如果选中【Delete Component not in Netlist】选项，则系统将删除 PCB 图中未被网络表记录的元件（没有连线的元件）。

③ 如果选中【Update footprint】选项，则允许按照网络表来更新 PCB 图中已有的元件

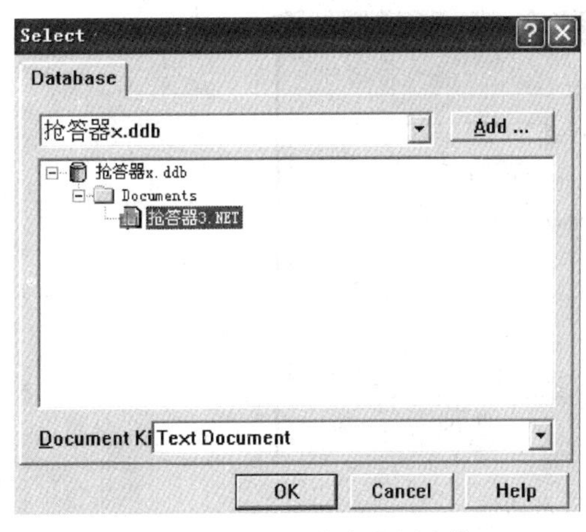

图 7-55　装载网络表选择文件

封装。

④ 宏命令编辑区，显示网络表加载后转化成的宏命令，并可进行编辑。其中，【Action】栏显示宏命令；【Error】栏显示宏命令中的错误信息；【Status】栏显示转换的结果。

⑤【Advanced】按钮，启动网络表管理器。

⑥【Execute】按钮，执行网络表，将元件封装与连线放置到电路板上。

(5) 网络表的错误与排除

在图 7-56 中，显示出网络宏有错误（Error）。网络宏错误有警告和错误两种形式。常见的错误有“Net not found”（网络丢失）、“Component not found”（元件丢失）、“Node not found”（节点丢失）、“Footprint not found in Library”（库中找不到元件封装）、“New footprint not matching old footprint”（封装不符）、“Component already exists”（元件已经存在）等。产生这些错误的原因是在网络表中未添加所需要的 PCB 封装库、未标记元件封装，或者是元件的封装新、旧不一致等。需要查找错误原因，并修改这些错误。要修改图 7-56 中序号 1 的错误，需要先选中 1，再双击鼠标左键，弹出图 7-57 网络宏对话框，图中提示元件没有封装；添加封装后，再次运行装载网络表时会发现此错误被排除。用同样的方法，对其他网络宏错误进行排除。

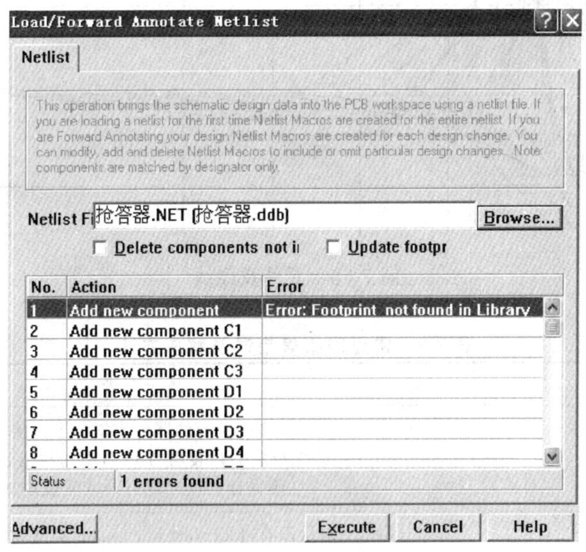

图 7-56　网络表文件载入对话框

(6) 完成网络表加载

当网络宏无错误时，单击图 7-54 中的【Execute】按钮，网络表就被载入到 PCB 中。此时在抢答器的板框中就装有了元件、导线等，完成了网络表的装载，各元件之间通过飞线进行连接，如图 7-58 所示。

(7) 网络表错误的排除

加载网络表时，经常会有错误出现，常见的错误及解决方法见表 7-2。

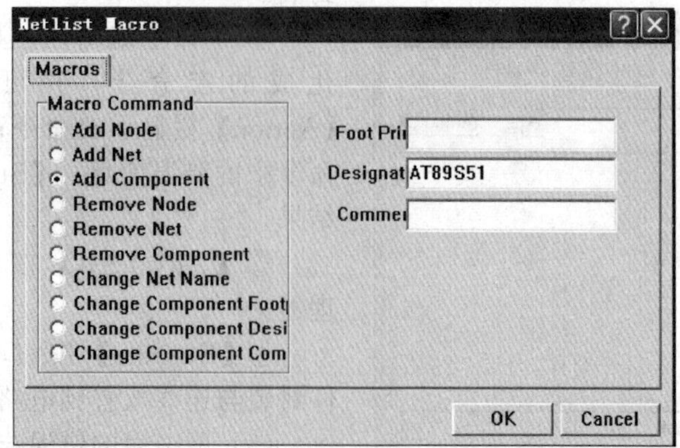

图 7-57 网络宏对话框

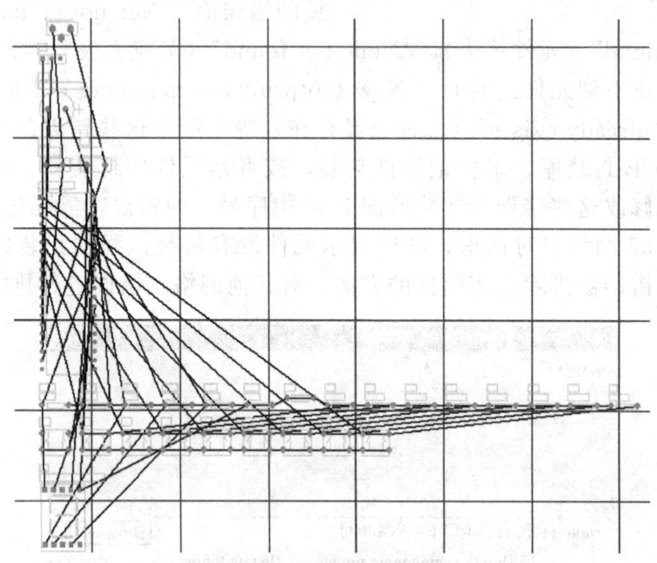

图 7-58 元件及飞线

表 7-2 常见网络表错误及解决方法

错误类型	解决方法
footprint not found	确保所有的器件都指定了封装 确保指定的封装名与 PCB 中的封装名一致 确保你的库已经打开或者被添加
node not found	确认没有“footprint not found”类型的错误# 编辑 PCBlib，将对应端子名改成没有找到的那个 node
Duplicate sheet number	degisn-options-organization，给每张子电路图编号

如果元件及错误较多时，记忆错误元件名称及错误类型较烦琐，可以应用【Schematic Report Wizard】将元件的部分信息导出，具体操作如下。

执行【Edit】/【Export to Spread】导出到电子表格菜单命令，系统将弹出向导器。单击【Next】按钮，进入选择元件向导，在该对话框根据需要选择【Part】选项，如图 7-59 所示。

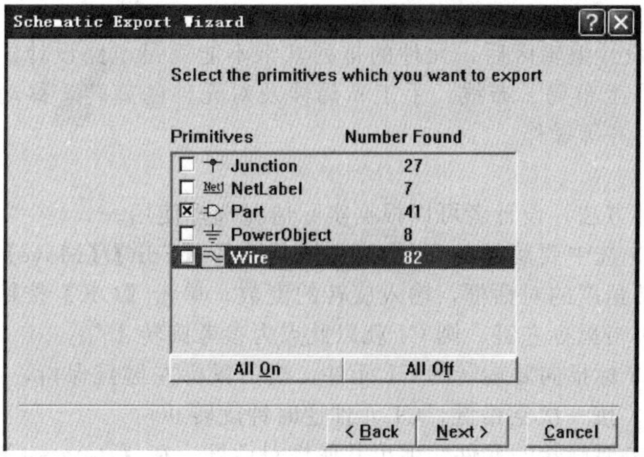

Schematic Export Wizard
Select the primitives which you want to export
Primitives
Number Found
Junction 27
NetLabel 7
Part 41
PowerObject 8
Wire 82
All On
All Off
< Back
Next >
Cancel

图 7-59　选择元件向导

单击【Next】按钮，进入检查封装向导，先单击【All Off】按钮，再根据需要选择【Description】、【Designator】和【FootPrint】三项，如图 7-60 所示。

Schematic Export Wizard
Now specify the attributes to be exported.
Choose a primitive then toggle appropriate attributes to be exported. Common attributes may be toggled by selecting multiple primitives.
Primitives
Attributes to Export:
Part 41
Color
Description
Designator
FootPrint
HiddenFields
HiddenPins
LibraryField1
All On
All Off
< Back
Next >
Cancel

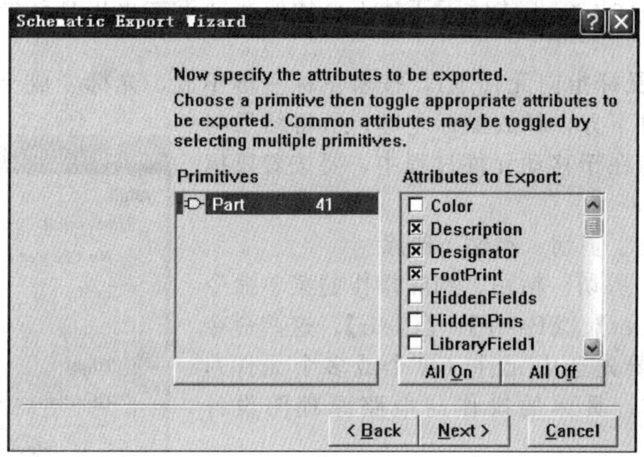

图 7-60　检查封装向导

单击【Next】按钮，进入结束向导。单击【Finish】按钮，系统将导出元件封装信息到电子表格，该电子表格为"抢答器 . xls"文件，如图 7-61 所示。

从图 7-61 的电子表格中可以发现，38 号元件 DPY 7-SEG 的封装为 *（有时出现 None Available），即为无效的封装。单击该元件的封装栏，重新输入封装信息。修改后，再次运行装载网络表时会发现此错误被排除。

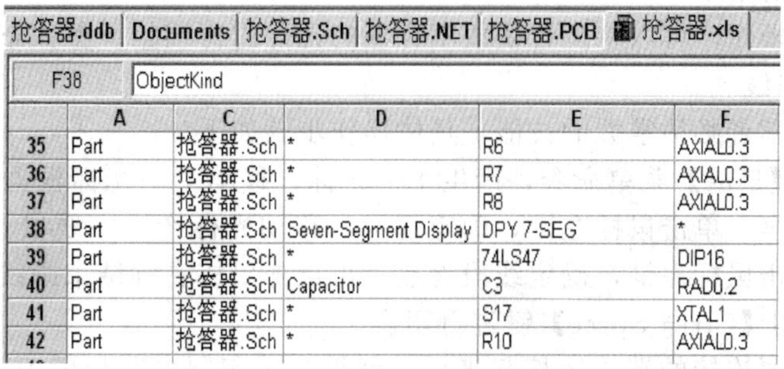

抢答器.ddb | Documents | 抢答器.Sch | 抢答器.NET | 抢答器.PCB | 抢答器.xls

F38 ObjectKind

	A	C	D	E	F
35	Part	抢答器.Sch	*	R6	AXIAL0.3
36	Part	抢答器.Sch	*	R7	AXIAL0.3
37	Part	抢答器.Sch	*	R8	AXIAL0.3
38	Part	抢答器.Sch	Seven-Segment Display	DPY 7-SEG	*
39	Part	抢答器.Sch	*	74LS47	DIP16
40	Part	抢答器.Sch	Capacitor	C3	RAD0.2
41	Part	抢答器.Sch	*	S17	XTAL1
42	Part	抢答器.Sch	*	R10	AXIAL0.3

图 7-61　元件封装信息表格"抢答器 . xls"

7.5.3 元件手工布局

元件调入 PCB 设计编辑区后，元件的排列常常不能满足电路设计的一些特殊要求，因此需要设计者进行手工布局、布线。手工布局涉及对元件的旋转、移动，元件的复制、剪切、删除、粘贴和对齐等操作。

（1）元件旋转

元件旋转有三种方法，设计者可以根据实际情况选择使用。

① 方法一 首先选中要旋转的元件 C1，接着选择【Edit】/【Move】/【Rotate Selection】菜单命令，弹出旋转角度的对话框，输入旋转的度数，单击【OK】按钮后，光标变成十字形，选择适当点，单击鼠标左键，则 C1 就以此点为参考旋转 45°。

② 方法二 将光标指向要旋转的 C1 元件，按下鼠标左健且保持，此时光标为十字形，C1 元件浮于光标上。按一次空格键，C1 元件逆时钟旋转 90°。

③ 方法三 双击要旋转的元件，弹出其属性对话框。在【Rotation】栏填入要旋转的度数值，单击【OK】按钮后，就实现了元件的旋转。

（2）元件的移动

① 方法一 选择【Edit】/【Move】/【Component】菜单命令，光标变成十字形，将光标指向要移动的 R1 元件上，元件浮于光标上，移动光标至一定位置，单击鼠标左键，移动完毕。

② 方法二 将鼠标指向元件 R1，按着鼠标左键不放，光标变成十字形，元件浮于其上，移动光标到元件下方，释放鼠标左键，所得结果与方法一相同，不同点在于移动元件过程中，要按着鼠标左键。

（3）元件的复制、剪切、粘贴、删除

执行元件复制、剪切、粘贴、删除操作的菜单命令分别是【Copy】、【Cut】、【Paste】、【Clear】。这些命令的共同之处在于均要先选中元件（单个或多个元件），然后才能执行操作。具体的操作与电路原理图设计相同。

（4）元件的对齐

元件对齐是对某组元件，按上、下、左、右、中进行对齐，及均匀布置的操作。选择【Tools】/【Interactive Placement】/【Align…】菜单命令，弹出如图 7-62 所示的元件对齐设置对话框。需要注意的是在进行操作时，均需要首先选中元件，再选择命令或单击按钮。

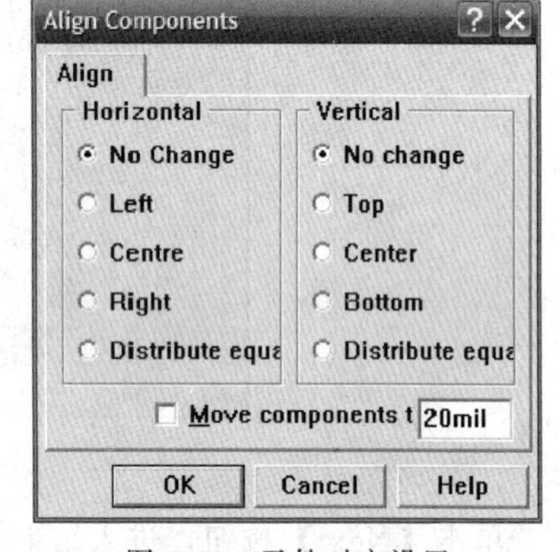

图 7-62 元件对齐设置

（5）手工布局的结果

采用上述各种操作，可以将位置摆放不合理的元件进行调整。整体布局如图 7-63 所示。

7.5.4 元件手工布线

手工布线是初学者必须掌握的技能，具体操作步骤如下。

选择【Place】/【Line】菜单命令，产生十字光标，移动十字光标根据飞线的提示，找到导线起始位置的焊盘，单击鼠标左键，确定起点；移动光标产生一线段，根据飞线的提示，到另一位置处时点击鼠标左键，确定线段终点，再点击鼠标右键结束画线。导线的转折方式选择 45°转角，可用【Ctrl+Space】键进行切换。

将所有元件需要连接的端子连接起来后，就得到了印制电路板的 PCB 图，抢答器手工布线后的结果如图 7-64 所示。

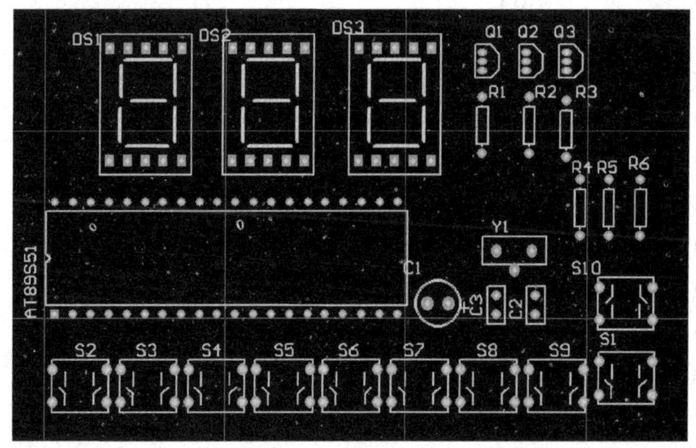

图 7-63 抢答器布局

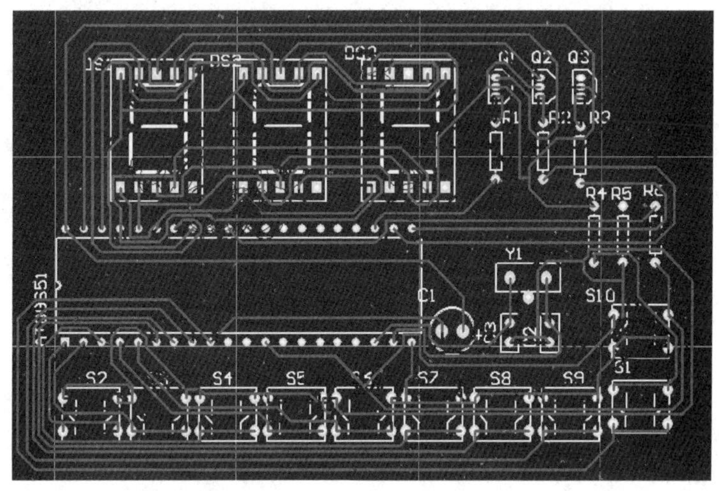

图 7-64 抢答器 PCB 图

项目程序资料

下面给出的是项目单片机控制数显抢答器的汇编参考程序。通过对电路板的设计和程序的下载，就可以完成一个具有用价值的完整设计产品。

```
;;;;;;;;;;;;;;;;;;;;;;;;;;;;;;;;;;
;带时间显示的抢答器程序外部中断0;
;为定时器启动的按钮,有人抢答时间;
;停止,显示抢答所用的时间        ;
;;;;;;;;;;;;;;;;;;;;;;;;;;;;;;;;;;
        ORG   0000H
        AJMP  MAIN
        ORG   0003H
        AJMP  INT0_1
        ORG   000BH
        JMP   T0_1
        ORG   0030H
```

```
MAIN:   MOV  SP,#60H
        MOV  TMOD,#01H
        MOV  B,#0AH
        MOV  TL0,#0B0H
        MOV  TH0,#3CH
        MOV  30H,#00H
        MOV  31H,#00H
        MOV  33H,#0C0H
        MOV  34H,#0C0H
        MOV  35H,#0C0H
        SETB  ET0
        SETB  EX0
        SETB  EA
;;;;;;;;;;;;;;;;;;;;;;;;;;;;;;;;;;;;;;;;
  LOOP: MOV  A,33H
        MOV  P0,A
        SETB  P2.1
        ACALL  DEL_20mS
        CLR  P2.1
        MOV  A,34H
        MOV  P0,A
        SETB  P2.2
        ACALL  DEL_20mS
        CLR  P2.2
        MOV  A,35H
        MOV  P0,A
        SETB  P2.0
        ACALL  DEL_20mS
        CLR  P2.0
        JNB  P1.0,L1
        JNB  P1.1,L2
        JNB  P1.2,L3
          JNB  P1.3,L4
          JNB  P1.4,L5
          JNB  P1.5,L6
          JNB  P1.6,L7
          JNB  P1.7,L8
          SJMP  LOOP
;;;;;;;;;;;;;;;;;;;;;;;;;;;;;;;;;;;;;;;;;;;;
   L1:    MOV  A,#01H
          AJMP  TAB1
   L2:    MOV  A,#02H
          AJMP  TAB1
```

```
    L3:     MOV   A,#03H
            AJMP  TAB1
    L4:     MOV   A,#04H
            AJMP  TAB1
    L5:     MOV   A,#05H
            AJMP  TAB1
    L6:     MOV   A,#06H
            AJMP  TAB1
    L7:     MOV   A,#07H
            AJMP  TAB1
    L8:     MOV   A,#08H
;;;;;;;;;;;;;;;;;;;;;;;;;;;;;;;;;;;;;;;;;;;;
    TAB1:   CLR   TR0
            MOV   DPTR,#TAB
            MOVC  A,@A+DPTR
            MOV   35H,A
    LOOP1:  MOV   A,35H
            MOV   P0,A
            SETB  P2.0
            ACALL DEL_20mS
            CLR   P2.0
            MOV   A,33H
            MOV   P0,A
            SETB  P2.1
            ACALL DEL_20mS
            CLR   P2.1
            MOV   A,34H
            MOV   P0,A
            SETB  P2.2
            ACALL DEL_20mS
            CLR   P2.2
            JNB   P3.2,DL
            SJMP  LOOP1
    DL:       AJMP  LOOP
;;;;;;;;;;;;;;;;;;;;;;;;;;;;;;;;;;;;;;;;;;;;
INT0_1:       SETB  TR0
              MOV   30H,#00H
              MOV   31H,#00H
              MOV   33H,#0C0H
              MOV   34H,#0C0H
              MOV   35H,#0C0H
              RETI
;;;;;;;;;;;;;;;;;;;;;;;;;;;;;;;;;;;;;;;;;;;;
```

```
T0_1:     MOV   TL0,#0B0H
          MOV   TH0,#3CH
          DJNZ  B,LD3
          MOV   B,#0AH
          MOV   A,#01H
          ADD   A,30H
          MOV   30H,A
          CJNE  A,#0AH,LDD1
          MOV   30H,#00H
          MOV   33H,#0C0H
          MOV   A,#01H
          ADD   A,31H
          MOV   31H,A
          CJNE  A,#0AH,  LDD2
          MOV   31H,#00H
          MOV   34H,#0C0H
          SJMP  LD3
LDD1:     ACALL  DISPLAY
          MOV   33H,A
          SJMP  LD3
LDD2:     ACALL  DISPLAY
          MOV   34H,A
LD3:      RETI
;;;;;;;;;;;;;;;;;;;;;;;;;;;;;;;;;;;;;;;;;;;;;
          DISPLAY:  MOV   DPTR,#TAB
          MOVC  A,@A+DPTR
          RET
;;;;;;;;;;;;;;;;;;;;;;;;;;;;;;;;;;;;;;;;;;;;;
DEL_20mS:  MOV   R4,#50
NEXT1:     MOV   R5,#50
NEXT2:     DJNZ  R5,NEXT2
           DJNZ  R4,NEXT1
             RET
TAB:    DB  0C0H,0F9H,0A4H,0B0H,99H
        DB  92H,82H,0F8H,80H,90H
                      END
```

项目练习

1. 如何加载 Protel 99 SE 自带的元件封装库?
2. 如何加载网络表?
3. 如何排除网络表中的错误?
4. 如何将元件对齐?
5. 请绘制图 7-65 所示的单管放大电路原理图，并用手工布线方式设计它的 PCB 图。

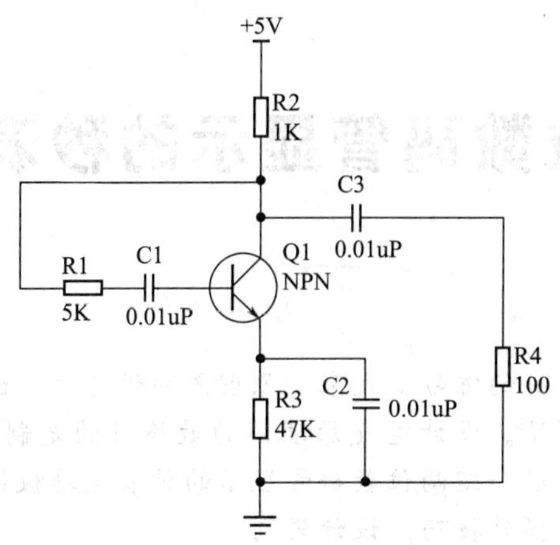

图 7-65　单管放大电路原理图

6. 完成图 7-66 所示单片机最小系统的原理图绘制，要求完成电气检测，生成元件清单，并手工设计绘制它的单面 PCB 板。

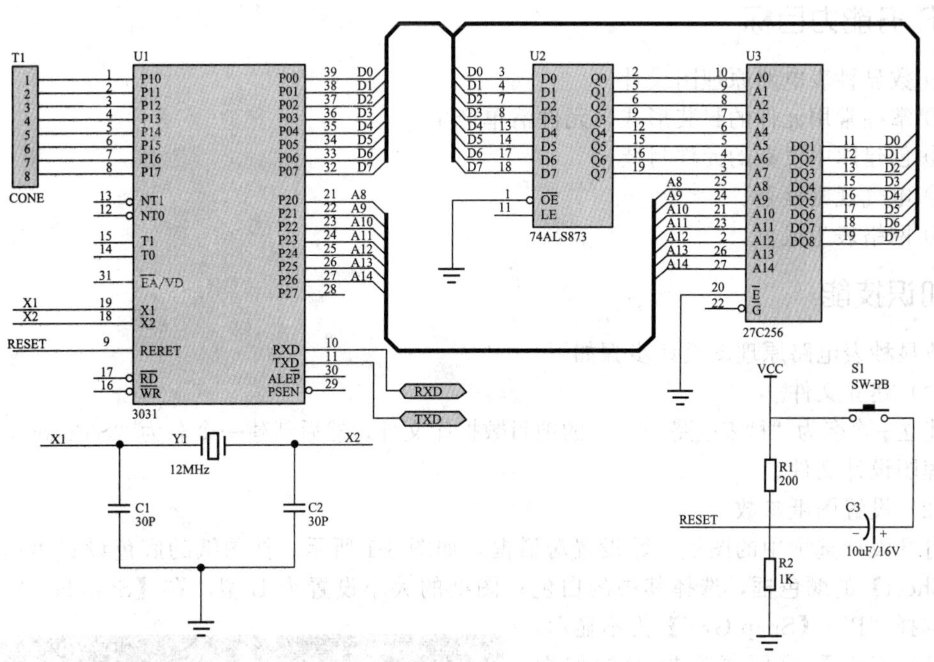

图 7-66　单片机最小系统原理图

项目8　两位数码管显示的秒表电路板设计

📖 项目综述

经过前面单面板设计项目的练习，大家对原理图的设计、单面印制电路板的设计已经具有了一定程度的体验及理解了。设计电气原理图的最终目的是制作出电路PCB板，以满足设计和实用的需要。下面通过介绍两位数码管显示的秒表电路板设计，让读者掌握双面电路板设计中的相关参数设置、操作技巧、设计规则。

任务8.1　数显秒表电路原理图设计

任务能力目标

① 数显秒表电路原理图设计。

② 掌握常用元件的封装形式，元件清单产生。

③ 创建库中没有的元件封装。

④ 电气规则检查。

⑤ 网络表生成。

知识技能

数显秒表电路原理图设计步骤如下。

(1) 建立文件

建立一个名为“秒表电路.ddb”的项目数据库文件，然后新建一个名为“Shronograph.Sch”的原理图设计文件。

(2) 设置图纸参数

打开设计选项中的图纸参数设置对话框，如图8-1所示。把图纸的底色设置为白色，单击【Sheet】的颜色框，选择其中的白色；图纸的大小设置为B型，在【Standard】的下拉框中选择“B”；【Snap Grid】为不显示，【Visiible Grid】前面复选框中的勾取掉，单击【OK】确定。在实际设计中栅格可不去掉，这里只是为了让图面清晰才去掉栅格。

(3) 设计原理图

数显秒表电路原理图设计如图8-2所示。

(4) 设置元器件的封装形式

要求原理图中按照实际元件形状的大小，双击元件，打开元件属性，编辑对话框，把所有元件的PCB封装全部设

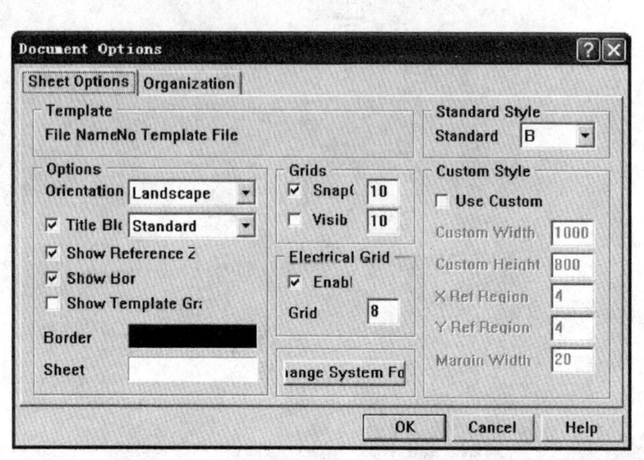

图8-1　图纸参数设置对话框

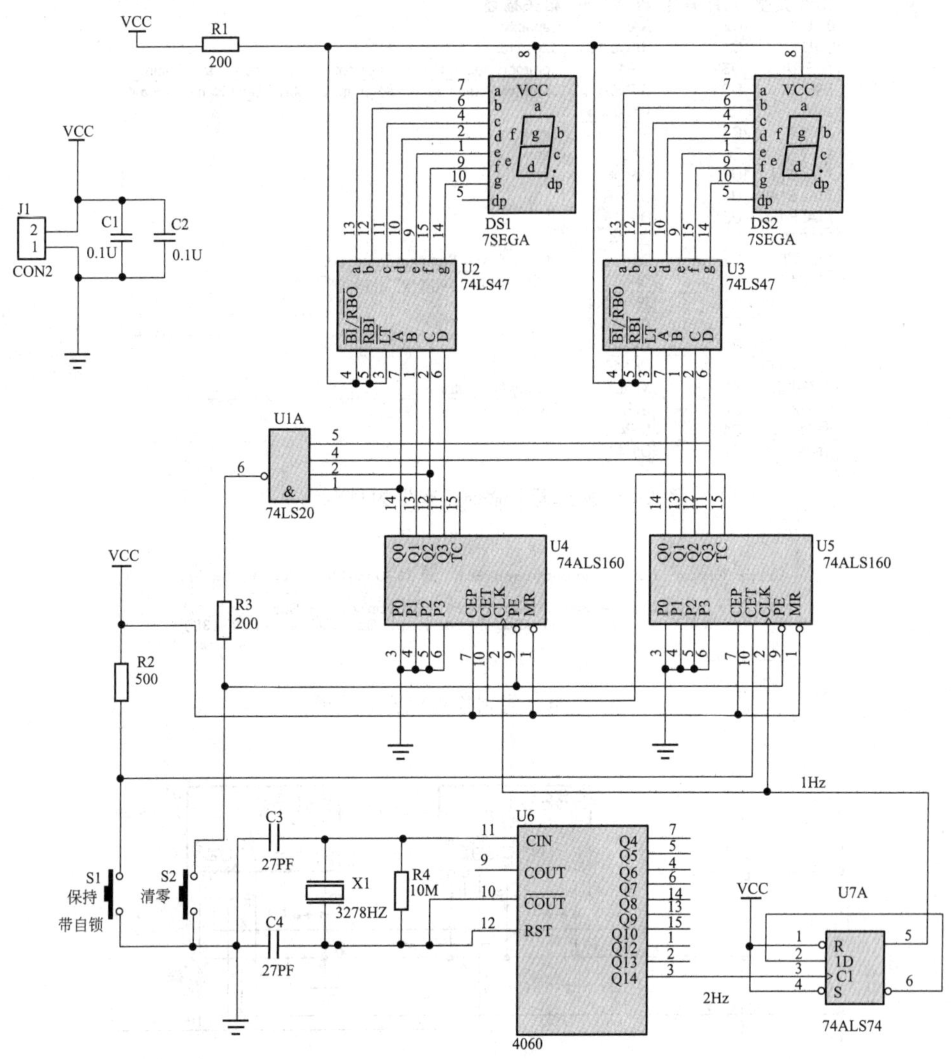

图 8-2　数显秒表电路原理图

置，不要遗漏。然后执行菜单命令【Report】/【Bill of Materal】（材料清单），查看元件类型、元件的编号、封装和相关描述，看是否有错误和遗漏的地方，系统产生的材料清单如图 8-3 所示，从表上可以清楚地看到各元件的基本信息，如发现问题及时修改，直到符合设计要求。

（5）创建库中没有的元件封装

虽然 Protel 99 SE 中提供了很多元件封装的库文件，但是发现在它的众多封装文件中，仍然没 0.5 寸数码管的封形式，这时就要自己动手创建一个 10 端子数码管封装，可以手动制作，也可以利用元件封装向导来制作。具体的操作过程参照项目 7 中的介绍。

（6）电气规则检查

执行菜单命令【Tools】/【ERC...】，系统弹出电气规则检查设置对话框，如图 8-4 所示，发现有一处错误并说明是电源 VCC 和地 GND 之间的错误，且在原理图中以圈加叉的形式标出了错误之处，如图 8-5 所示。把错误的电源和地之间的电气连接接点去掉，再进行电气规则检查，正确报告如图 8-6 所示。

原理图常见错误如下。

① ERC 报告端子没有接入信号，可能的原因有如下几个。

元件类型	元件编号	封装形式	相关描述
0.1U	C2	RAD0.1	Capacitor
0.1U	C1	RAD0.1	Capacitor
7SEGA	DS2	DIP10A	Common Anode Seven-Segment Display, Right Hand Decimal
7SEGA	DS1	DIP10A	Common Anode Seven-Segment Display, Right Hand Decimal
10M	R4	AXIAL0.4	
27PF	C3	RAD0.1	Capacitor
27PF	C4	RAD0.1	Capacitor
74ALS74	U7	DIP14	
74ALS160	U4	DIP-16	
74ALS160	U5	DIP-16	
74LS20	U1	DIP14	
74LS47	U2	DIP-16	BCD-to-Seven-Segment Decoder/Driver
74LS47	U3	DIP-16	BCD-to-Seven-Segment Decoder/Driver
200	R1	AXIAL0.4	
200	R3	AXIAL0.4	
500	R2	AXIAL0.4	
4060	U6	DIP-16	
32768HZ	X1	XTAL1	Crystal Oscillator
CON2	J1	SIP2	Connector
保持	S1	DIP4A	
清零	S2	DIP4A	

图 8-3 执行报告命令后产生的材料清单

```
Error Report For : chronograph.Sch    26-Oct-2011  23:41:03

#1 Error  Multiple Net Identifiers : chronograph.Sch
      VCC At (490,430) And chronograph.Sch GND At (660,430)

End Report
```

图 8-4 电气规则检查设置对话框

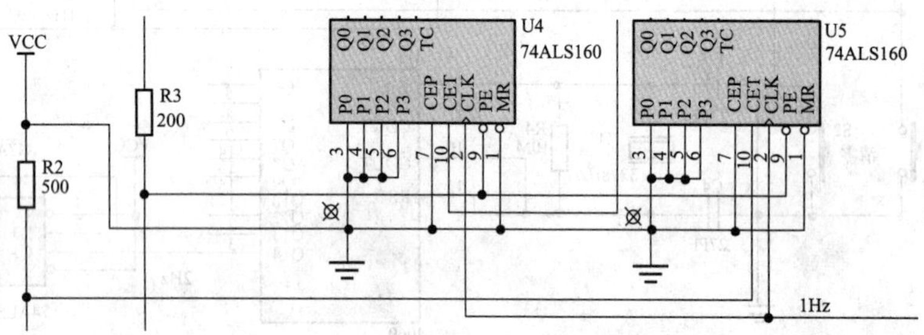

图 8-5 电气规则检查错误报告

```
Error Report For : chronograph.Sch    26-Oct-2011  23:16:36

End Report
```

图 8-6 电气规则检查正确报告

- 创建封装时给端子定义了 I/O 属性。
- 创建元件或放置元件时修改了不一致的 Grid 属性，端子与线没有连上。
- 创建元件时端子的 Pin 方向反向，必须非 Pin name 端连线。

② 元件跑到图纸界外，没有在元件库图表纸中心创建元件。

③ 创建的工程文件网络表只能部分调入 PCB，生成 Netlist 时没有选择为 Global。

④ 当使用自己创建的多组件元件时出错。

(7) 网络表的生成

当原理图设计完成之后，就要进行最重要的工作——生成网络表，以支持印制板电路布线及电路模拟仿真。执行菜单命令【Design】/【Creat Netlist...】后，系统弹出【Netlist

Creation】（网络表生成向导）对话框，按照前面讲的进行设置，最后生成网络表。对网络表进行检查，如没有问题，原理图的设计任务就完成了，下一步就是进行印制电路板的设计。

任务 8.2　印制电路板设计的前期准备

设计印制电路板一般应根据原理图的复杂程度来决定是采用单层板还是双层板，然后规划元件位置和连线方式，多数时候电路板的安装位置决定了电路板的大小和形状。原则上，印制电路板的外形可以为任意形状。当设计者完全了解所选用元器件及各种插座的规格、尺寸、面积等参数后，就要考虑各部件的位置安排，元件位置的安排主要从电磁场兼容性、抗干扰、走线要短、交叉线路少、电源的地线的路径及去耦等方面考虑。各部件位置确定以后，就要考虑各部件的连线。印制线路图的设计有计算机辅助设计与手工设计，对于简单的电路可进行手工连线，但对于较复杂的电路很难进行纯手工设计。

任务能力目标

① 创建 PCB 设计文件。
② 电路板设计层面和环境设置。
③ PCB 编辑器管理窗口介绍。
④ PCB 编辑区画面的管理操作。
⑤ PCB 编辑区画面的移动操作。

知识技能

8.2.1　创建 PCB 设计文件

在开始进行 PCB 电路板设计之前，必须先创建一个 PCB 设计文件。

选择菜单命令【File】/【New...】，打开【New Docment】（新建设计文件）对话框，在该对话框中选择【PCB Docment】文件模式，按【OK】按钮后在“秒表电路.ddb”项目库文件管理界面中会产生一个新的“PCB1. PCB”的文件，如图 8-7 所示把它的文件名改为“Shronograph. PCB”，如图 8-8 所示。

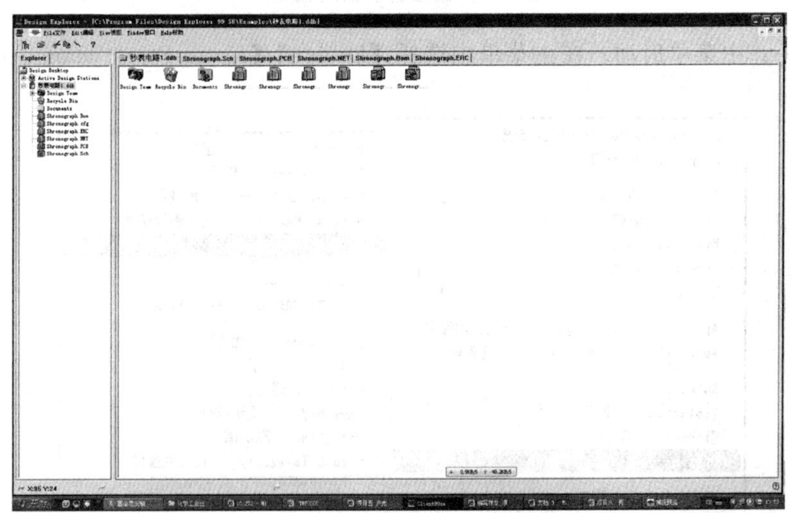

图 8-7　库文件管理界面

8.2.2 电路板设计层和环境设置

在前面项目7中已经介绍了电路板的结构，有单面板、双面板和多层板，所有的这些板都是由层面构成的，这些层面包含在Protel 99 SE提供的三种类型中。

图8-8 在秒表电路库中新建PCB文件

① 电气层 包括32个信号层和16个平面层。

② 机械层 有16个机械层，用来定义PCB的轮廓、放置厚度，包括制造说明或其他需要的机械说明。这些层在打印和底片文件的产生时都可选择。

③ 特殊层 包括顶层和底层丝印层、阻焊层和助焊层、钻孔层、禁止布线层（用于定义电气边界）、多层（用于多层焊盘和导孔）、连接层、DRC错误层、栅格层和孔层。

(1) 设置电路板层

PCB的工作层面在板层管理器（Layer Stack Manager）中设置。有三种方法启动板层管理器，得到如图8-9所示的板层管理器对话框。

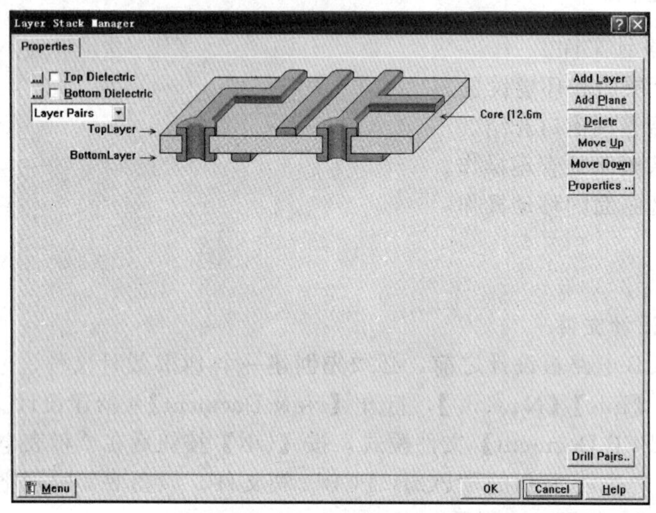

图8-9 板层管理器对话框

① 方法一：主菜单启动。在主菜单中选择【Design】/【Layer Stack Manager】菜单项。

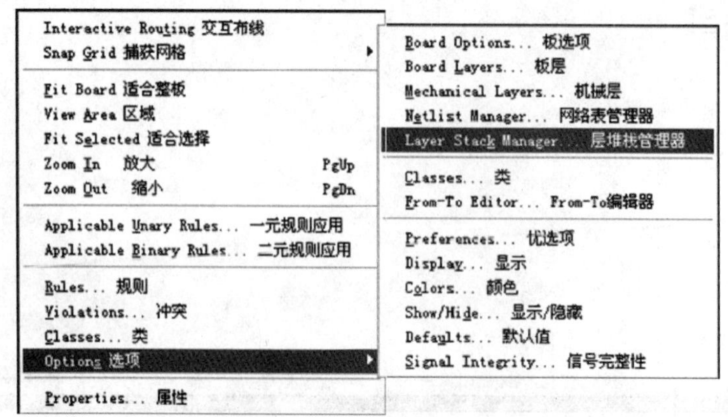

图8-10 右键启动板层管理器

② 方法二：右键法启动。在 PCB 编辑区单击右键，选择【Options】/【Layer Stack Manager】菜单项，如图 8-10 所示。

③ 方法三：快捷键启动。按快捷键【D】/【K】即可启动。

图 8-9 中给出两个工作层，即顶层和底层工作层，作为一个简单的设计，使用单面板或双面板就可以了。对于复杂的设计，使用图中右侧的指令按钮来添加或减少工作层面或电源层和调整层的参数。新的层面的增加或减少在当前所选层面的下面。层的参数，如铜厚和非电参数等在信号完整性分析中使用。单击【OK】关闭对话框。

Example Layer Stacks ▸	Single Layer
	Two Layer (Non-Plated)
Add Signal Layer	Two Layer (Plated)
Add Internal Plane	Four Layer (2 x Signal, 2 x Plane)
Delete...	Six Layer (4 x Signal, 2 x Plane)
Move Up	Eight Layer (5 x Signal, 3 x Plane)
Move Down	10 Layer (6 x Signal, 4 x Plane)
Copy to Clipboard	12 Layer (8 x Signal, 4 x Plane)
	14 Layer (9 x Signal, 5 x Plane)
Properties...	16 Layer (11 x Signal, 5 x Plane)

图 8-11　电路板设计层设置对话框

单击图 8-9 左下角的【Menu】按钮，弹出如图 8-11 所示的下拉菜单，该菜单为设计层选择对话框，在该对话框中选择所要的电路层数，在项目中选择双层板，然后关闭对话框。【Menu】下拉菜单的各选项在其右上角都有对应的快捷按钮。

Protel 99 SE 现扩展到 32 个信号层，16 个内电层，16 个机械层，在层堆栈管理器用户可定义板层结构，可以看到层堆栈的立体效果，如图 8-12 所示。在开始一个新文件时，可以观看例子中的演示效果。层名称可以定义或重命名。可以通过右上角的功能按钮【Add Layer】和【Delete】修改介质参数，可以改变层的放置顺序。可以设置不同形式的钻孔层对，如盲孔、埋孔。

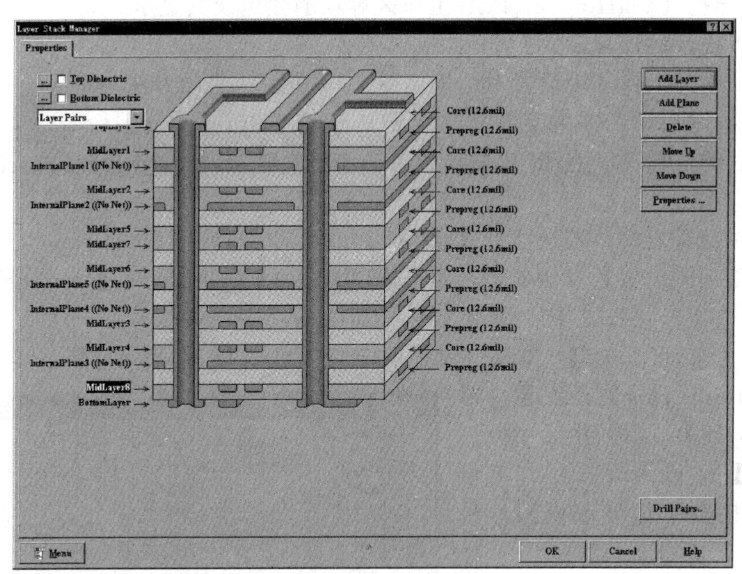

图 8-12　层堆栈管理器所有信号层和机械层

（2）板层显示颜色的设置

在 PCB 设计的界面中，PCB 工作区的底部有一系列的层标签页。这些层标签页通过图 8-13 所示的板层显示颜色设置对话框。

启动该对话框的方法如下。

① 方法一：主菜单启动。在主菜单中选择【Tools】/【Preferencs】命令，在打开的对话框中选择【Colors】选项卡。

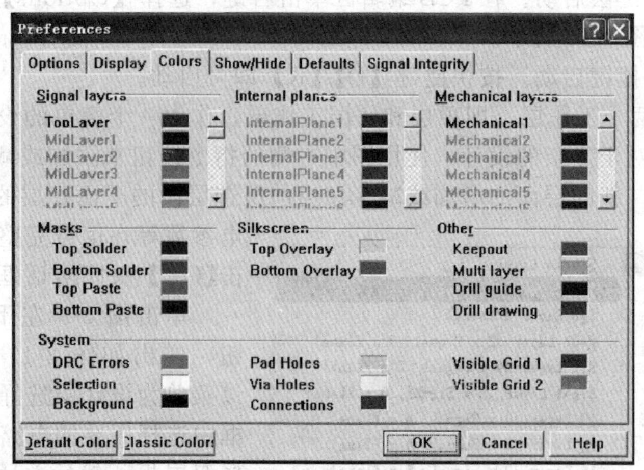

图 8-13　板层显示颜色设置对话框

② 方法二：右键法启动。在 PCB 编辑区单击右键，选择【Options】/【Colors】菜单项。

③ 方法三：快捷键启动。按快捷键【O】/【Colors】选项启动。

在板层显示颜色设置对话框中，有六个区域分别设置在 PCB 编辑区要显示的层及其颜色。在每个区域中有一个【Show】复选框，用鼠标选中（即勾选）的层，在 PCB 编辑区中将显示该层标签页；单击【Color】下的颜色，弹出颜色对话框，在该对话框中对电路板层的颜色进行编辑；在【System Colors】区域中设置包括可见栅格（Visible Grid）、焊盘孔（Pad Holes）、导孔（ViaHoles）、PCB 工作区等项的颜色及其显示。

（3）电路板设计的环境设置

电路板设计中的工作环境设置对话框如图 8-14 所示。启动方法如下。

方法一：主菜单启动。在主菜单中选择【Design】/【Options...】命令。

方法二：右键法启动。在 PCB 编辑区单击右键，选择【Options】/【Board Options...】命令。

方法三：快捷键启动。按快捷键【O】/【B】即可启动。

打开【电路板图设置】对话框，有两个选项卡——【Layers】和【Options】。

【Layers】选项卡　如图 8-14 所示。

① 信号层【Signal layers】　本软件设计的电路板可以有 32 个信号层，其中【TopLayer】是顶层，【BottomLayer】是底层。习惯上【TopLayer】又称为元件层，【BottomLayer】又称为焊接层。信号层用于设置连接数字信号或模拟信号之间的铜膜线。

② 内层平面【Internal planes】　内层平面主要用于电源和地线。本软件可以有 16 个电源和地线层，电源和地线层的铜膜线直接连接到元件的电源和地线端子。内层平面可以分割成子平面，用于某个网络布线。

③ 机械层【Mechanical layers】　共有 16 个机械层，机械层用于放置各种

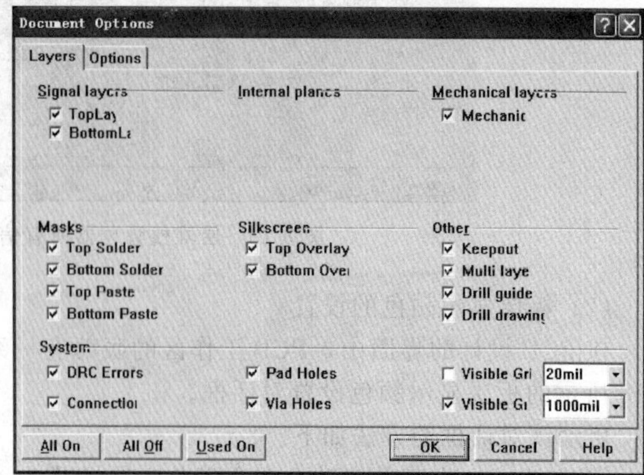

图 8-14　电路板设置对话框

指示和说明性文字，例如电路板尺寸。机械层可以和其他层一起打印。

④ 掩膜【Masks】【Top（Bottom）Solder】阻焊层：阻焊层有两层，用于阻焊膜的丝网漏印，阻焊层（膜）用于防止焊锡造成各种电气对象之间的短路。【Top（Bottom）Paste】锡膏层：锡膏层有两层，用于把表面贴装元件（SMD）粘贴到电路板上，利用钢模（Paste Mask）将半融化的锡倒到电路板上再把 SMD 元件贴上去，完成元件的焊接。

⑤ 丝网层【Silkscreen】 丝网（丝网印刷）层有两层，用于印制标识元件的名称、参数和形状。丝网层也叫丝印层。

⑥ 其他设置【Other】 禁止布线层【Keepout】，该层设置布线范围和电路板尺寸。穿透层【Multi layer】，该层放置所有穿透式焊盘和过孔。钻孔层【Drill Layers】，该层用于标识钻孔的位置和尺寸类型，包含钻孔指示图【Drill guide】（指示钻孔中心）和钻孔图【Drill drawing】。

⑦ 系统设置【System】 显示网络拉线用【Connection】。利用设计规则检查错误用【DRC Errors】，并把错误位置高亮度显示。【Visible Gridl】设置是否显示第一组可视栅格，本组栅格是当显示比例大到一定程度才显示的栅格。【Visible Grid2】设置是否显示第二组栅格，本组栅格是当显示比例小到一定程度才显示的栅格。【Pad Holes】设置是否显示焊盘钻孔。【Via Holes】设置是否显示过孔的钻孔。

【All On】按钮打开所有板层，【All Off】按钮关闭所有板层，【Used On】按钮打开正在使用的板层。

【Options】选项卡　该选项卡如图 8-15 所示，各选项操作说明如下。

① 【Snap X】为设置捕捉栅格 X 方向尺寸；【Snap Y】为设置捕捉栅格 Y 方向的尺寸。

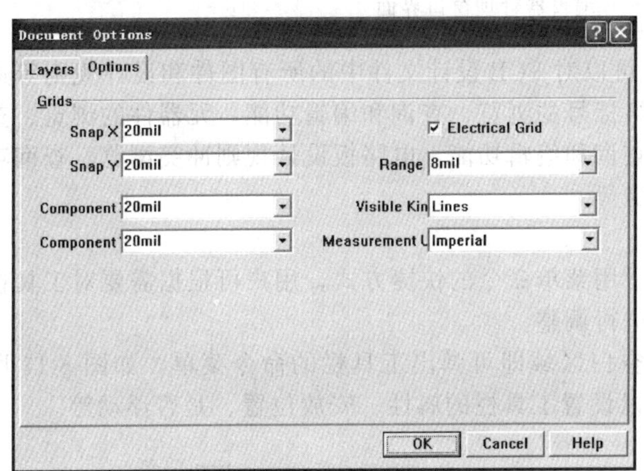

图 8-15　Options 选项卡设置对话框

② 【Component X】为设置元件放置时使用的 X 方向栅格尺寸；【Component Y】为设置元件放置时使用的 Y 方向栅格尺寸。

③ 【Electrical Grid】复选框　是系统在给出的范围内自动搜索电气节点。该区域有允许电气栅格（Electrical Grid）捕获和捕获的范围两项设置。

④ 【Range】设置吸引距离。

⑤ 【Visible Kind】用于选择可视栅格的种类，PCB 编辑器提供了两种网格显示形状，一种是线状（Lines），另一种是点状（Dots）。

⑥ 【Measurement Unit】用于切换测量单位。其中“Metric”是公制，单位为 mm（1mm =40mil）；“Imperial”是英制，单位为 mil（10 mil=0.254mm）。电路设计时最好使用英制单位。因为集成电路和常用元件的标准封装都是以英制为单位的。

8.2.3　PCB 编辑器管理窗口介绍

PCB 界面包括三部分：菜单栏、主工具栏和工作面板，如图 8-16 所示。

与原理图设计的界面一样，PCB 设计界面也是在软件主界面的基础上添加了一系列菜单项和工具栏，这些菜单项及工具栏主要用于 PCB 设计中的电路板设置、布局、布线及工

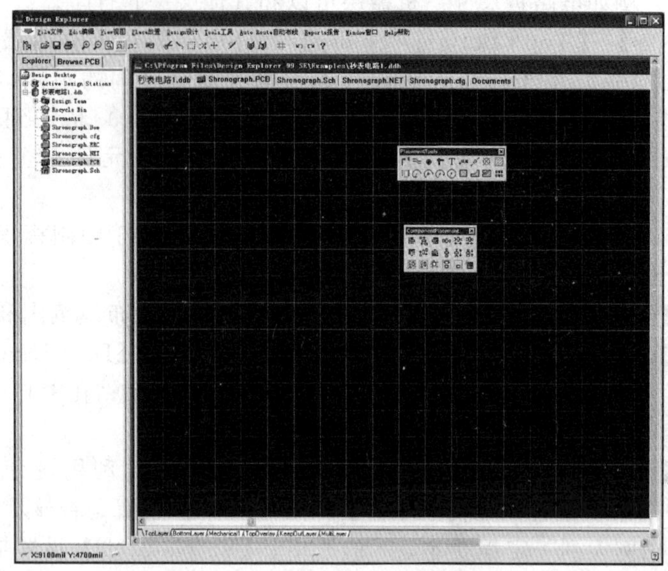

图 8-16　PCB 编辑器管理窗口界面

程操作等。通过 PCB 编辑器管理窗口，可以对 PCB 设计文件中的所有图件和设计规则等进行快速浏览、查看和编辑，其中包括网络标号的浏览、查询和编辑功能，元器件的浏览、查询和编辑功能，元器件封装库的浏览、查询和编辑功能，电路板设计规则冲突浏览、查询功能以及电路板设计规则的浏览和查询功能等。

(1) 工具栏

工具栏中以图标按钮的形式列出了常用菜单命令的快捷方式，用户可根据需要对工具栏中包含的命令项进行选择，对摆放位置进行调整。

用鼠标右键单击菜单栏或工具栏的空白区域即可弹出工具栏的命令菜单，如图 8-17 所示。其中【Toolbar Properties】命令可以设置工具栏的属性、安放位置、是否浮动等。

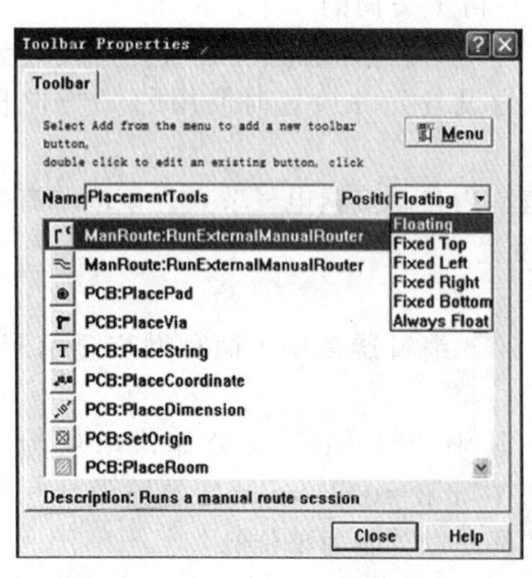

图 8-17　工具栏属性设置对话框

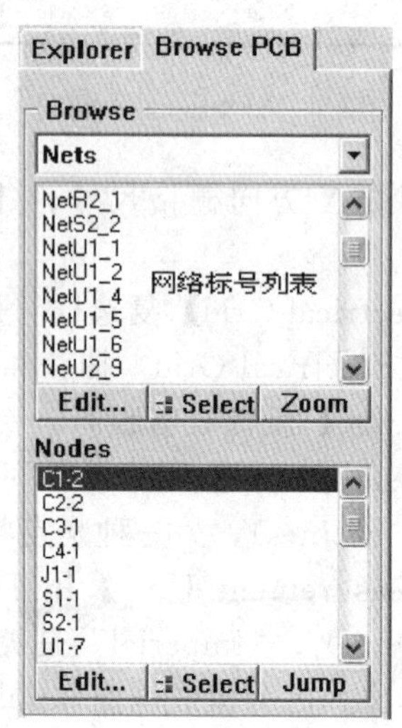

图 8-18　浏览网络标号管理窗口

(2) 浏览网络标号

操作步骤如下。

① 在 PCB 编辑器中单击【Browes PCB】按钮，切换到 PCB 编辑器管理窗口。

② 单击【Browse】栏下文本框后面的下拉菜单，在弹出的列表中选择【Nets】网络标号选项，将 PCB 编辑器管理窗口切换到浏览网络标号的模式，如图 8-18 所示。

选择网络标号后，PCB 编辑器管理窗口将会切换到浏览网络标号的模式，此时在网络标号列表栏中将显示出当前 PCB 设计文件中所有的网络标号。

用鼠标左键单击网络标号列表栏中的任意一个网络标号，激活网络标号列表栏，然后拉动列表栏右侧的滚动条上下滑动键，即可浏览列表栏中的网络标号。

(3) 查找网络标号

以"NetU1-4"为例，介绍如何在网络标号列表栏中查找网络标号，操作过程如下。

① 用鼠标左健单击网络标号列表栏中的任意一个网络标号，激活网络标号列表栏。

② 输入需要查找的网络标号的首字母，这里按字母【N】键，则系统将会自动跳转到首字母为"N"的第一个网络标号处，结果如图 8-19 所示。

③ 浏览网络标号，选中网络标号"NetU1-4"。

在如图 8-19 所示的列表中单击【Edit...】按钮，可以对当前选中的网络标号进行编辑，如图 8-20 所示。单击【Select】按钮，可以选中当前列表栏中选中的网络标号。单击【Zoom】按钮，可以跳转到列表栏中选中的网络标号处，并在整个工作窗口中将其放大显示，如图 8-21 所示。

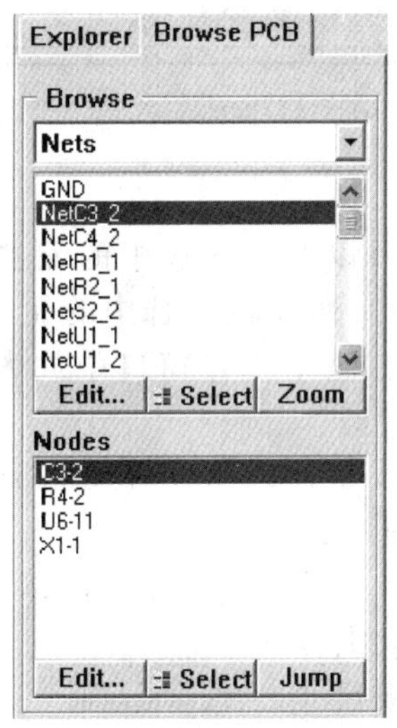

图 8-19　查找首字母为"N"的网络标号

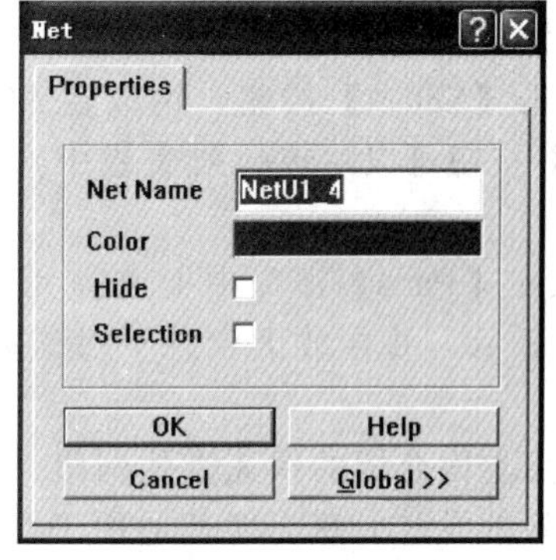

图 8-20　网络标号编辑属性框

(4) 查找元件

单击【Browse】栏下文本框后面的下拉按钮，在弹出的菜单中选择【Components】选项，将 PCB 编辑器管理窗口切换到浏览元器件的模式，此时 PCB 编辑器管理窗口中将显示出当前 PCB 设计文件下的所有元器件，如图 8-22 所示。

在如图 8-22 所示的 PCB 编辑器管理窗口中可以浏览元器件，具体的操作方法请参考前面介绍的浏览网络标号的操作。

下面介绍如何在 PCB 电路板中快速查找和定位元器件。本例将以查找元器件" U1-4"为例介绍。查找元器件的操作步骤如下。

① 用鼠标左键单击元器件列表栏中的任意一个元器件，激活元器件列表栏。

② 输入需要查找的元器件的首字母，本例中按【U】键即可，则系统将会自动跳转到

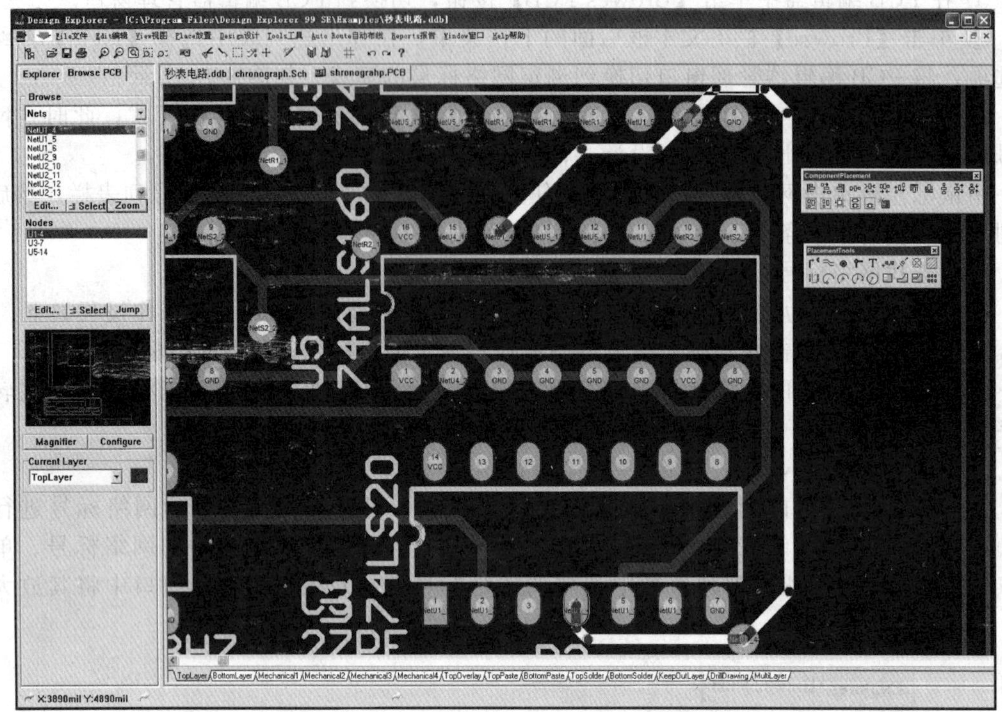

图 8-21　按【Zoom】按钮后跳转并放大的“NetU1-4”网络元件

首字母为“U”的元器件处，结果如图 8-22 所示。

在如图 8-22 所示的列表中单击【Edit...】按钮，可以对当前选中的元器件进行编辑。单击【Select】按钮，可以在 PCB 电路板上选中当前列表栏中选中的元器件。单击【Jump】按钮可以跳转到列表栏中选中的元器件处，并在整个工作窗口中放大显示该元器件。

③ 在【Pads】窗口中上选择元件，并按【Jump】按钮，PCB 设计图跳到该元件处并放大显示，并在放大状态下对该元件进行编辑，如图 8-23 所示。

利用上面介绍的快速查找网络、元器件的方法可以大大提高电路板的设计效率，尤其适用于元器件比较多、电路板尺寸比较大的电路板设计。

8.2.4　PCB 编辑区画面的管理操作

在进行电路板设计过程中，设计人员需要经常查看整张电路板或电路板的某一个局部区域，因此要经常改变画面视区，如放大、缩小或移动绘图区，以满足工作需要。下面就使用比较频繁的一些画面操作功能做介绍。

(1) 画面的放大

① 方法一：主菜单启动，在主菜单中选择【View】/【Zoom-in】命令。

② 方法二：工具栏【Main Toolbar】/【Zoom】 。

③ 方法三：快捷键启动【Page Up】或【Z】/【I】即可启动，主要以光标所在位置放大。

图 8-22　浏览元器件模式下的编辑窗口

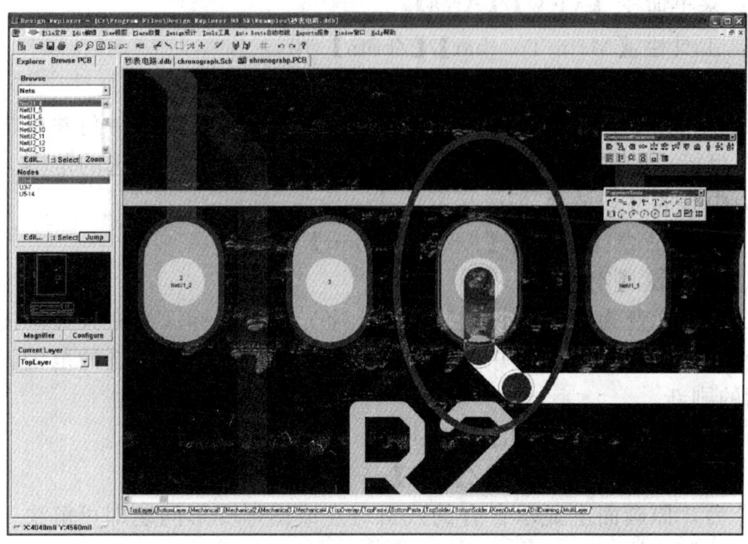

图 8-23　跳转并放大显示的元件图

(2) 画面的缩小

① 方法一：主菜单启动，在主菜单中选择【View】/【Zoom-out】命令。

② 方法二：工具栏【Main Toolbar】/【Zoom】。

③ 方法三：快捷键启动【Page Down】或【Z】/【O】即可启动。

(3) 恢复前次画面显示

菜单命令：【View】/【Zoom Lost】。

(4) Pan 功能

① 方法一：菜单命令【View】/【Pan】。

② 方法二：快捷键启动【V】/【Z】。

该命令是以当前光标位置为中心显示画面。

(5) 画面的比例缩放

快捷键启动【Z】+【S】，执行该命令后出现如图 8-24 所示的对话框，输入相应的倍率后点击【OK】按钮，画面就以执行该命令时光标的位置为中心，以输入的倍率显示画面。输入倍率的范围是 0.001～4.000。

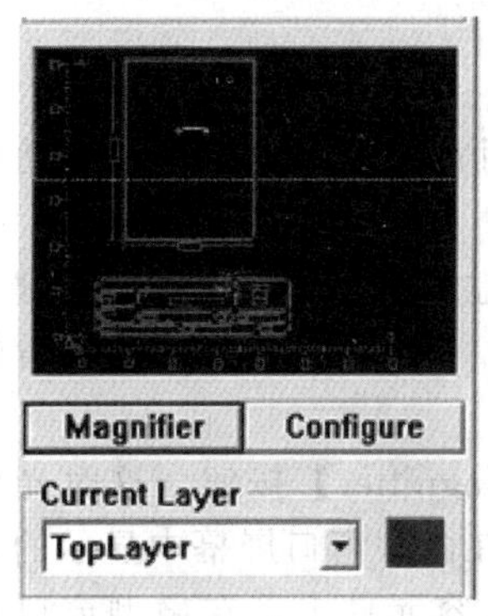

图 8-24　PCB 编辑区的微型窗口

(6) 显示整个图形

① 方法一：菜单命令【View】/【Fit Document】。

② 方法二：工具条【Main Toolbar】/【Zoom】。

③ 方法三：快捷键【Ctrl+Page Down】或【Z】/【A】。

使用该命令可以以尽可能大的比例显示印制板中的所有对象。

(7) 显示整个电路板

① 方法一：菜单命令【View】/【Fit Board】。

② 方法二：快捷键【Z】/【B】。

使用该命令可以以尽可能大的比例显示电路板中的所有器件和线路。

(8) 画面的区域放大

① 方法一：菜单命令【View】/【Area】。

② 方法二：工具栏【Main Toolbar】/【Zoom】。

③ 方法三：快捷键【Z】/【W】。

执行该命令后光标变为十字形，然后移动十字光标至目标区的一角并单击鼠标左键，再移动十字光标至目标区的另一对角并单击鼠标左键，即可放大所框选的范围。

（9）以点为中心的区域放大

① 方法一：菜单命令【View】/【Around Point】。

② 方法二：快捷键【Z】/【P】。

执行该命令后光标变为十字形，然后移动十字光标至目标区的中央并单击鼠标左键，再移动十字光标使目标区处于虚框内并单击鼠标左键，即可放大所框选的范围。

（10）画面的刷新

① 方法一：菜单命令【View】/【Refresh】。

② 方法二：快捷键【End】或【Z】/【R】。

执行该命令后，原画面上显示含有的残留斑点或图形变形问题即可解决。

（11）英制/公制切换

PCB 编辑器支持英制和公制两种计量单位，公制是以 mm 为单位，英制是以 mil 为单位显示二维坐标信息。用户可以根据需要随时进行切换（10 mil＝0.254mm）。切换方法如下。

① 方法一：菜单命令【View】/【Toggle Units】。

② 方法二：快捷键【Q】。

8.2.5 PCB 编辑区画面的移动操作

在设计过程中，需要经常查看各处的电路，为此需要移动显示画面，下面介绍几种方式。

（1）滚动条移动画面

最常用的画面移动方法即是使用上下滚动条和左右滚动条。

（2）快捷键

快捷键【Home】或【Z】/【N】。

使用快捷键操作时，原光标所指位置就会移到屏幕显示区的中心位置显示。但是，这时光标本身仍处于原位置不动。

（3）游标手移动画面

Protel 99 SE 包含极富快捷特性的游标手，它用于帮助、更改、观察 PCB 工作区域，在 PCB 工作区域按住鼠标右键不放，当光标变成手形图形时就可以通过拖动鼠标来任意移动 PCB 的视区，游标手使得调整 PCB 的视区容易而快捷。

（4）微型窗口

在 PCB 的浏览器的下方有一个像小监视器的微型窗口，使用它可以十分方便地移动区内的画面，如图 8-24 所示。

微型窗口虚线框为当前工作区所显示的范围，将光标移动到虚线框上，按下鼠标左键并保持，移动鼠标可以拖动虚线框，也就相应地移动视区内的画面，待画面移动到想要查看的地方，松开鼠标左键即可。

另外，微型窗口还有放大镜的功能。单击微型窗口下的【Magnifier】按钮，这时光标变成放大镜状，将放大镜光标放在图形编辑区要查看的元件上，在微型窗口屏幕中显示的是光标所在区域放大的局部图形，如把放大镜放在编辑区的 27P 电容元件上，在微型窗口显示的放大图如图 8-25 所示。

如果要调整放大的比例，也可单击微型窗口下的【Configure】按钮，弹出如图 8-26 所

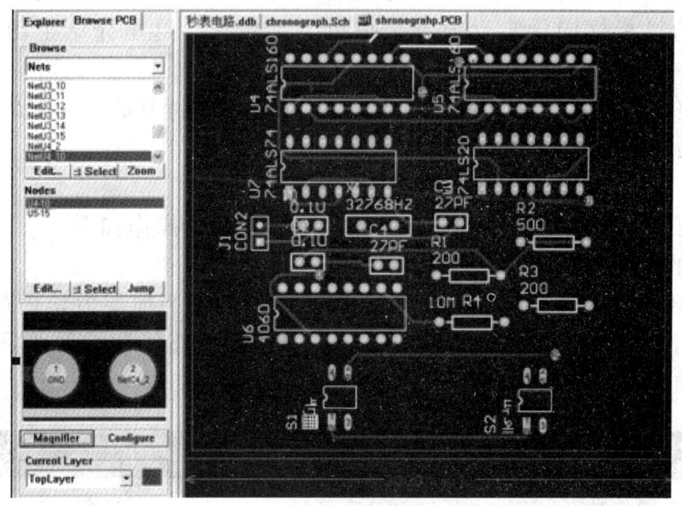

图 8-25　利用放大镜进行元件放大查看

示的对话框，进行放大比例的调整。在使用放大镜功能时，如果要调整放大比例，还可按空格键进行三种放大比例切换。

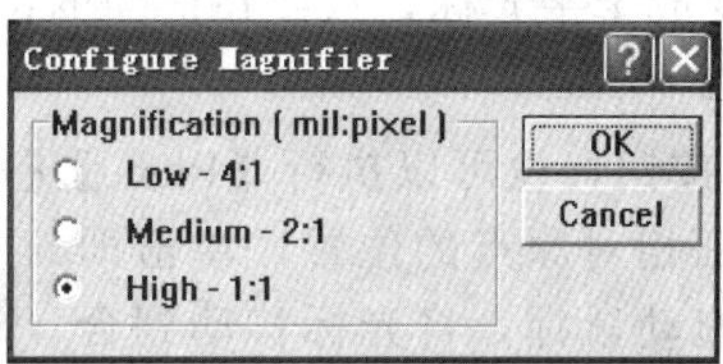

图 8-26　放大比例调整对话框

任务 8.3　电路板规划和网络表载入

进行 PCB 设计的第一步就是规划电路板。规划电路板主要包括定义机械边界、禁止布线边界、尺寸和其他制造商所需要的信（如板角标、参考定位孔、外部尺寸等）。

定义禁止布线边界是指定义布局和布线的边界限制。也就是说，由网络表导入的元件在自动布局和布线时，元件和导线都要放在先前定义的禁止布线边界以内，这是一种用法。另一种用法是定义一个区域，不让元件和导线进入这个“禁区”。可以通过设定设计规则来确定使用规则之一。

任务能力目标

① 手动定义设计板框。

② 网络表及元件的载入。

知识技能

8.3.1　手动定义板框

进入 PCB 编辑器的第一件事就是定义板框，而板框要多大，一般是根据元件的多少、PCB 封装的大小来定义。初步定义板框，主要是为即将进行的布局和布线规划划一个区域，对自动布线引擎有所交代，等布线完成后，再重新定义一个比较合适的板框就可以了。定义板框可通过板框向导自动设计，也可手动定义。这里介绍手动设计规划电路板和电气定义。

手动规划电路板就是在禁止布线层（KeepOutLayer）上用走线绘制出一个封闭的多边形，一般情况下绘制成一个矩形，但也可根据需要设计成不规则的多边形，多边形的内部即为布局的区域。

绘制的板框可以由连线和圆弧构成，画线和画弧的命令操作如下。

① 打开新建的“Shronograph. PCB”PCB文档。

② 点击编辑区下方的【KeepOutLayer】层标签，切换当前层为禁止布线层，如图8-27所示。该层一般用于设置PCB的板边。电气边界用于限定布线和元件放置的范围，它是通过在禁止布线层绘制边界来实现的。

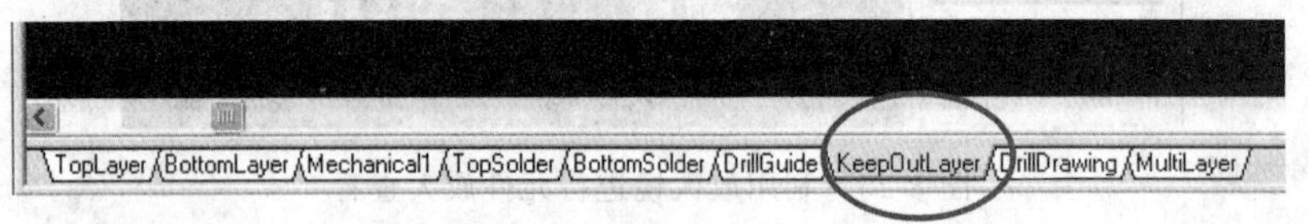

图 8-27 切换当前层为禁止布线层

③ 为了观察和操作方便，可在适当的位置用【Edith】/【Originb】/【Set】设置一个相对原点。该命令执行后，光标会变成十字光标，只要在适当的位置点击左键，该位置就成了新的原点。此时状态栏的坐标为 $X=0$mil，$Y=0$mil。

④ 单击放置工作栏上的≈按钮，也可以执行【Place】/【Line】命令画线。执行命令后，光标会变成十字。将光标移动到相对原点的位置，单击即可确定第一条边的起点。然后拖动鼠标，将光标移动到合适位置，再单击即可确定第一条边的终点。

在该命令状态下按【Tab】键，可进入【Line Constraints】属性对话框，如图8-28所示，此时可以设置板边的线宽和层面。

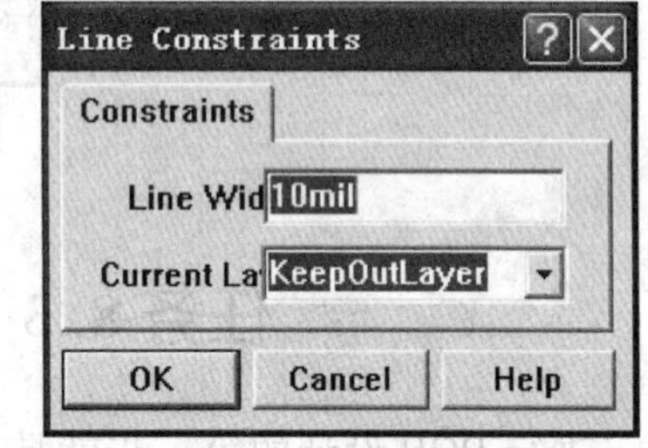

图 8-28 画线属性设置对话框

如果已经绘制了封闭PCB的限制区域，双击限制区域的板边，系统将会弹出如图8-29所示【Track】属性对话框，在该对话框中可以精确地进行定位，并且可以设置工作层和线宽。边框画完后还用工具栏的放置尺寸标注放置边框长度标注。

⑤ 点击【Machanical1】层标签，切换当前层为机械层，以同样的方法画出机械边界。

⑥ 放置安装孔。边框设计好后应在四角放置安装孔，单击放置工具栏上的●按钮，执行放置焊盘命令，光标会变成十字指针，并且有一个焊盘粘在光标上，按下【Tab】键打开焊盘属性对话框，对焊盘的孔径和外径做修改，单击【OK】后确认参数修改，然后放置焊盘到四角，如图8-30所示。

8.3.2 导入网络表和元件

首先，由原理图生成正确的网络表，规划好PCB边界后，接下来就要装入网络表和元件了。网络表和元件是同时装入的。在装入网络表和元件之前，必须先将所用到的PCB元件装入PCB编辑器。如果没有装入PCB元件库或者装入的PCB元件库中没有所需要的PCB元件，系统会在网络表和元件的装入过程中提醒用户装入过程失败。正确装入PCB元件库后，就可以开始装入网络表和元件了。

载入网络表和元件的步骤如下。

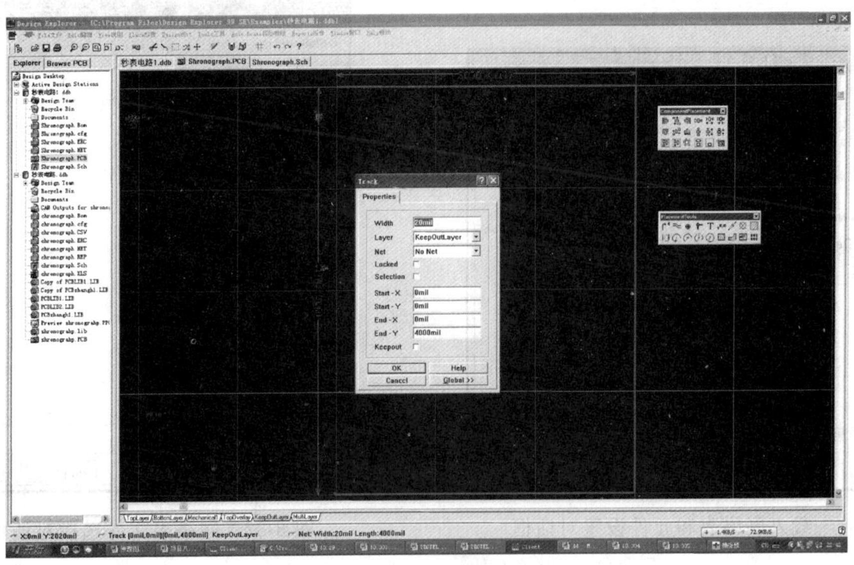

图 8-29　边框属性设置对话框

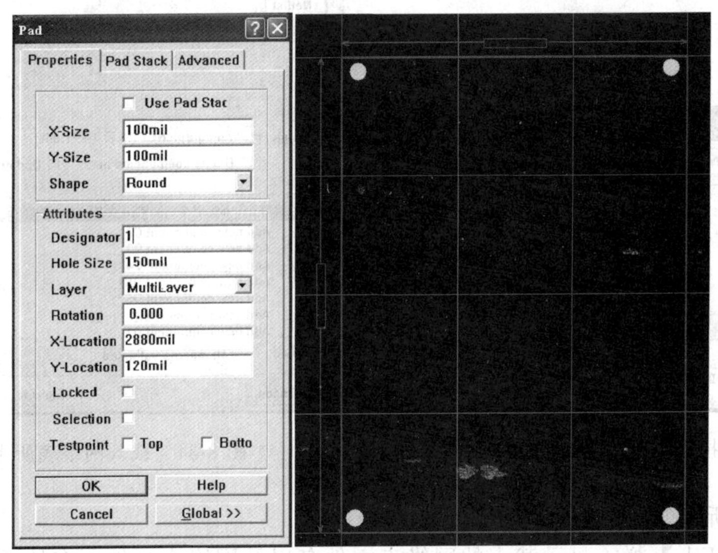

图 8-30　焊盘及焊盘属性修改对话框

① 执行菜单【Design】/【Load Nets】命令，打开载入网络表和元件设置对话框，如图 8-31 所示。

② 在【Netlist File】中输入所要载入的网络表文件名及其路径，或按【Browse】按钮，弹出【网络表文件选择】对话框，如图 8-32 所示。本项目选择“Shronograph. NET”网络文件。

③ 如果要找的网络表文件不在当前装入的设计数据库中，可以按图 8-32 左上角的【Add】按钮打开如图 8-33 所示的对话框，通过该对话框装入网络表文件所在的设计数据库，并选择要找的网络表文件。

④ 单击图 8-32 上的【OK】按钮，即可开始装入网络表和元件。同时系统载入网络表生成网络宏（Netlist Macros），载入的结果如图 8-34 所示。

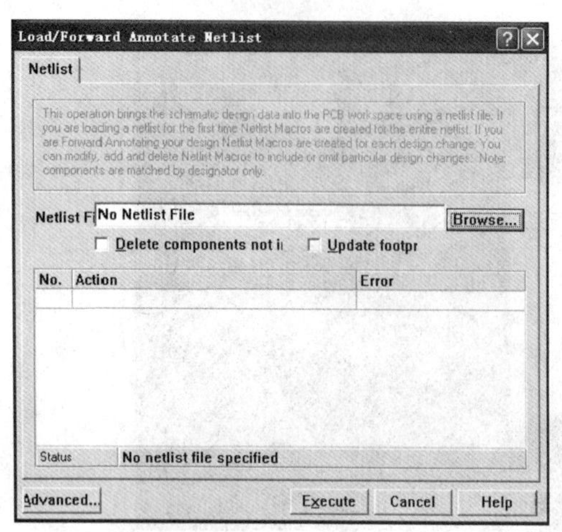

图 8-31 载入网络表和元件设置对话框

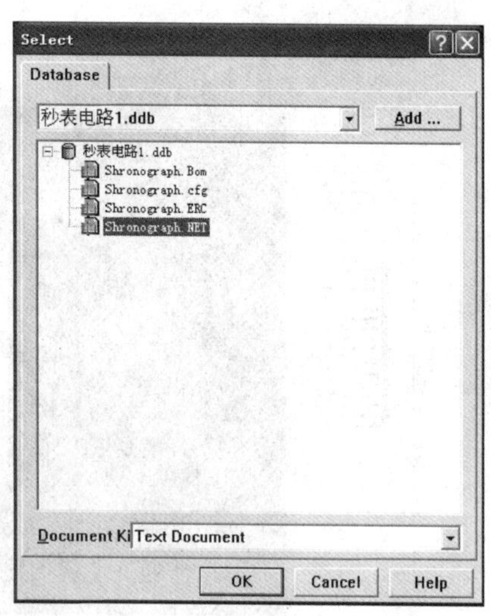

图 8-32 网络表文件选择对话框

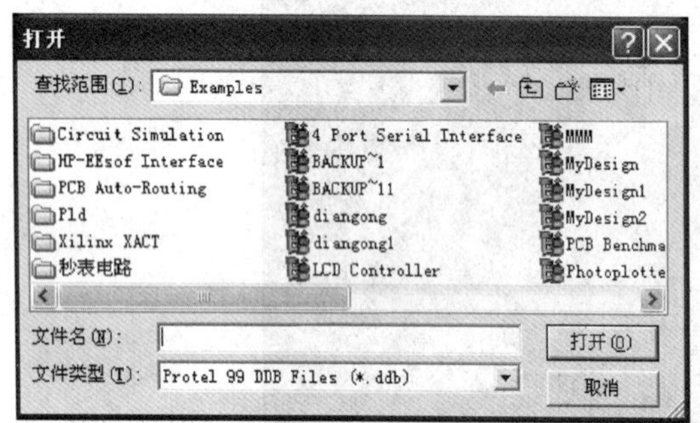

图 8-33 选择网络表所在的数据库文件

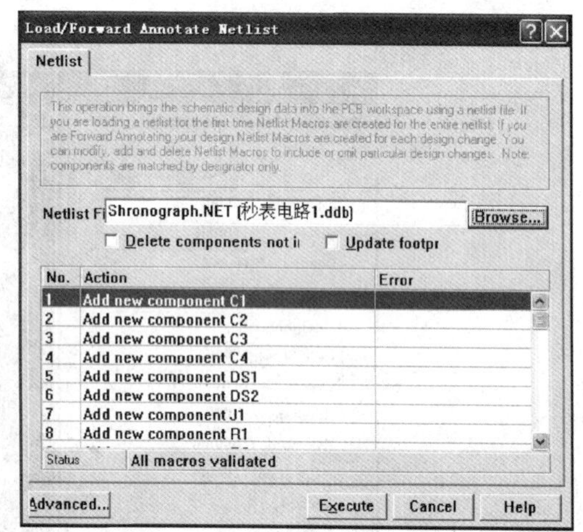

图 8-34 载入网络表所生成的宏

对图 8-34 所示的对话框说明如下。

- 【Netlist File】栏：显示载入的网络表文件名以及网络表文件所在的设计数据库名。
- 【Delete components not in netlist】：选择是否删除没有连线的元件。
- 【Update footprint】：表示如果载入的元件封装与已经存在的元件封装不同时，是否采用新的元件封装。
- 【Advanced】按钮：用于编辑电路板内部的网络表。
- 【Execute】按钮：用于执行网络宏。

网络宏列表区说明如下。

- 【No.】：生成网络宏的编号。
- 【Action】：生成网络宏的内容。
- 【Error】：生成网络宏的错误和警告。
- 【Status】：显示生成网络宏的错误数量。

⑤ 如果载入的网络表所生成的宏没有错误，按【Execute】按钮，装入网络表和元件到

规划好的 PCB 板中，执行结果如图 8-35 所示。

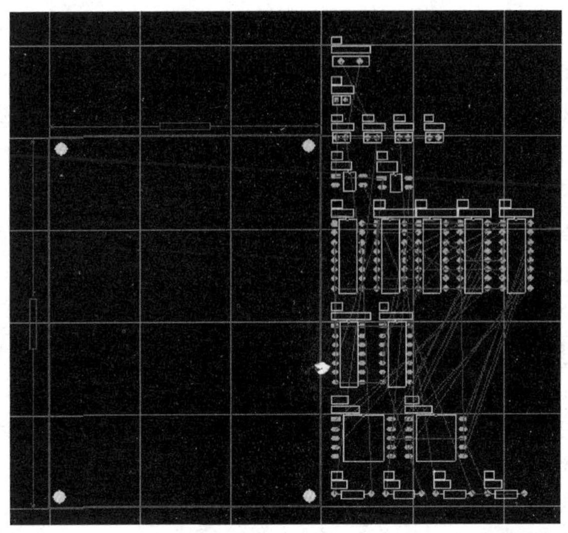

图 8-35　由网络表加载到 PCB 中的元件

⑥ 由网络表向 PCB 导入元件时的常见错误如下。

- 网络载入时报告 Node 没有找到。
- 原理图中的元件使用了 PCB 库中没有的封装。
- 原理图中的元件使用了 PCB 库中与 Pin Number 不一致的封装。如在原理图中三极管的 Pin Number 为 e、b、c，而 PCB 文件中为 1、2、3。

如果由网络表生成的宏有错误，必须认真进行修改，直到没有错误，否则由网络表向 PCB 导入元件时不能进行。

任务 8.4　元件布局与自动布线

电路板的布局和布线直接关系到整个电路的性能好坏，而布线的质量和布通率又与电路板的元件布局息息相关，仔细进行元件布局可以减少信号互连、地线划分、噪声耦合及电路板的占用面积。

一台设计性能优良的仪器，除选择高质量的元器件、合理的电路外，印刷线路板的元件布局和电气连线方向的正确结构设计是决定仪器能否可靠工作的一个关键问题，对同一种元件和参数的电路，由于元件布局设计和电气连线方向的不同会产生不同的结果，其结果可能存在很大的差异。因而，必须把如何正确设计印刷线路板元件布局的结构和正确选择布线方向及整体仪器的工艺结构三方面联合起来考虑，合理的工艺结构，既可消除因布线不当而产生的噪声干扰，同时便于生产中的安装、调试与检修等。

任务能力目标

① 元器件布局基本规则。

② 元器件的自动布局。

③ 元器件的手动布局。

④ 不同网络飞线颜色的设置。

⑤ 自动布线。

知识技能

8.4.1 元器件布局基本规则

下面针对元器件布局问题进行讨论，由于对布局的优良“结构”没有一个严格的定义和“模式”。每一种仪器的结构必须根据具体要求（电气性能、整机结构安装及面板布局等要求），采取相应的结构设计方案，并对几种可行设计方案进行比较和反复修改。模拟电路和数字电路在元件布局图的设计和布线方法上有许多相同和不同之处。PCB 设计中元件布局要保证 PCB 电路板功能和性能指标；满足工艺性、检测、维修等方面的要求；元器件排列整齐、疏密得当，兼顾美观性。

PCB 设计中元器件布局应遵守如下一般规则。

① PCB 电路板排列方位尽可能与原理图一致，布线方向最好与电路图走线方向一致；PCB 四周留有 5～10mm 空隙不布器件；布局的元器件应有利于发热元器件散热；高频时，要考虑元器件之间的分布参数，一般电路应尽可能使元器件平行排列，高、低压之间要隔离，隔离距离与承受的耐压有关。

② 对于单面 PCB 印刷电路板，每个元器件端子独占用一个焊盘，且元器件不可上下交叉，相邻两元器件之间要保持一定间距，不得过小或碰接。

③ PCB 设计中元器件布局顺序：先放置占用面积较大的元器件；先集成后分立；先主后次，多块集成电路时先放置主电路。

④ 按电路模块进行布局，实现同一功能的相关电路称为一个模块，电路模块中的元件应采用就近集中原则，同时数字电路和模拟电路分开。

⑤ 遵照“先大后小，先难后易”等的布置原则，即重要的单元电路、核心元器件应当优先布局。

⑥ 布局中应参考原理框图，根据单板的主信号流向规律安排主要元器件。

⑦ 布局应该尽量满足以下要求：总的连线尽可能短，关键信号线最短；高电压、大电流信号与小电流、低电压的弱信号完全分开；模拟信号与数字信号分开；高频信号与低频信号分开；高频元器件的间隔要充分。

⑧ 相同结构电路部分，尽可能采用“对称式”标准布局。

⑨ 器件布局栅格的设置：一般 IC 器件布局时，栅格应为 50～100mil；小型表面安装器件，如表面贴装元件布局时，栅格设置应不少于 25mil。

⑩ 同类型插装元器件在 X 或 Y 方向上应朝一个方向，防止同一种类型的有极性分立元件也要力争在 X 或 Y 方向上保持一致，便于生产和检验。

⑪ 去耦电容的布局要尽量靠近 IC 的电源端子，并使之与电源和地之间形成的回路最短。

⑫ 元件布局时，应适当考虑使用同一种电源的器件尽量放在一起，以便于将来的电源分割。

⑬ 用于阻抗匹配目的阻容器件的布局，要根据其属性合理布置。串联匹配电阻的布局要靠近该信号的驱动端，距离一般不超过 500mil。匹配电阻、电容的布局一定要分清信号的源端和终端，对于多负载的终端匹配一定要在信号的最远端匹配。

⑭ 表面贴装器件（SMD）相互间距离要大于 0.7mm。

⑮ 表面贴装器件焊盘外侧同相邻插件外形边缘距离要大于 2mm。

⑯ 定位孔、标准孔等非安装孔周围 1.27mm 内不得贴装元器件，螺钉等安装孔周围 3.5mm（对于 M2.5）、4mm（对于 M3）内不得贴装元器件。

⑰ 卧装电阻、电感（插件）、电解电容等元件的下方避免布过孔，以免波峰焊后过孔与

元件壳体短路。

⑱ 元器件的外侧距板边的距离为5mm。

⑲ 金属壳体元器件和金属件（屏蔽盒等）不能与其他元器件相碰，不能紧贴印制线、焊盘，其间距应大于2mm。定位孔、紧固件安装孔、椭圆孔及板中其他方孔外侧距板边的尺寸大于3mm。

⑳ 发热元件不能紧邻导线和热敏元件；高热器件要均衡分布。

㉑ 电源插座要尽量布置在印制板的四周，电源插座与其相连的汇流条接线端应布置在同侧。特别应注意不要把电源插座及其他焊接连接器布置在连接器之间，以利于这些插座、连接器的焊接及电源线缆设计和扎线。电源插座及焊接连接器的布置间距应考虑方便电源插头的插拔。

㉒ 贴片焊盘上不能有通孔，以免焊膏流失造成元件虚焊。重要信号线不准从插座端间穿过。

㉓ 贴片单边对齐，字符方向一致，封装方向一致。

㉔ 有极性的器件在同一板上的极性标示方向尽量一致。

8.4.2 元器件自动布局

（1）元器件自动布局规则设置

① 首先在PCB编辑器中，做好准备工作：载入需要的元件库，设置工作层面、工作参数以及规划PCB等，然后载入网络表文件。载入网络表后的PCB工作界面如图8-35所示。

② 执行菜单命令【Design】/【Rules】，弹出如图8-36所示的【Design Rules】对话框。

③ 在图8-36所示对话框中选择【Placement】选项卡，如图8-37所示。在此对话框内设置自动布局的参数。

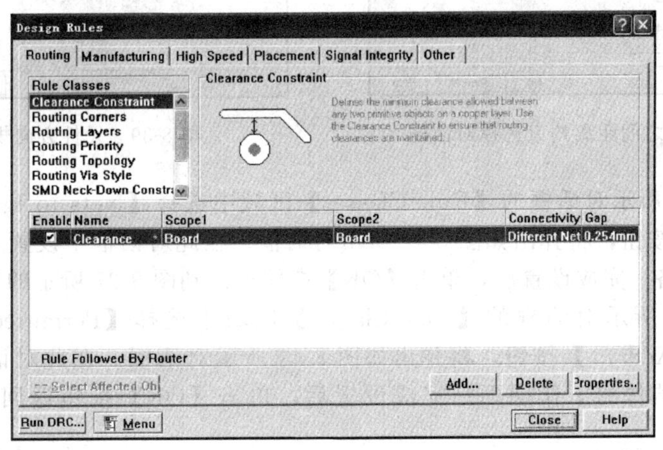

图8-36 Design Rules对话框

④ 在图8-37所示对话框的【Rule Classes】区域中选择【Component Clearance Constraint】（元件之间距离约束）选项，然后单击【Add...】按钮，将弹出如图8-38所示对话框。在此对话框中设置元件之间的最小距离、规则应用对象（整块板、层、端子、元件等）以及间距的计算方法。完成设置后，单击【OK】按钮返回到图8-37所示的界面。

⑤ 在图8-37所示对话框的【Rule Classes】区域中选择【Component Orientations Rule】（元件方向规则）选项，然后单击【Add...】按钮，将弹出如图8-39所示的对话框。在此对话框中进行元件放置方位的设置。完成设置后，单击【OK】按钮返回到图8-37所示的界面。

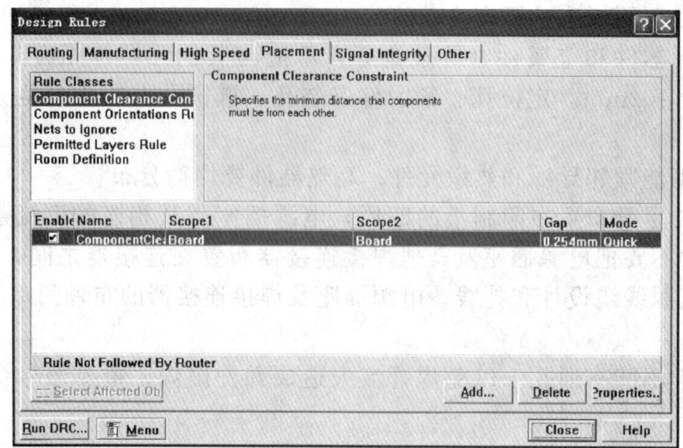

图 8-37 Placement 选项卡

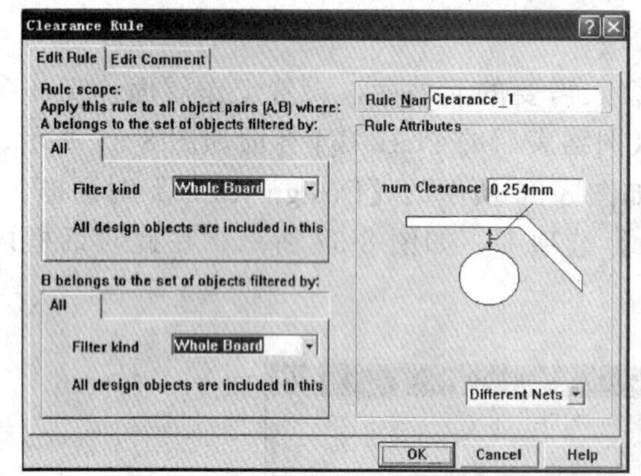

图 8-38 元件之间距离约束选择对话框

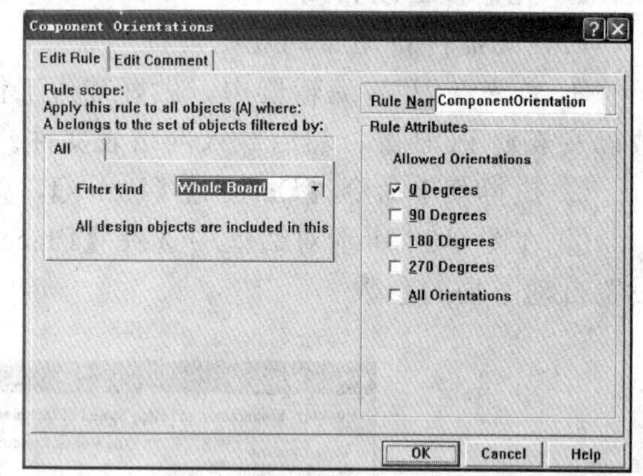

图 8-39 元件方向规则对话框

⑥ 在图 8-37 所示对话框的【Rule Classes】区域中选择【Nets to Ignore】选项，然后单击【Add...】按钮，将弹出如图 8-40 所示对话框。在此对话框中设置元件自动布局时可以忽略的电气网络。完成设置后，单击【OK】按钮返回到图 8-37 所示的界面。

⑦ 在图 8-37 所示对话框的【Rule Classes】区域中选择【Permitted Layers Rule】选项，然后单击【Add...】按钮，将弹出如图 8-41 所示对话框。在此对话框中设置自动布局时允许放置元器件的工作层面。完成设置后，单击【OK】按钮返回到图 8-37 所示的界面。

⑧ 完成上面部分的设置以后，在图 8-39 所示对话框中，单击【OK】按钮，完成自动布局参数的设置。

(2) 元件的自动布局

① 执行菜单命令【Edit】/【Origin】/【Rest】把前面设置的相对原点恢复到绝对原点，因为自动布局是以绝对原点为参考点进行布局的。

② 执行菜单命令【Tools】/【Auto Placement】/【Auto Placer】，将弹出如图 8-42 所示对话框。

该对话框提供两种自动布局工具。

- 【Cluster Placer】：将元件根据其连接分作簇，用几何学方法布放簇。这种算法适用于元件数比较少（少于 100）的情况。

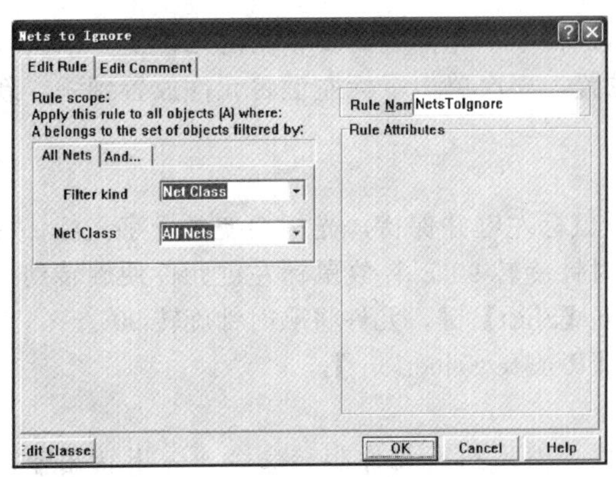

图 8-40　电气节点忽略设置对话框

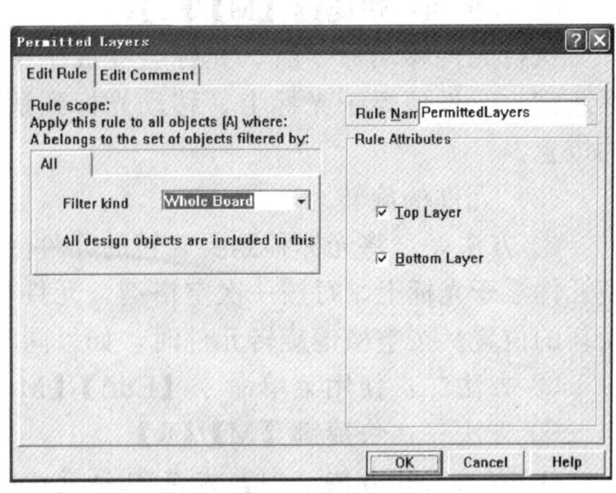

图 8-41　元件放置工作层面设置对话框

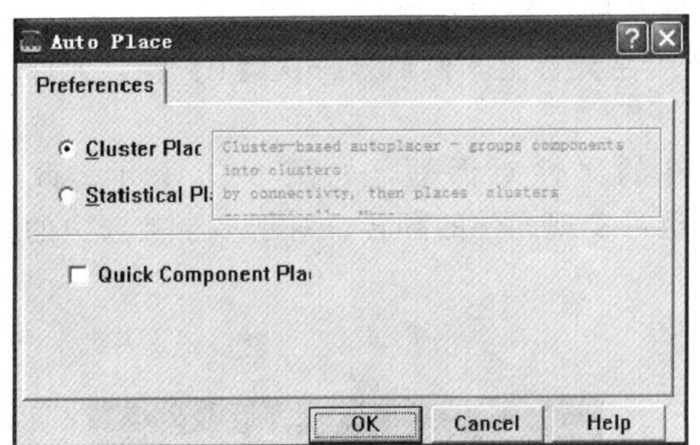

图 8-42　自动布局对话框

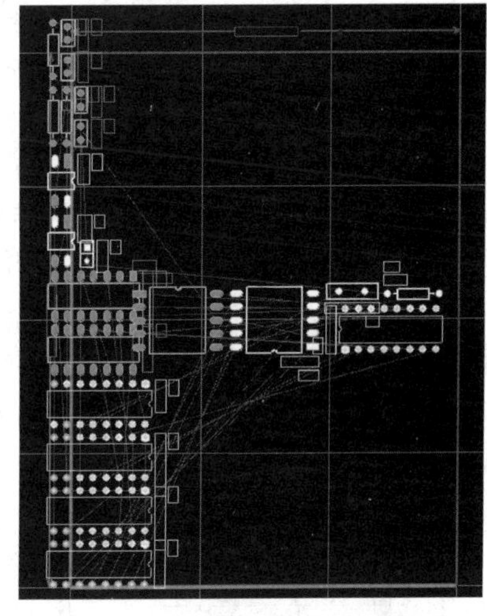

图 8-43　自动布局效果图

● 【Statistical Placer】：用静态算法布局元件，期望达到连线最短，这种方法适用于元件数比较多（大于 100）的情况。

③ 设置完成后，单击【OK】按钮，系统开始进行相关设置的运算，对元件进行自动布局，自动布局完成后的效果如图 8-43 所示。

8.4.3　元器件的手动布局

元件自动布局的效果往往不能令人满意，尤其当电路比较复杂时。因为自动布局是按照布线最短原则进行的，这样布局的元件不一定符合设计要求，因此需要手动进行布局调整。元件的手动调整就是通过手工操作在电路板中合理布置元件的过程。

先介绍在 PCB 编辑区中对元件的基本操作方法。

(1) 元件的移动

元件的移动的操作如下。

① 方法一：在要移动的元件上按下鼠标左键并保持，光标会变成十字光标，并使元件浮于光标上，移动光标到适当位置，释放鼠标左键将元件放置到一个新的位置。

② 方法二：使用菜单命令【Edit】/【Move】/【Component】。

③ 方法三：使用工具栏中的✛移动元件工具。

④ 方法四：快捷键【M】/【C】。

执行元件移动命令后，光标会变成十字光标，将十字光标放到要移动的元件上，单击鼠标左键，元件便浮于光标上，移动光标到适当位置，再次单击鼠标左键将元件放置到一个新的位置。

(2) 元件的旋转

① 方法一：将光标移到要旋转的元件上按下鼠标左键并保持，光标会变成十字光标，并使元件浮于光标上，每按一次空格键，元件将逆时针旋转 90°，释放鼠标左键元件便旋转到一个新的位置。按空格键旋转元件时，如果同时按下【Shift】键，元件将顺时针旋转 90°。

② 方法二：使用菜单命令【Edit】/【Move】/【Rotate Selection 】。

③ 方法三：快捷键【M】/【R】。

④ 方法二和方法三中首先选中要旋转的元件，然后执行元件旋转命令，弹出转角输入对话框，如图 8-44 所示。

在该对话框中输入元件旋转的角度值并按【OK】按钮后，光标会变成十字光标，将十字光标移到工作区内，选择一个适当的点单击鼠标左键，元件便以该点为参考点旋转相应的角度。

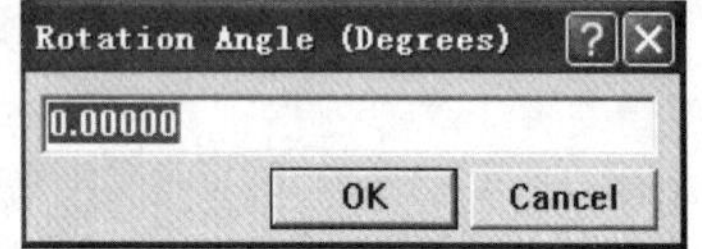

图 8-44 转角设置对话框

(3) 元件的翻转

元件的翻转就是将元件从顶层翻转到底层（或从底层翻转到顶层）的操作。

① 方法一：选中要翻转的元件，并使其浮于十字光标上，然后按一次【L】键，元件即被翻转一次。

② 方法二：双击要翻转的元件，弹出元件的属性对话框，如图 8-45 所示。改变【Layer】栏的属性（Top Layer/Bottom Layer），也可实现元件的翻转。对于多个被选中的元件，可以进行群体翻转。

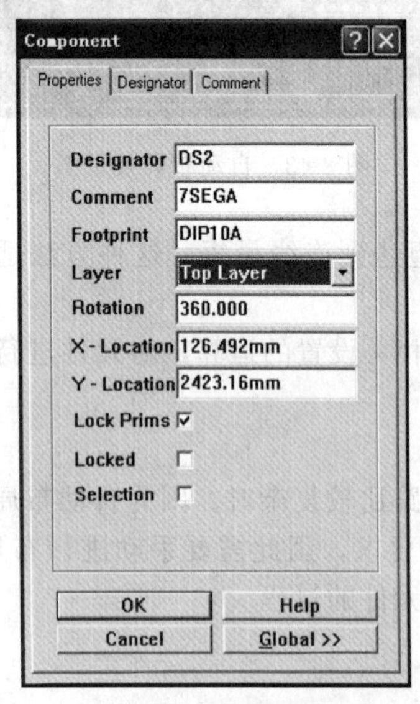

图 8-45 元件翻转属性设置

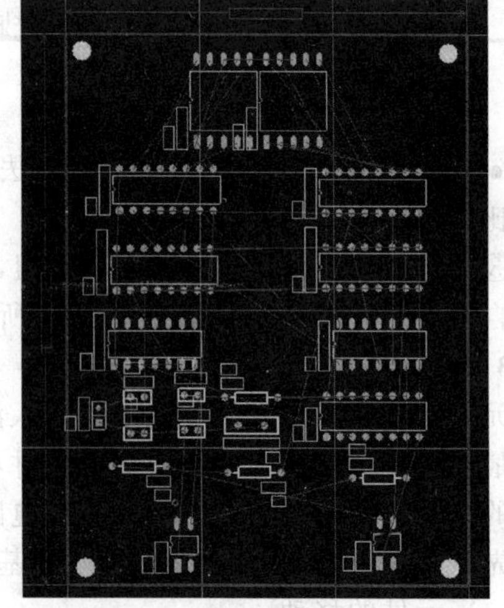

图 8-46 手工调整元件布局效果

(4) 元件的对齐

元件对齐用于对一组元件进行上对齐、下对齐、左对齐、右对齐、中对齐及元件均匀布置等操作。要进行元件对齐操作，首先必须选中一组元件，然后执行元件对齐命令。命令的执行过程和在原理图的对齐操作一样，这里就不再赘述。

（5）元件的复制

元件的复制是将选中的元件复制到剪切板中。首先需选取所要复制的元件（可以是单个或多个元件），然后执行复制命令。

① 方法一：菜单命令【Edit】/【Copy】。

② 方法二：快捷键【E】/【C】。

执行复制命令后，产生十字光标，将十字光标在工作区单击一下，即可将选取的元件复制到剪贴板中。

（6）元件的剪切

剪切与复制命令相似，也是将元件放置到剪切板中，但执行剪切后，选取的元件将从视图中消失。首先选取所要剪切的元件（可以是单个或多个元件），然后执行剪切命令。

① 方法一：菜单命令【Edit】/【Cut】。

② 方法二：快捷键【E】/【T】。

③ 方法三：工具栏的剪切工具按钮。

执行剪切命令后，产生十字光标，将十字光标在工作区单击一下，即可将选取的元件剪切到剪切板中并从视图中消失。

（7）元件的粘贴

元件的粘贴是从剪切板中把元件贴到电路板图中。

① 方法一：菜单命令【Edit】/【Paste】。

② 方法二：快捷键【E】/【P】。

③ 方法三：工具栏中的粘贴工具按钮。

执行粘贴命令后，剪切板中的元件将出现在编辑区中并浮于十字光标上，拖动光标到适当的位置。单击鼠标左键，元件即被放下。

（8）元件的删除

元件的删除是将选取的元件清除，但并不将其保存到剪切板中。首先需选取所要删除的元件（可以是单个或多个元件），然后执行删除命令。

① 方法一：菜单命令【Edit】/【Clear】。

② 方法二：快捷键【E】/【L】或【Ctrl】/【Del】

执行删除命令后，产生十字光标，将十字光标在工作区单击一下，即可将选取的元件删除。如删除元件后图面不太清楚，可按【End】键来刷新整个图面。

按照上面介绍的对元件的操作方法，对图 8-43 中的元件进行手工布局，手工调整后的元件布局如图 8-46 所示。

8.4.4　不同网络飞线颜色的设置

当把元件调入 PCB 板，手动布局完成之后，接下的工作就是根据网络飞线进行布线了，如果是进行自动布线，可以不管自动生成的飞线颜色；但要手动布线，把不同网络的飞线设置成不的颜色，这样在布线时有利于对不同的网络选择不同的布线宽度。具体设置过程如下。

① 在 PCB 编辑界面的左侧设计管理器中选择图 8-47 所示【Browse】下拉菜单中的【Nets】，然后选择所有网络中的【GND】网，双击【GND】，弹出如图 8-48 所示的网络设置对话框。

② 单击网络设置对话框中的【Color】颜色设置，在弹出的颜色设置中选择要用的颜色，把【GND】网络的颜色选成蓝色，单击【OK】按钮，网络飞线的颜色设置完成。

③ 选择不同的网络，重复上述的步骤进行设置。最后网络飞线将以不同的颜色来连接不同的网络。

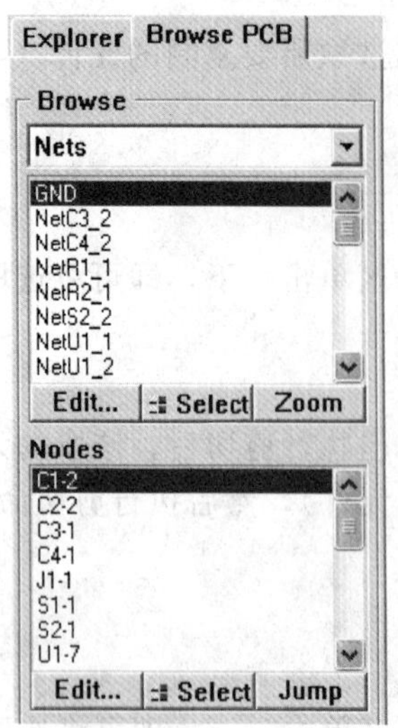

图 8-47 设计管理器

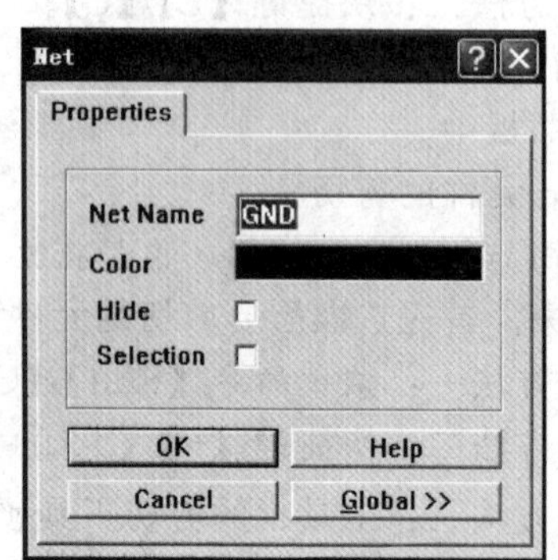

图 8-48 网络飞线颜色设置对话框

8.4.5 自动布线

完成 PCB 上元件的布局之后，接下来就要进行自动布线。在 PCB 上布线的首要任务就是要在 PCB 上走通所有的导线，建立起所有需要的电气连接，使用自动布线器进行自动布线前，应先设定与布线相关的规则。

（1）布线规则设定

① 执行菜单命令【Design】/【Rules】打开设计规则对话框，然后选择【Routing】（布线规则）标签页，如图 8-49 所示。

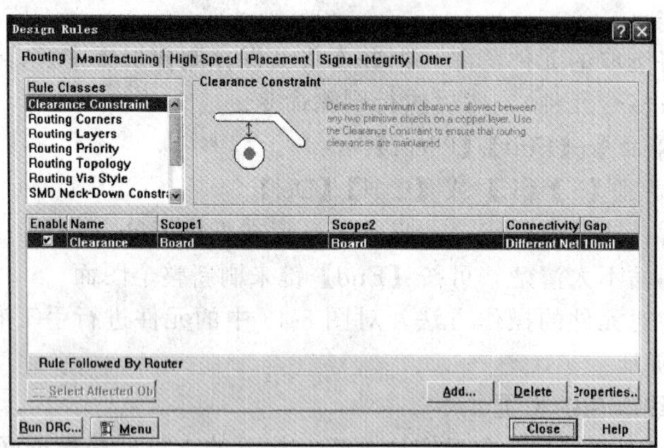

图 8-49 布线规则设定对话框

【Routing】标签中的【Rules Classes】区列出了所有与布线相关的规则，它包括如下一些规则。

- 【Clearance Constraint】：间距约束规则。
- 【Routing Corners】：布线拐角规则。
- 【Routing Layers】：布线层规则。
- 【Routing Priority】：布线优先级规则。
- 【Routing Topology】：布线拓扑规则。
- 【Routing Via Style】：过孔风格规则。

- 【Width Constraint】：布线宽度约束。

用户可选择各规则，按【Add...】、【Delete】或【Properties...】按钮进行规则的添加、删除或对已有规则进行编辑。

② 在图 8-49 所示【Routing】选项卡内的【Rule Classes】区域中选择【Clearance Constraint】选项，然后单击【Properties...】按钮，系统弹出如图 8-50 所示属性设置对话框。在此对话框内设置同一层面上两个图元之间所允许的最小间距。它规定了板上不同网络的走线、焊盘、过孔之间必须保持的距离。一般 PCB 的安全距离可设为 0.254mm，较空的板子可设为 0.3mm，较密的贴片板子可设为 0.20～0.22mm。

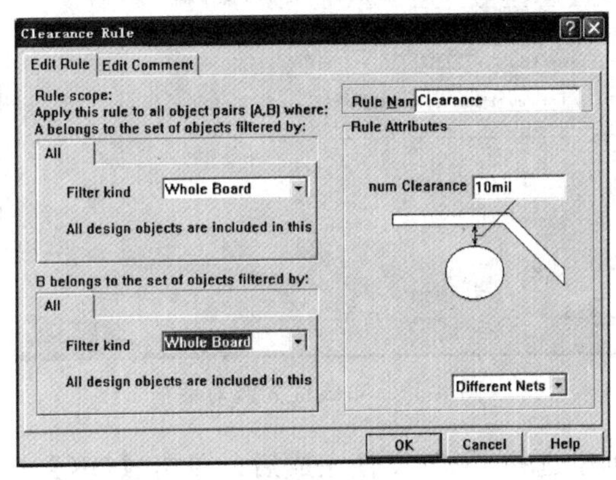

图 8-50 间距约束规则设置对话框

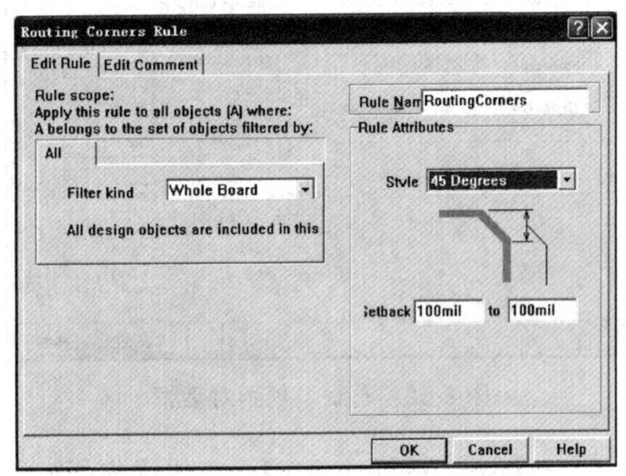

图 8-51 布线拐角选择对话框

通常情况下，安全间距越大越好，但是过大的安全间距会造成电路不够紧凑，同时也意味着制板成本的提高。根据不同的电路结构可以设置不同的安全间距。用户可以对整个 PCB 的所有网络设置相同的布线安全间距，也可以对某一个或多个网络进行单独的布线安全间距设置。

- 【Rule Scope A】栏：设置该规则优先应用的对象。可选择的应用对象范围为“WholeBoard”（整个电路板）、“Layer”（某一个工作层）、“Net”（某一个网络）、“Net Class”（某一网络类）、“Component”（指定某一元件）和“Component Class”（某类元件）等选项。选中某一范围后，可以在该栏中的下拉列表中选择相应的对象，也可以在右上侧的“Rule Name”框中填写相应的对象。通常默认的是“WholeBoard”应用范围。
- 【Rule Scope B】栏：设置该规则其次应用的对象，它的选择对象和 A 栏是一样的。通常采用系统的默认设置“Whole Board”。
- 【Minimum Clearance】栏：进行布线最小间距的设置，用户可以在这里进行间距修改，一般采用系统的默认设置。

③ 在图 8-49 所示【Routing】选项卡内的【Rule Classes】区域中选择【Routing Corners】选项，然后单击【Properties...】按钮，系统弹出如图 8-51 所示对话框。在此对话框内可对导线的拐角形式进行选择。在【Style】下拉列表框中选择“45 Degrees”。设置完成后，单击【OK】按钮，返回图 8-49 所示的界面。

④ 在图 8-49 所示【Routing】选项卡内的【Rule Classes】区域中选择【Routing Layers】选项，然后单击【Properties...】按钮，进入如图 8-52 所示对话框。在此对话框中将顶层布线设置为沿垂直方向，将底层布线设置为沿水平方向，相信两层的导线走向不能平等，否则容易产生耦合。请注意贴片的单面板只用顶层，直插型的单面板只用底层，但是多层板的电源层不是在这里设置的。设置完成后，单击【OK】按钮，返回图 8-49 所示界面。

⑤ 在图 8-49 所示【Routing】选项卡内的【Rule Classes】区域中选择【Routing Priority】选项，然后单击【Properties...】按钮，进入如图 8-53 所示对话框。在该对话框中可以设置每一个网络走线的优先级。在 PCB 上空间有限，可能有若干根导线需要在同一块空间内走线，才能得到最佳的走线效果，通过设置走线的优先级可以决定导线占用空间的先后顺序。设置规则时可以针对单个网络设置优先级。Protel 99 SE 提供了 0～100 共 101 种优先级选择，0 表示优先级最低，100 表示优先级最高。

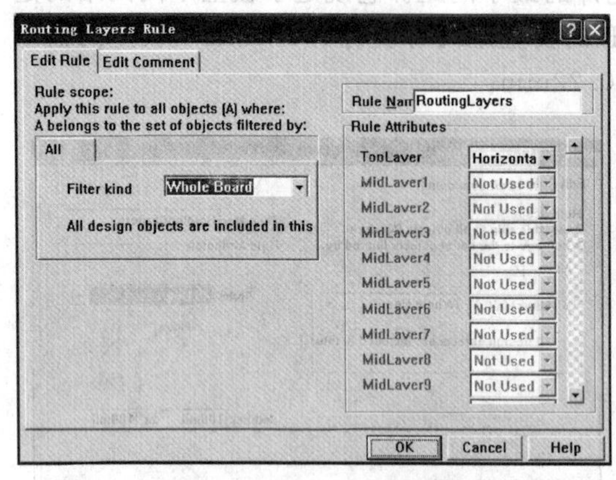

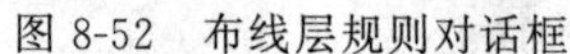
图 8-52 布线层规则对话框

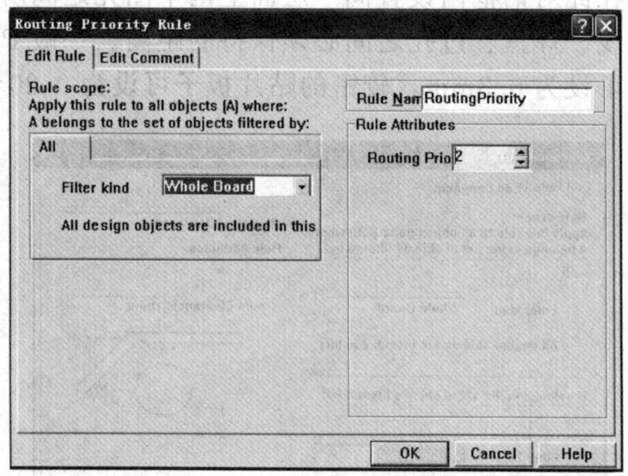

图 8-53 布线优先级对话框

在【Routing Priority】(布线优先级)微调框中选择“2”设置完成后，单击【OK】按钮，返回图 8-49 所示界面。

⑥【Routing Topology】(走线拓扑布局规则)：选择走线的拓扑。单击【Properties...】按钮，系统弹出如图 8-54 所示该项设置的对话框。在设置该项规则时可以设置一个网络中走线采用的拓扑。通常情况下，确定网络的走线拓扑，是以布线的总线长为最短作为设计原则的，设置完成后，单击【OK】按钮返回。

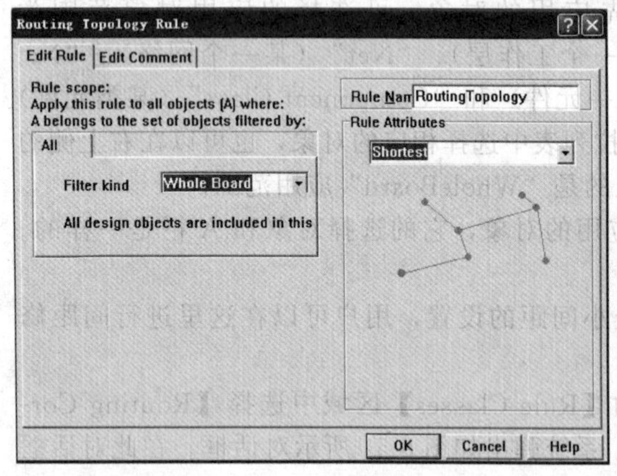

图 8-54 布线拓扑规则对话框

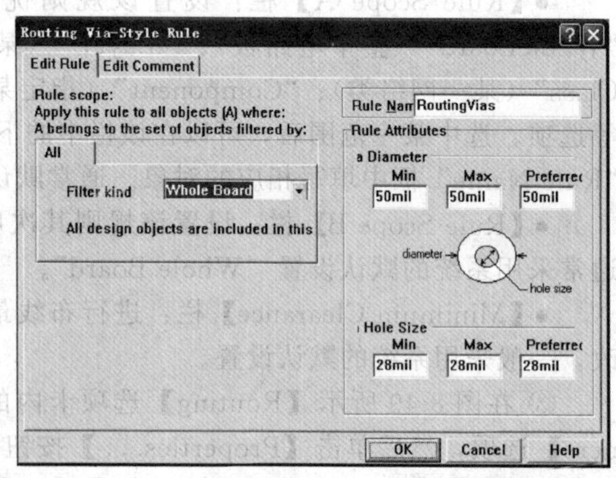

图 8-55 布线过孔形式规则选择对话框

⑦【Routing Via Style】(布线过孔形式规则)：设置走线时采用的过孔形式。单击【Properties...】按钮，系统弹出如图 8-55 所示该项设置的对话框。它规定了手工和自动布线时自动产生的过孔内外径的最小值、最大值和首选值，其中首选值最重要。过孔直径和过孔孔径都有 3 种定义方式：Maximum（最大尺寸）、Minimum（最小尺寸）和 Preferred（首选尺寸）。默认的过孔直径为 50mil，过孔孔径为 28mil。在 PCB 的编辑过程中，可以根据不同的元件设置不同的过孔大小，过孔尺寸应该参考实际元件端子的粗细进行设置。

⑧【SMD Neck-Down Constraint】(表贴型元件焊盘颈缩率规则)：设置和表贴型焊盘连线的导线宽度。按【Add...】按钮进行规则添加，在该规则中可以设置导线线宽上限占据焊盘宽度的百分比，通常来说走线总是比焊盘要小。在设置规则时可以根据实际需要对每一个焊盘、每一个网络直到整个 PCB 上设置焊盘上的走线宽度与焊盘大小之间的最大比率进行设置，默认值为 50%。

⑨【SMD To Corner Constraint】(表贴型元件焊盘与导线拐角处最小间距规则)：设置表贴型焊盘出现走线拐角、拐角和焊盘的距离。按【Add...】按钮进行规则添加。通常来说，走线时引入拐角会导致电信号的反射，引起信号之间的串扰，因此需要限制从焊盘引出电信号后的焊盘离拐角的距离，以减小信号串扰。在设置规则时可以针对每一个焊盘、每一个网络，直到整个 PCB 上设置拐角和焊盘之间的距离，默认的间距为 0mil。

⑩【SMD To Plane Constraint】(焊盘与电源层过孔间距规则)：设置表贴型焊盘连接到电源平面时的走线距离，该项设置通常出现在电源平面向芯片的电源端子供电的场合。按【Add...】按钮进行规则添加。在设置规则时可以针对每一个焊盘、每一个网络，直到整个 PCB 上设置焊盘和平面之间的距离，默认的间距为 0mil。

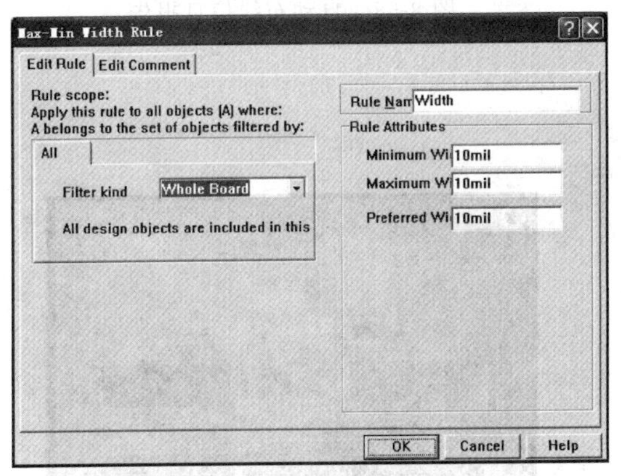

图 8-56　走线宽度规则对话框

⑪【Width Constraint】(走线宽度规则)：设置走线宽度。单击【Properties...】按钮，系统弹出如图 8-56 所示该项设置的对话框。走线宽度是指 PCB 铜膜走线(即俗称的导线)的实际宽度值，分为最大允许值、最小允许值和首选值 3 种。与安全间距一样，太大的走线宽度也会造成电路不够紧凑，并使制板成本提高。因此，走线宽度通常设置为 10～20mil，应该根据不同的电路结构设置不同的走线宽度。用户可以对整个 PCB 的所有走线设置相同的走线宽度，也可以对某一个或多个网络单独进行走线宽度的设置。

(2) 自动布线

在设定好布线规则和布线策略后，用户便可执行全局自动布线命令进行自动布线。

全局自动布线命令如下。

① 选取菜单命令【Auto Route】/【All...】，打开自动布线器参数设置对话框，如图 8-57所示，让设计者确认所选的布线规则和策略是否正确。

② 单击【Route All】即可进入自动布线状态。全局自动布线结束后输出如图 8-58 所示的布线状态报告，从这个布线报告中可看出布线的成功率的相关信息。自动布线的结果如图 8-59 所示。

(3) PCB 的 3D 效果

PCB 板布线完成后的 3D 效果有两种方法显示。

① 方法一：执行命令【View】/【Board in 3D】。

② 方法二：执行工具栏中的 3D 显示按钮。

命令执行后的 3D 效果如图 8-60 所示。

8.4.6　半自动布线

(1) 手工布线

手工对某些网络或某些焊点之间进行布线，如图 8-61 所示，先对有特殊要求的网络进行预布线，对剩下的网络再进行自动布线，这种布线方式也叫半自动布线方式。

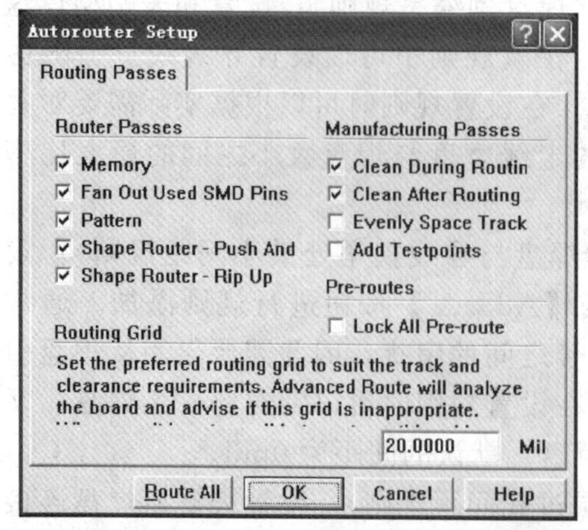

图 8-57　自动布线器参数设置对话框

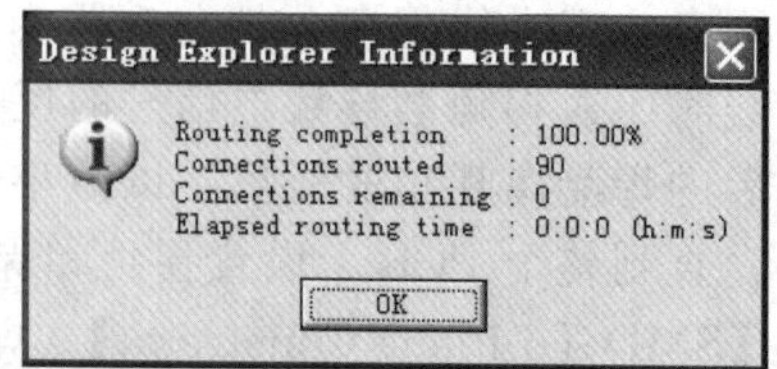

图 8-58　自动布线信息报告

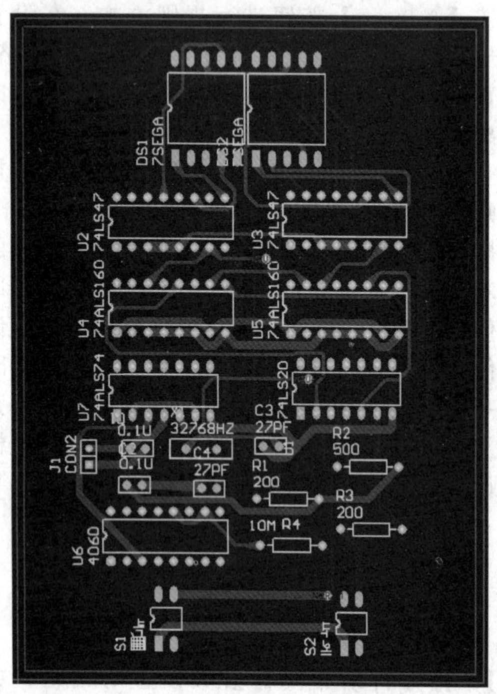

图 8-59　全局自动布线结果图

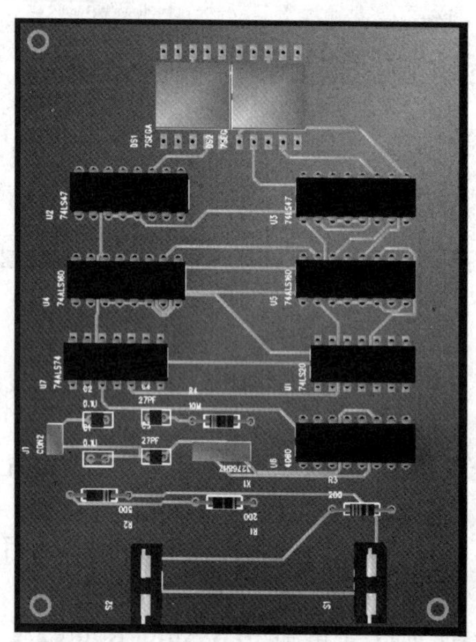

图 8-60　秒表电路的 PCB 3D 效果图

(2) 保护预布线

预布线是在自动布线之前，手工对某些特定的网络进行布线。如果不对这些预布线进行保护的话，那么在自动布线的时候，这些预布线就会被重新调整。要保护的预布线必须是从网络中的一个焊盘连接到另一个焊盘的完整连线，且所有的预布线必须满足所设定的 PCB 设计规则。一般来说，在布线参数设置完毕后，再添加预布线。Protel 99 SE 中提供了两种保护预布线的方法。

方法一：通过自动布线对话框设置进行保护。在自动布线之前，先设置保护预布线，操作步骤如下。

① 执行【Auto Route】/【All】命令，弹出【Autorouter Setup】对话框，如图 8-57 所示。在该对话框中，选中【Lock All Pre-routes】复选框。

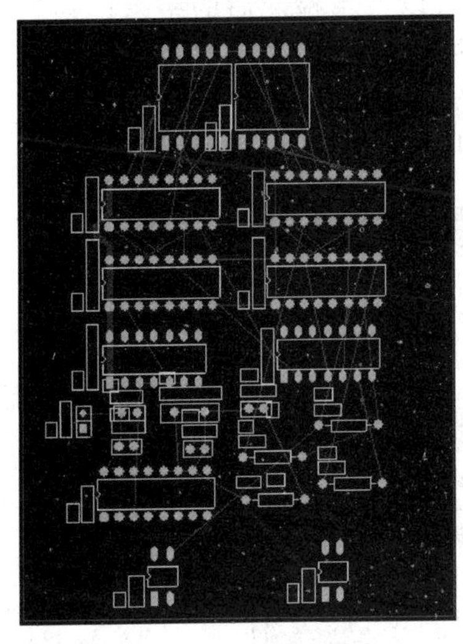

图 8-61 对某些网络进行布线

② 单击【Route All】按钮，系统在进行自动布线的过程中，布线程序将不理会这些预布线，从而达到保护预布线的目的。

方法二：手工锁定预布线进行保护。

在自动布线之前手工修改预布线的属性，将其锁定。手工锁定预布线的操作步骤如下。

① 执行【Place】/【Interactive Routing】命令，进行预布线。双击手工布的导线，弹出【Track】对话框。

② 在该对话框中，单击【Global >>】按钮，弹出全局修改界面，如图 8-62 所示。在其中选中【Locked】复选框，并在【Attributes To Match By】区域的【Net】下拉列表中选择【Same】，同时在【Copy Attributes】区域中选中【Locked】复选框。

③ 单击【OK】按钮，此时弹出【Confirm】对话框，该对话框中显示找到了 13 个满足要求的相似对象。

④ 单击【Yes】按钮，执行所有的锁定操作。

⑤ 用同样的方法可以将其他预布线锁定，也可以在自动布线结束后解除锁定。

⑥ 执行自动布线功能操作，布线结果如图 8-63 所示，在自动布线时对预布线没有再进行布线，保持原样。

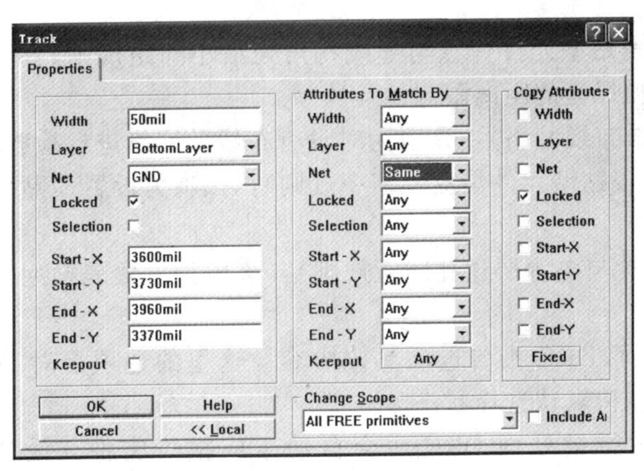

图 8-62 预布线锁定设置

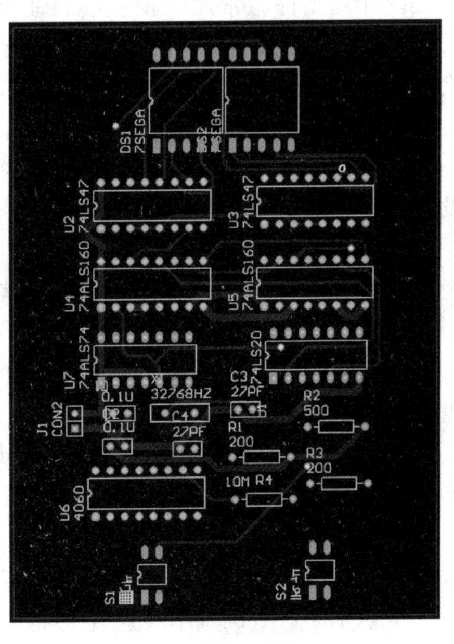

图 8-63 半自动布线结果图

8.4.7 设计规则检查

PCB 布线完成后，还要进行完整的设计规则检查 DRC（Design Rule Check）。设计规则检查是进行 PCB 设计时的重要检查工具，系统会根据用户设计规则的设置，对 PCB 设计的各个方面进行校验，如导线宽度、安全距离、元件间距、过孔类型等，DRC 是 PCB 设计正确性和完整性的重要保证。设计者不应忽略 DRC 检查。它可以保障 PCB 设计的正确性和最终生成正确的输出文件。

设计规则的检测有两种方式：其一为报表（Report），可以产生检测后的结果；其二为在线检测（On-Line），也就是在布线的工作过程中对设置的布线规则进行在线检测。

① 执行菜单命令【Tools】/【Design Rule Check】，系统弹出如图 8-64 所示的【Design Rule Check】对话框。对话框由两部分内容构成：DRC 报告选项和 DRC 规则列表。

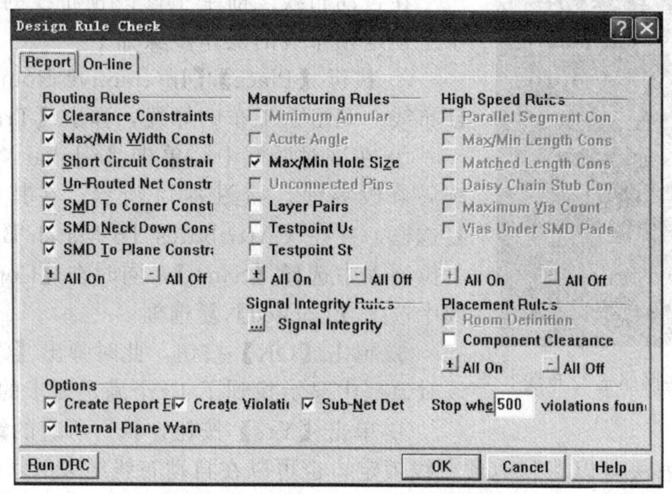

图 8-64　设计规则校验对话框

设计规则检验常用的检验项目主要有以下几项。

- 【Clearance Constraints】（安全间距限制）：该项为导电图件之间的安全间距限制检验项。
- 【Max/Min Width Constraints】（布线宽度限制）：该项为导线的布线宽度限制检验项。
- 【Short Circuit Constraints】（短路设计规则限制）：该项为电路板布线是否符合短路设计规则限制的检验项。
- 【SMD To Corner Constraint】（表贴型元件焊盘与导线拐角处最小间距规则）：该项为设置表贴型焊盘出现走线拐角、拐角和焊盘的距离限制的检验项。
- 【Un-Routed Net Constraints】（未布线网络）：该项为对没有布线的网络进行检验项。
- 【SMD Neck Down Constraint】（表贴型元件焊盘颈缩率规则）：该项为设置表贴型焊盘连线的导线宽度限制的检验项。
- 【SMD To Plane Constraint】（焊盘与电源层过孔间距规则）：该项为设置表贴型焊盘连接到电源平面时的走线距离。

在对话框下面【Options】栏，显示了 DRC 报告选项具体内容。这里的选项是对 DRC 报告的内容和方式进行设置，一般都应保持默认选择状态。

- 【Create Report File】复选框：运行批处理 DRC 后会自动生成报告文件（设计名.DRC）。报告中包含了本次 DRC 运行中使用的规则、违规数量和细节。
- 【Create Violations】复选框：能在违规对象和违规消息间直接建立链接，使得用户可以直接通过“Message”中的违规消息进行错误定位，找到违规对象。
- 【Sub-Net Details】复选框：对网络连接关系进行检查并生成报告。
- 【Internal Plane Warnings】复选框：对多层板内部平面网络连接中的错误进行警告。

② 单击设计规则检验对话框左下角的【Run DRC】按钮，运行设计规则校验，程序结束后，将会产生一个检验情况报告表。秒表显示电路检验的具体内容如图 8-65 所示。

从上面的 DRC 检验报表文件中可以看出有四个违反规则的错误，经检查为四个安装孔

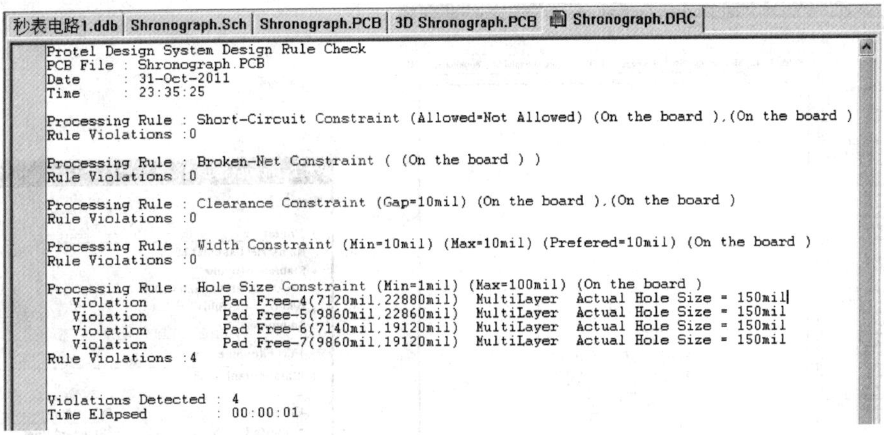

秒表电路1.ddb | Shronograph.Sch | Shronograph.PCB | 3D Shronograph.PCB | Shronograph.DRC

```
Protel Design System Design Rule Check
PCB File : Shronograph.PCB
Date     : 31-Oct-2011
Time     : 23:35:25

Processing Rule : Short-Circuit Constraint (Allowed=Not Allowed) (On the board ),(On the board )
Rule Violations :0

Processing Rule : Broken-Net Constraint ( (On the board ) )
Rule Violations :0

Processing Rule : Clearance Constraint (Gap=10mil) (On the board ),(On the board )
Rule Violations :0

Processing Rule : Width Constraint (Min=10mil) (Max=10mil) (Prefered=10mil) (On the board )
Rule Violations :0

Processing Rule : Hole Size Constraint (Min=1mil) (Max=100mil) (On the board )
   Violation          Pad Free-4(7120mil,22880mil)  MultiLayer  Actual Hole Size = 150mil
   Violation          Pad Free-5(9860mil,22860mil)  MultiLayer  Actual Hole Size = 150mil
   Violation          Pad Free-6(7140mil,19120mil)  MultiLayer  Actual Hole Size = 150mil
   Violation          Pad Free-7(9860mil,19120mil)  MultiLayer  Actual Hole Size = 150mil
Rule Violations :4


Violations Detected : 4
Time Elapsed        : 00:00:01
```

图 8-65　DRC 检验输出报表文件

的外径超过规则规定的最大值。这不属于错误，可以忽略。至此秒表电路双面板就设计完成了。

任务 8.5　印制电路板的输出打印

PCB 设计完后，可以将其源文件、制作文件和各种报表文件按需要进行存档、打印、输出等。例如，将 PCB 文件打印作为焊接装配指导，将元器件报表打印作为采购清单，生成胶片文件送交加工单位进行加工，也可直接将 PCB 文件交给加工单位用于加工 PCB。

任务能力目标

① 打印 PCB 文件。

② 打印报表文件。

知识技能

8.5.1　打印 PCB 文件

利用 PCB 编辑器的文件打印功能，可以将 PCB 文件不同层面上的图元按一定比例打印输出，用于校验和存档。

(1) 打印机输出设置

打印输出前，首先应设置打印机。

① 执行菜单命令【File】/【Print】/【Preview】。

② 执行此命令后，系统将会生成“Preview Shronograph. PPC”文件。

③ 进入“Preview Shronograph. PPC”文件界面，如图 8-66 所示。然后执行【File】/【Setup Printer】菜单命令，系统将弹出如图 8-67 所示的对话框，此时可以设置打印机的类型。

④ 在【Printer】操作框可选择打印机名；在【PCB Filename】编辑框显示了所要打印的文件名；在【Orientation】选择框中可选择打印方向，【Portrait】（纵向）和【Landscape】（横向）；【Print What】选择下拉列表中可选择打印的对象，“Standard Print”（标准形式）、“Whole Board on Page”（整块板打印在一页上）和“PCB Screen Region”（PCB 区域）。其他为边界和打印比例设置。

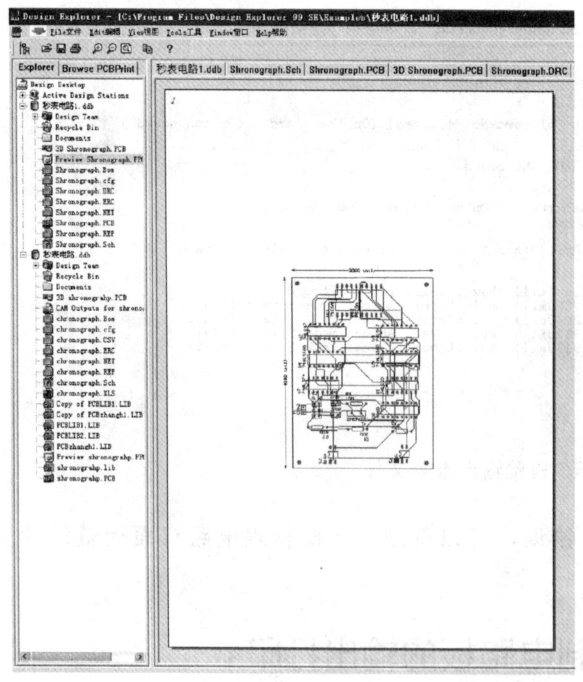

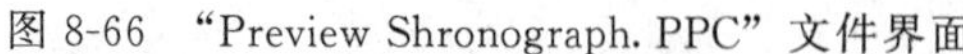

图 8-66 “Preview Shronograph. PPC” 文件界面

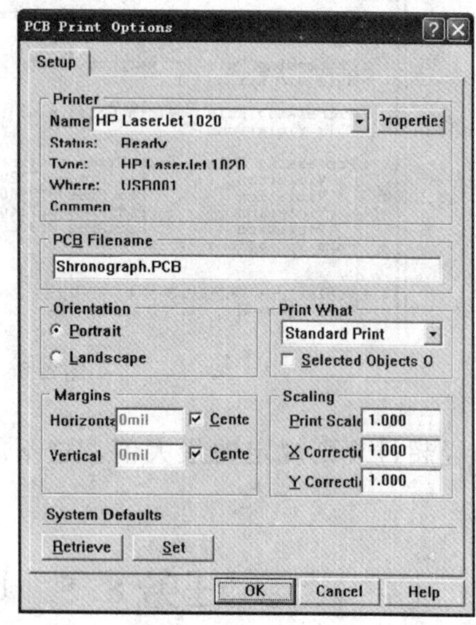

图 8-67 PCB Print Options 对话框

⑤ 设置完毕后单击【OK】按钮，完成打印设置操作。

(2) 打印输出

设置了打印机后，执行菜单命令【File】/【Print】的相关命令进行打印，打印 PCB 图的命令如下。

① 执行菜单命令【Print】/【All】，打印所有图形。

② 执行菜单命令【Print】/【Job】，打印操作对象。

③ 执行菜单命令【Print】/【Page】，打印给定的页面，执行该命令后，系统将弹出如图 8-68 所示的对话框，用户可以输入需要打印的页码范围。

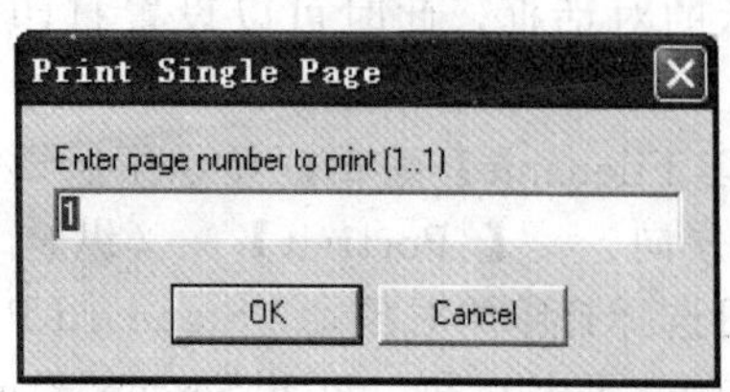

图 8-68 打印机页码选择对话框

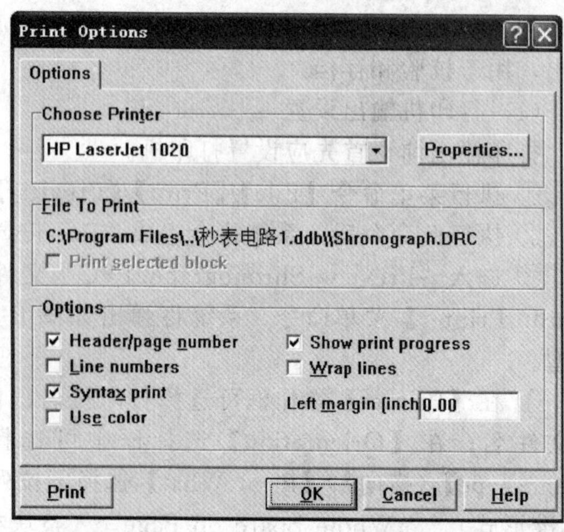

图 8-69 Print Option 设置对话框

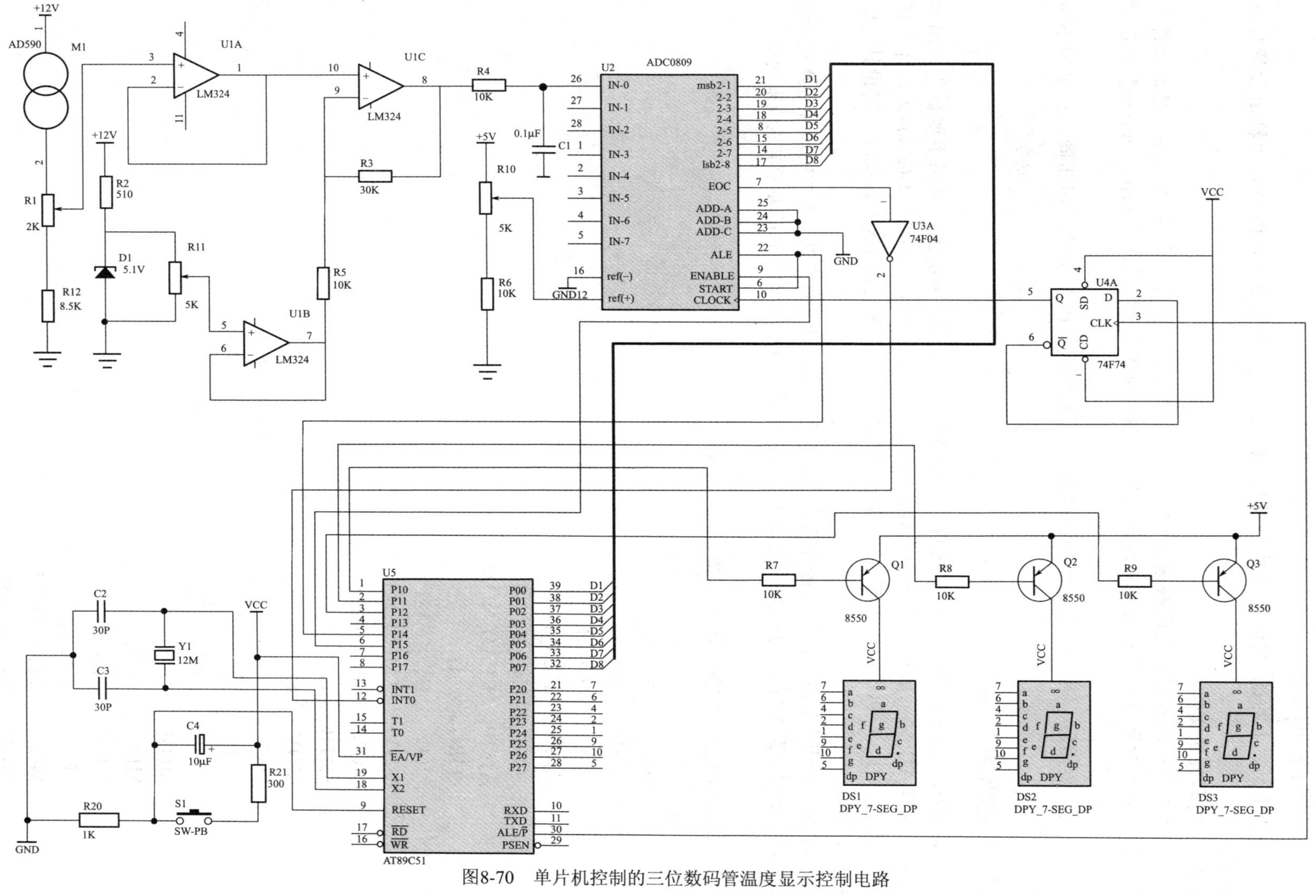

图8-70　单片机控制的三位数码管温度显示控制电路

④ 执行菜单命令【File】/【Print Current】打印当前页。

(3) 打印输出

单击工具栏上的按钮或者执行【File】/【Print】菜单命令，即可打印输出设置好的PCB文件。

8.5.2 打印报表文件

工程实践中经常需要打印报表文件。报表文件的打印操作，首先进入各个报表文件之后，同样先进行页面设置和报表文件的【Print Option】属性设置。【Print Option】对话框如图 8-69 所示。

设置好页面后，就可以进行预览和打印了，其操作与 PCB 文件打印相同，这里就不再赘述。

项目练习

1. 如图 8-70 所示为单片机控制的三位数码管温度显示控制电路，所用主要器件为温度检测传感器 AD590，信号放大器用 LM324，A/D 转换为 8 位 8 路的 ADC0809，单片机用 8031 系列中的 AT89C51，数码管用 0.5in 共阳数码管，三极管用 PNP 型 8550。请设计它的双面 PCB 板。

2. 下面的程序是图 8-70 所示硬件所对应的参考程序，同学们可以用制作的硬件电路进行调试检测，如显示温度与水银温度计的指示不一致，可通过调整 ADC0809 的参考电压值来调校。

```
;;;;;;;;;;;;;;;;;;;;;;;;;;;;;;;;;;;;;;;;;;;;;;;;
;;;;;;;;;温度检测与显示参考程序;;;;;;;;;;;;
;;;;;;;;;;;;;;;;;;;;;;;;;;;;;;;;;;;;;;;;;;;;;;;;
        ORG     0000H
        AJMP    MAIN
        ORG     000BH
        AJMP    HEX_BCD
         ORG 001BH
        AJMP    READ_NUM
         ORG 0030H
MAIN:   MOV     IE,#8AH
        MOV     TMOD,#11H
        MOV     IP,#08H
        SETB    IT0
        MOV     R5,#8
        ORL     P1,#07H             ;数码管置熄灭
        CLR     A
        MOV     33H,A
        MOV     34H,A
        MOV     41H,A
        MOV     42H,A
        MOV     43H,A
        MOV     TH0,#63H
        MOV     TL0,#18H
        SETB    TR0
```

```
        MOV     TH1,#0F6H
        MOV     TL1,#3CH
        SETB    TR1
        SETB    P1.5
        SETB    P1.4
;;;;;;;;;;首次启动0809转换需要约100μs,等待
DISPLAY:  MOV   DPTR,#TAB
          MOV   A,41H
          MOVC  A,@A+DPTR
          MOV   P2,A                    ;取个位数值的字形码送显示
          CLR    P1.2
          LCALL  DELAY1MS
          SETB    P1.2
          MOV     P2,#0FFH
          MOV     A,42H
          MOVC  A,@A+DPTR
          MOV     P2,A                  ;取十位数值的字形码送显示
          CLR    P1.1
          LCALL  DELAY1MS
          SETB  P1.1
          MOV   P2,#0FFH
          MOV   A,43H
          MOVC  A,@A+DPTR
          MOV   P2,A                    ;取百位数值的字形码送显示
          CLR    P1.0
          LCALL  DELAY1MS
          SETB    P1.0
          MOV     P2,#0FFH
          SJMP    DISPLAY
          ORG     0100H
    READ_NUM:     MOV TH1,#06FH
          MOV TL1,#3CH
          SETB  P1.5                    ;输出允许置位
          MOV   R4,#5
LOOP1:    DJNZ R4,LOOP1
          NOP
          MOV   P0,#0FFH
          MOV   A,P0                    ;读入转换数据
          CLR    P1.5
          SETB  P1.4                    ;上升沿清除0809内部寄存器
          NOP
          ADD  A,33H
          MOV  33H,A
```

```
            CLR     A
            ADDC    A,34H
            MOV     34H,A
            DJNZ    R5,ADD_GOON          ;累加次数不够则直接返回
            MOV     R5,#8
            LCALL   R_AVER               ;调用右环移子程序求
 ;;;调用 HEX_BCD 将新一轮的折算结果转换
            MOV 33H,#0
            MOV 34H,#0
ADD_GOON:CLR P1.4                        ;启动 0809 进行下次转换
            RETI
;;;;;;;;;;;;;;;;;;;;;;;;;;;;;;;;;;;;;;;;;;;;;;;;;;;;;;;;;;;;;;;;;;;;;;;;;;;;;;
            ORG 0200H
R_AVER:     MOV     R3,#3
R_CIR3:     CLR     C
            MOV     A,34H                ;取和的高字节环移
            RRC     A
            MOV     34H,A
            MOV     A,33H                ;取和的低字节环移
            RRC     A
            MOV     33H,A
            DJNZ    R3,R_CIR3
            CLR     C
            SUBB    A,#55
            MOV     B,#2
            DIV     AB
            MOV     40H,A                ;求得的平均值进行折算处理后放 40H
            RET
;;;;;;;;;;;;;;;;;;;;;;;;;;;;;;;;;;;;;;;;;;;;;;;;;;;;;;;;;;;;;;;;;;;;;;;;;;;;
            ORG 0300H
HEX_BCD:    MOV     TH0,#63H
            MOV     TL0,#18H
            MOV     44H,#00H
            MOV     45H,#00H
            MOV     46H,#00H             ;44~46 各单元清零备用
            MOV     A,40H
            MOV     B,A
            ANL     A,#0FH
            CJNE    A,#0AH,JUD_CY
JUD_CY:     JC JUMP                      ;判断低四位是否小于等于 9
            ADDC    A,#06H
JUMP:       MOV     44H,A                ;44H 单元暂存低四位调整结果
            MOV     A,B
```

```
            ANL     A,#0F0H
            SWAP    A
            JZ      SKIP_CON            ;判断并比较跳过高四位为零的特殊情形
            MOV     R2,A
            CLR     C
CONTINUE:   MOV A,45H
            ADDC A,#16H
            DA      A
            MOV     45H,A
            MOV     A,46H
            ADDC    A,#0
            MOV     46H,A
            DJNZ    R2,CONTINUE         ;用加法带调整实现高四位的调整
SKIP_CON:   MOV     A,45H
            ADD     A,44H
            DA      A
            MOV     B,A
            MOV     A,46H
            ADDC    A,#0
            DA      A
            MOV     46H,A               ;转换过程中 BCD 码的百位放入 46H 单元
            MOV     A,B
            ANL     A,#0FH
            MOV     44H,A               ;转换后 BCD 码的个位放入 44H 单元
            MOV     A,B
            ANL     A,#0F0H
            SWAP    A
            MOV     45H,A               ;转换后 BCD 码的十位放入 45H 单元
            MOV     41H,44H
            MOV     42H,45H
            MOV     43H,46H
            RETI
;;;;;;;;;;;;;;;;;;;;;;;;;;;;;;;;;;;;;;;;;;;;;;;;;;;;;;;;;;;;;;;;;;;;
            ORG     0400H
DELAY1MS:   MOV     R7,#249
            NOP
            NOP
            NOP
DEL:        DJNZ    R7,DEL
            RET
TAB:    DB  0C0H,0F9H,0A4H,0B0H,99H
        DB  92H,82H,0F8H,80H,90H
            END
```

项目 9　AT89S52 单片机控制系统板的设计

项目综述

对于实际的 PCB 设计来说，设计人员首先要对提出的项目进行分析，根据分析的情况查阅相关的技术资料，然后依据具体的控制要求制定出具体的设计方案，最后再根据设计方案来完成电路原理图和 PCB 的绘制工作。

电路的设计包含了电路原理图设计和电路板绘制两个过程。通过 AT89S52 单片机控制系统板的设计全过程介绍，让读者对电路板的设计有一个通盘认识和理解，掌握复杂电路板设计。使用 PCB 设计中的一些高级技术，进一步完善印制电路板设计，达到事半功倍的效果。

任务 9.1　设计任务介绍和控制板设计原则

任务能力目标

① 单片机控制板参数和用途介绍。

② 单片机控制板设计原则简介。

知识技能

随着单片机技术、计算机技术的发展，学习单片机的门槛正变得越来越低，越来越多的电子爱好者加进学习、使用单片机的行列。从技术的角度来看，单片机开发无非分成软件、硬件两部分，假如把软件部分的问题解决掉，留下硬件设计当然就容易多了。

工业控制是大有可为的领域之一。往各种各样的工业生产现场看一看，几乎没有什么地方看不到产业自动化控制的设备。在这些设备中除了大量应用 PLC 外，单片机工控板的应用较多。从编程的角度来看，PLC 能完成的功能用单片机都可实现其功能。如果用户了解这台机器的工作流程或者就是这台机器的操纵者，又略懂一些单片机编程知识，那么这样的程序完全可以写出来。单片机控制的关键在于可靠性！要能够做好工控产品，关键是对控制对象的理解。单片机工控板肯定会有很大的应用前景，因此，单片机控制板的硬件设计就非常关键。

借助 Protel 99 SE 这个硬件设计平台，电子爱好者可以充分发挥自己的聪明才智，设计出功能强大、抗干扰能力强的控制板，将它应用到实际的工作中，为实际的工作服务。

9.1.1　单片机控制板参数和用途介绍

单片机控制板是学习单片机的必备工具之一，同学们可以自己设计制造单片机控制板，然后就可在这块学习板上进行编程训练和简单的技术开发。下面介绍要进行 PCB 设计的单片机控制板的参数和用途。

（1）参数

① 8 位高性能 AT89S52 单片机作为主控制芯片。

② 主电源采用 5V 直流电。

③ 单片机四个口分别用四个位输出插座引出。

④ 系统有四个 0.5in 数码管用于显示工作状态。

⑤ 系统有五个按钮开关可以设定一些参数。

⑥ 紧凑型（适合任何尺寸的机箱），PCB 尺寸：6000mil×4000mil。

⑦ 可直接通过 RS-232 接口下载程序，无需烧录器，使程序修改、升级方便。

⑧ 工作温度为：0～55℃。

(2) 用途

① 可用于各种 20 个点以内的控制系统，可控制气缸、电磁阀、继电器、步进电机，可外接光电式、电容式、电感式等各种传感器。

② 可用于替代 20 点以内的 PLC 用于各种控制场合（如各种机器控制）。

③ 可用于单片机学习和试验。

9.1.2 单片机控制板设计原则简介

① 在元器件的布局方面，应该把相互有关的元件尽量放得近一些，例如时钟发生器、晶振、CPU 的时钟输入端都易产生噪声，在放置的时候应该把它们靠近些。对于那些易产生噪声的器件、小电流电路、大电流电路、开关电路等，应尽量使其远离单片机的逻辑控制电路和存储电路（ROM、RAM），如果可能的话将这些电路另外制成电路板，更加有利于抗干扰，提高电路工作时的可靠性。

② 尽量在关键元件，如 ROM、RAM 等芯片旁边安装去耦电容。实际上，印制电路板走线、端子连线和接线等都可能含有较大的电感效应。大的电感可能会在走线上引起严重的开关噪声尖峰。防止 Vcc 走线上开关噪声尖峰的唯一方法，是在 Vcc 与电源地之间安放一个 0.1μF 的电子去耦电容。如果电路板上使用的是表面贴装元件，可以用片状电容直接紧靠着元件，在 Vcc 端子上固定。最好是使用瓷片电容，这是因为这种电容具有较低的静电损耗（ESL）和高频阻抗，另外这种电容温度和时间上的介质稳定性也很不错。尽量不要使用钽电容，因为在高频下它的阻抗较高。

在安放去耦电容时需要注意以下几点。

- 在印制电路板的电源输入端跨接 100μF 左右的电解电容，如果体积允许的话，电容量大一些则更好。
- 原则上每个集成电路芯片的旁边都需要放置一个 0.01μF 的瓷片电容，如果电路板的空隙太小而放置不下时，可以每 10 个芯片左右放置一个 1～10μF 的钽电容。
- 对于抗干扰能力弱、关断时电流变化大的元件和 RAM、ROM 等存储元件，应该在电源线（Vcc）和地线之间接入去耦电容。电容的引线不要太长，特别是高频旁路电容不能带引线。

③ 在单片机控制系统中，地线的种类有很多，有系统地、屏蔽地、逻辑地、模拟地等，地线是否布局合理，将决定电路板的抗干扰能力。在设计地线和接地点的时候，应该考虑以下问题。

逻辑地和模拟地要分开布线，不能合用，将它们各自的地线分别与相应的电源地线相连。在设计时，模拟地线应尽量加粗，而且尽量加大引出端的接地面积。一般来讲，对于输入输出的模拟信号，与单片机电路之间最好通过光耦进行隔离。

用大面积铜层作地线用，在印制板上把没被用上的地方都与地相连接作为地线用。或是做成多层板，电源、地线各占用一层。

在设计逻辑电路的印制电路板时，其地线应构成闭环形式，提高电路的抗干扰能力。地线应尽量的粗。如果地线很细的话，则地线电阻将会较大，造成接地电位随电流的变化而变化，致使信号电平不稳，导致电路的抗干扰能力下降。在布线空间允许的情况下，要保证主要地线的宽度至少在 2～3mm 以上，元件端子上的接地线应该在 1.5mm 左右。

要注意接地点的选择。当电路板上信号频率低于 1MHz 时，由于布线和元件之间的电磁感应影响很小，而接地电路形成的环流对干扰的影响较大，所以要采用一点接地，使其不形成回路。当电路板上信号频率高于 10MHz 时，由于布线的电感效应明显，地线阻抗变得很大，此时接地电路形成的环流就不再是主要的问题了。所以应采用多点接地，尽量降低地线阻抗。

由于电路板的一个过孔会带来大约 10pF 的电容效应，这对于高频电路，将会引入太多的干扰，所以在布线的时候，应尽可能地减少过孔的数量。再有，过多的过孔也会造成电路板的机械强度降低。

数据线的宽度应尽可能地宽，以减小阻抗。数据线的宽度至少不小于 0.3mm（12mil），如果采用 0.46～0.5mm（18～20mil）则更为理想。

电源线的布置除了要根据电流的大小尽量加粗走线宽度外，在布线时还应使电源线、地线的走线方向与数据线的走线方身一致。在布线工作的最后，用地线将电路板的底层没有走线的地方铺满，应该在电源线 Vcc 和地线之间接入去耦电容。这些方法都有助于增强电路的抗干扰能力。

④ 在 PCB 设计中，布线是完成产品设计的重要步骤，可以说前面的准备工作都是为它而做的，在整个 PCB 中，以布线的设计过程限定最高、技巧最细、工作量最大。PCB 布线有单面布线、双面布线及多层布线。布线的方式也有两种：自动布线及交互式布线，在自动布线之前，可以用交互式预先对要求比较严格的线进行布线，输入端与输出端的边线应避免相邻平行，以免产生反射干扰。必要时应加地线隔离，两相邻层的布线要互相垂直，平行容易产生寄生耦合。

自动布线的布通率，依赖于良好的布局，布线规则可以预先设定，包括走线的弯曲次数、导通孔的数目、步进的数目等。一般先进行探索式布经线，快速地把短线连通，然后进行迷宫式布线，先把要布的连线进行全局的布线路径优化，它可以根据需要断开已布的线，并试着重新再布线，以改进总体效果。

9.1.3 印刷电路板图设计的基本原则要求

(1) 印刷电路板的设计

从确定板的尺寸大小开始，印刷电路板的尺寸因受机箱外壳大小限制，以能恰好安放入外壳内为宜，其次，应考虑印刷电路板与外接元器件（主要是电位器、插口或另外印刷电路板）的连接方式。印刷电路板与外接元件一般是通过塑料导线或金属隔离线进行连接，但有时也设计成插座形式，即在设备内安装一个插入式印刷电路板要留出充当插口的接触位置。对于安装在印刷电路板上的较大的元件，要加金属附件固定，以提高耐振、耐冲击性能。

(2) 布线图设计的基本方法

首先需要对所选用元器件及各种插座的规格、尺寸、面积等有完全的了解；对各部件的位置安排做合理的、仔细的考虑，主要是从电磁场兼容性、抗干扰的角度，走线短，交叉少，电源、地的路径及去耦等方面考虑。各部件位置定出后，就是各部件的连线，按照电路图连接有关端子，完成的方法有多种。印刷线路图的设计有计算机辅助设计与手工设计方法两种。最原始的是手工排列布图，这比较费事，往往要反复几次，才能最后完成，这在没有其他绘图设备时也可以，这种手工排列布图方法对刚学习印刷板图设计者来说也是很有帮助的。计算机辅助制图，现在有多种绘图软件，功能各异，但总的说来，绘制、修改较方便，并且可以存盘储存和打印。接着，确定印刷电路板所需的尺寸，并按原理图，将各个元器件位置初步确定下来，然后经过不断调整使布局更加合理。印刷电路板中各元件之间的接线安排方式如下。

① 印刷电路中不允许有交叉电路，对于可能交叉的线条，可以用“钻”、“绕”两种办法解决，即让某引线从别的电阻、电容、三极管端子下的空隙处“钻”过去，或从可能交叉的某条引线的一端“绕”过去，在特殊情况下如果电路很复杂，为简化设计也允许用导线跨接，解决交叉电路问题。

② 电阻、二极管、管状电容器等元件有“立式”、“卧式”两种安装方式。立式指的是元件体垂直于电路板安装、焊接，其优点是节省空间。卧式指的是元件体平行并紧贴于电路板安装、焊接，其优点是元件安装的机械强度较好。这两种不同的安装方式，印刷电路板上的元件孔距是不一样的。

③ 同一级电路的接地点应尽量靠近，并且本级电路的电源滤波电容也应接在该级接地点上。特别是本级晶体管基极、发射极的接地点不能离得太远，否则因两个接地点间的铜箔太长会引起干扰与自激，采用“一点接地法”的电路，工作较稳定，不易自激。

④ 总地线必须严格按高频-中频-低频一级级地按弱电到强电的顺序排列原则，切不可随便翻来覆去乱接，级与级间宁肯接线长点，也要遵守这一规定。特别是变频头、再生头、调频头的接地线安排要求更为严格，如有不当就会产生自激以致无法工作。

任务 9.2　创建工程数据库绘制原理图

任务能力目标

① 原理图的设计。

② 电气规则检查和材料报表。

③ 网络表生成。

知识技能

9.2.1　单片机控制板原理图的设计

（1）创建文件

建立一个名为“单片机板 .ddb”的项目数据库文件，然后新建一个名为“Mcuboard. Sch”的原理图设计文件。

（2）设置图纸参数

打开设计选项中的图纸参数设置对话框，把图纸的底色设置为白色，单击【Sheet】的颜色框，选择其中的白色；图纸的大小设置为 B 型，在【Standard】的下拉框中选择 B；为显示【Visible Grid】前面复选框架中的勾取掉，图纸方向为【landscape】(横向)，单击【OK】确定。

（3）设计原理图

按照前面几个项目中原理图设计的方法进行原理图的设计。单片机控制板电路原理图设计如图 9-1 所示。

（4）原理图中元件的阵列粘贴

在原理图设计中经常遇到相同元件的端子在画连线时重复的动作不断进行，这时可用系统提供的阵列粘贴命令来画元件端子。例如要在本项目中数码管的端子边线和单片机输出口的四个输出管座的边线用阵列粘贴命令来快速设计，操作过程如下。

方法一

① 在原理图中画一条适合长度的数码管连接线，然后选中这条线，选中后线条变成黄色。

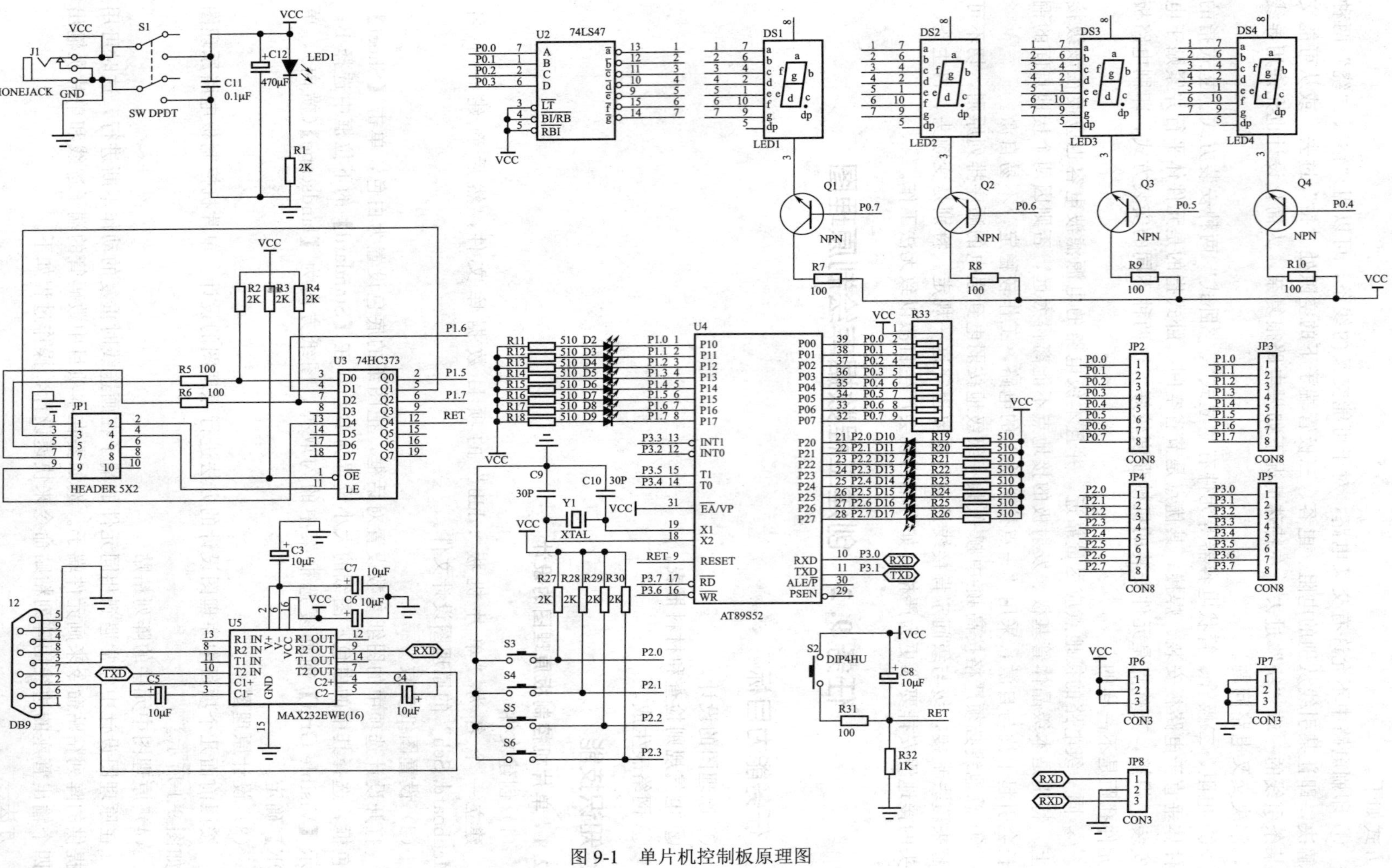

图 9-1 单片机控制板原理图

② 执行【Edit】/【Copy】命令，光标变成十字形，把光标移到被选中线条的一端按鼠标左键，选择复制点。

③ 执行【Edit】/【Paste Array...】命令，系统弹出如图 9-2 所示阵列粘贴设置对话框。在【Placement Variables】中选择要粘贴的数量，本例选择粘贴数量为 8；在【Spacing】中选择水平和垂直方向的间距，由于数码管的端子位置是在垂直方向，且端子间距为 10mil，因此在水平方向的间距为 0，垂直方向的间距为 10mil。

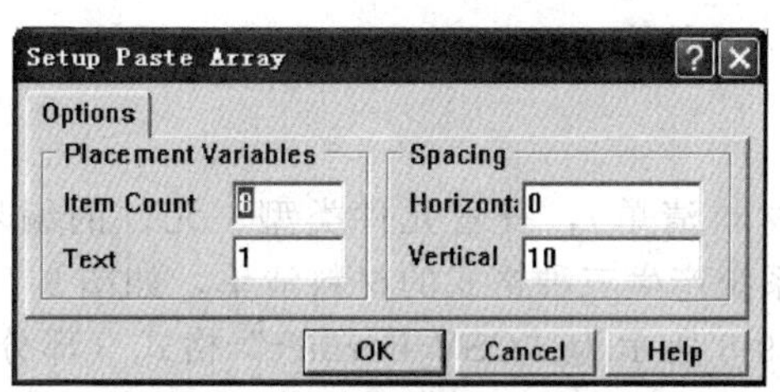

图 9-2　阵列粘贴设置对话框

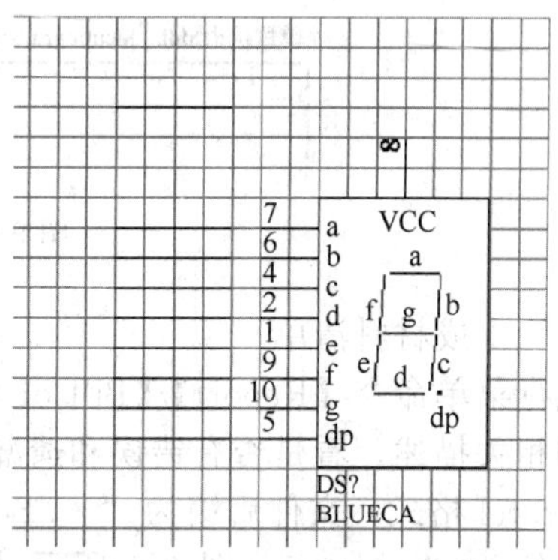

图 9-3　阵列粘贴结果图

④ 单击【OK】按钮，光标变成十字，移动光标到要粘贴的位置单击鼠标左键，就会出现 8 条垂直排列的线段，如图 9-3 所示，移动 8 条线段和数码管端子相连，完成粘贴任务。

方法二

① 在原理图中画好其中一个数码管连接线并放上网络标号，然后圈选中这组端子连线，选中后线条变成黄色，如图 9-4 所示。

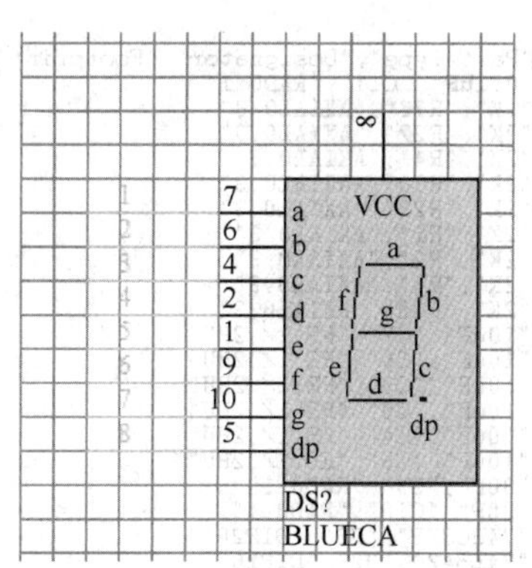

图 9-4　被选中的线段组

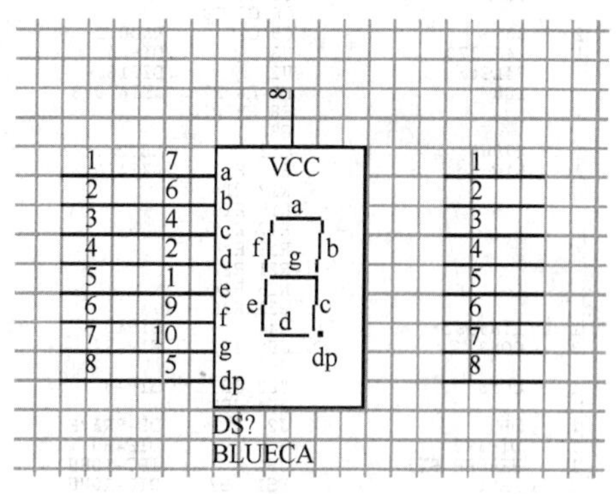

图 9-5　阵列粘贴线段组后的结果

② 执行【Edit】/【Copy】命令，光标变成十字形，把光标移到被选中线条组的左上端按鼠标左键，选择复制点。

③ 执行【Edit】/【Paste】命令，光标变成十字，并且光标上带着需要粘贴的一组线段。此时如按空格键，则线段组按逆时针方向，每按一次空格键旋转 90°；如按【Shift】+空格键，则线段组按顺时针方向，每按一次空格键旋转 90°。

④ 移动光标到要粘贴的位置单击鼠标左键，就会出现 8 条垂直排列的线段，如图 9-5 所示，移动 8 条线段和数码管端子相连，完成粘贴任务。

(5) 设置元件封装

原理图设计完成后接下来的工作就是为每个元件确定 PCB 端子封装形式。元件封装形式的放置要按元件实际的大小和形状从现有的元件封装库中寻找，如元件库中没有合适的PCB封装，就要自己动手重新设计元件的封装。具体的设计过程在项目7中有详细的介绍。

9.2.2 电气规则检查和材料报表

(1) 电气规则检查

执行菜单命令【Tools】/【ERC...】进行原理图的ERC校验检查，检查无报出错误，即完成原理图设计，检查结果如图9-6所示。

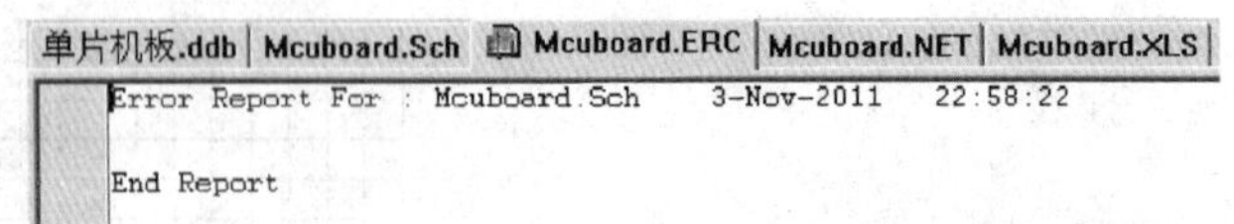

图9-6 ERC校验检查结果

(2) 生成材料清单

执行菜单命令【Report】/【Bill of Materal】(材料清单)，查看元件类型、元件的编号、封装和相关描述，看是否有错误和遗漏的地方。系统产生三种格式的材料清单，如图9-7所示为Protel格式，文件后缀为"＊.Bom"；如图9-8所示为"CSV Formet"格式（部分），文件后缀为"＊.cvs"；图9-9所示为"Client Spreadsheet"格式（部分），文件后缀为"＊.xls"。从输出的材料表上可以清楚地看到各元件的基本信息，如发现问题及时修改，直到符合设计要求。

```
Bill of Material for Sheet1.Bom

Used Part Type            Designator Footprint
==== ==================== ========== ==========
1    0.1uF                C11        RAD0.1
1    1K                   R32        AXIAL0.3
8    2K                   R1 R2 R3   AXIAL0.3
                          R4 R27 R28
                          R29 R30
6    10uF                 C3 C4 C5   RB.1/.2HU
                          C6 C7 C8
2    30P                  C9 C10     RAD0.1
1    74HC373              U3         DIP20
1    74LS47               U2         DIP16
7    100                  R5 R6 R7   AXIAL0.3
                          R8 R9 R10
                          R31
1    470uF                C12        RB.2/.4
16   510                  R11 R12    AXIAL0.3
                          R13 R14
                          R15 R16
                          R17 R18
                          R19 R20
                          R21 R22
                          R23 R24
                          R25 R26
1    AT89S52              U4         DIP40
3    CON3                 JP6 JP7    SIP-3
                          JP8
4    CON8                 JP2 JP3    SIP-8
                          JP4 JP5
1    DB9                  J2         DB-9RA/F
1    DIP4HU               S2         DIP4HU
1    HEADER 5X2           JP1        IDC-10HU
3    LED1                 DS1 DS2    DIP-10HU
                          DS3
1    LED1                            RAD0.1
1    LED4                 DS4        DIP-10HU
1    MAX232EWE(16)        U5         DIP16
4    NPN                  Q1 Q2 Q3   TO-92BHU
                          Q4
1    PHONEJACK            J1         DYCZ-HU
1    SW DPDT              S1         DIP6HU
1    XTAL                 Y1         RAD0.2
```

图9-7 Protel格式材料清单

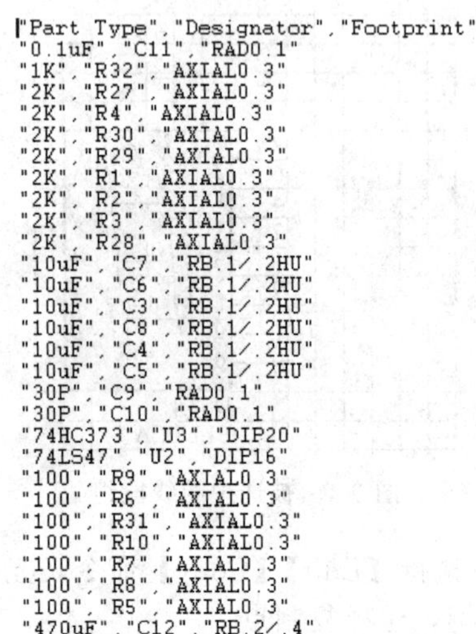

```
"Part Type","Designator","Footprint"
"0.1uF","C11","RAD0.1"
"1K","R32","AXIAL0.3"
"2K","R27","AXIAL0.3"
"2K","R4","AXIAL0.3"
"2K","R30","AXIAL0.3"
"2K","R29","AXIAL0.3"
"2K","R1","AXIAL0.3"
"2K","R2","AXIAL0.3"
"2K","R3","AXIAL0.3"
"2K","R28","AXIAL0.3"
"10uF","C7","RB.1/.2HU"
"10uF","C6","RB.1/.2HU"
"10uF","C3","RB.1/.2HU"
"10uF","C8","RB.1/.2HU"
"10uF","C4","RB.1/.2HU"
"10uF","C5","RB.1/.2HU"
"30P","C9","RAD0.1"
"30P","C10","RAD0.1"
"74HC373","U3","DIP20"
"74LS47","U2","DIP16"
"100","R9","AXIAL0.3"
"100","R6","AXIAL0.3"
"100","R31","AXIAL0.3"
"100","R10","AXIAL0.3"
"100","R7","AXIAL0.3"
"100","R8","AXIAL0.3"
"100","R5","AXIAL0.3"
"470uF","C12","RB.2/.4"
```

图9-8 CSV Formet格式材料清单

9.2.3 生成网络表

执行菜单命令【Design】/【Creat Netlist...】后，系统弹出【Netlist Creation】(网络表生成向导）对话框，按照前面项目中讲的进行设置，最后生成网络表，如图9-10所示。对网络表进行检查，如没有问题，原理图的设计任务就完成了，下一步就是进行印制电路板的设计。

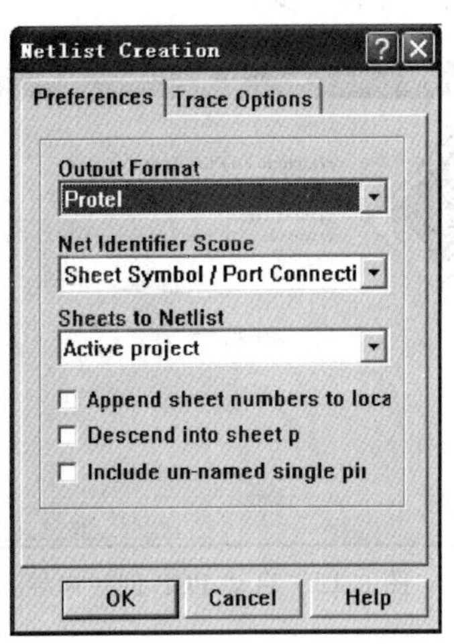

图 9-9　网络表生成向导对话框

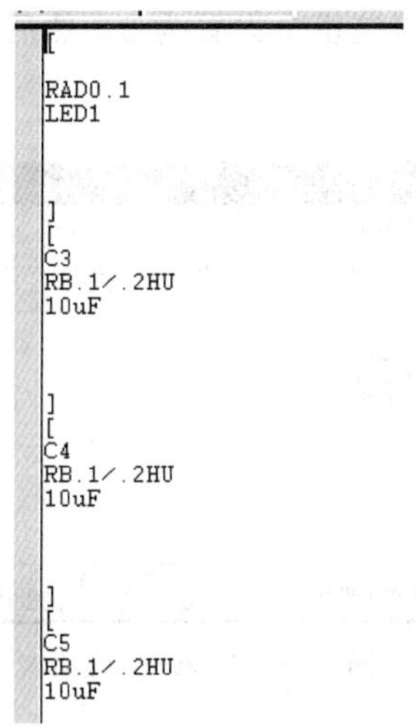

图 9-10　系统生成的网络表

任务 9.3　绘制单片机 PCB 印刷电路板

任务能力目标

① 创建一个新的 PCB 文件。
② 设置 PCB 板的参数。
③ 加载装入网络表及元件。
④ 元件布局。
⑤ 自动布线。
⑥ 自动布线拆除。
⑦ 手工调整印制电路板。
⑧ 更新设计项目。

知识技能

9.3.1　创建一个新的 PCB 文件

在这里，利用 PCB 创建向导创建 PCB 文件，其具体操作步骤如下。

① 执行【File】/【New】命令，在【New Document】对话框【Wizards】选项卡中选择“Printed CircuitBoard Wizard”，如图 9-11 所示。

② 单击【OK】按钮，启动 PCB 创建向导，如图 9-12 所示。直接单击【Next】按钮。

③ 在如图 9-13 所示的对话框中，在预定义板列表中选择“Custom Made Board”（自定义 PCB），然后单击【Next】按钮进入下一步。

④ 在如图 9-14 所示的对话框中，选择矩形的 PCB，将长和宽设置成 6000mil × 4000mil。取消选择【Inner CutOff】(内部切孔）和【Corner Cutoff】(把四角切掉）复选框，然后单击【Next】按钮。

⑤ 在如图 9-15 所示的对话框中，设置矩形的宽度和高度。因为前面已经设置过了，所以直接单击【Next】按钮进入下一步。

⑥ 在如图 9-16 所示的对话框中，设置矩形边界的切角尺寸。由于本项目的 PCB 不需要

切角，所以这里全设置为 0。然后单击【Next】按钮，进入下一步。

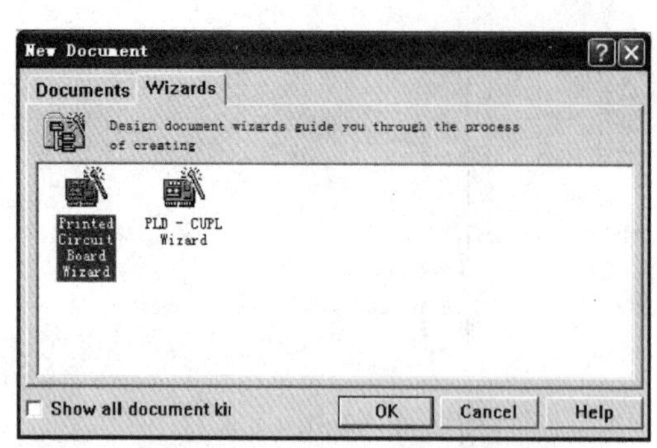

图 9-11 Wizards 选项卡

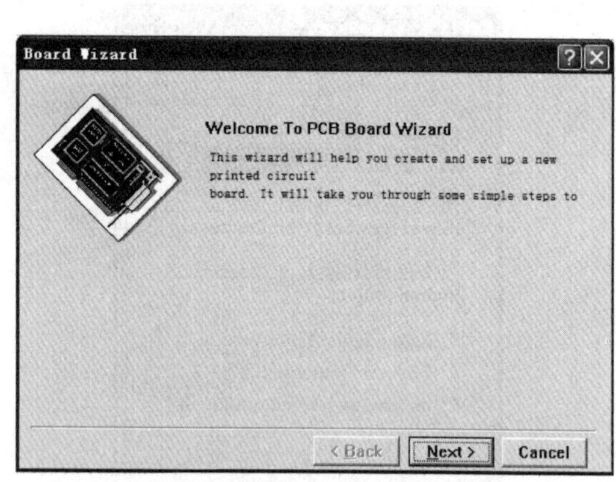

图 9-12 启动 PCB 创建向导

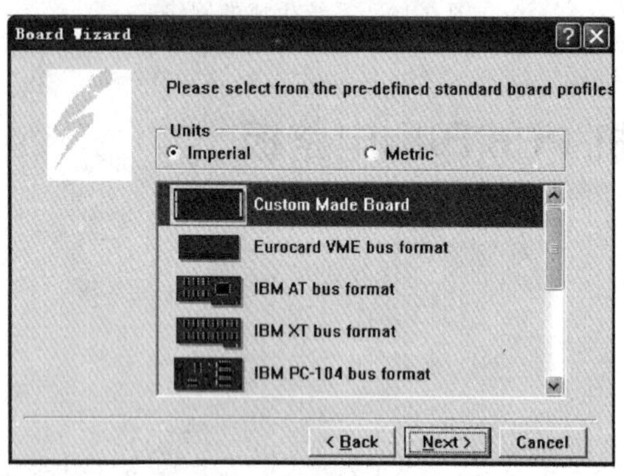

图 9-13 自定义 PCB 模板

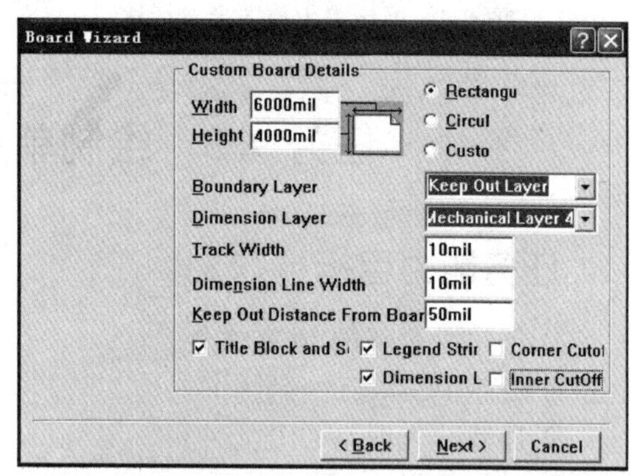

图 9-14 设置 PCB 板大小和轮廓形状

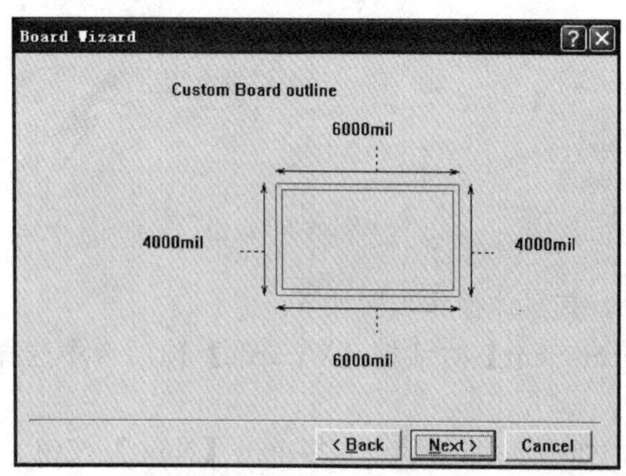

图 9-15 设置 PCB 板的长宽尺寸

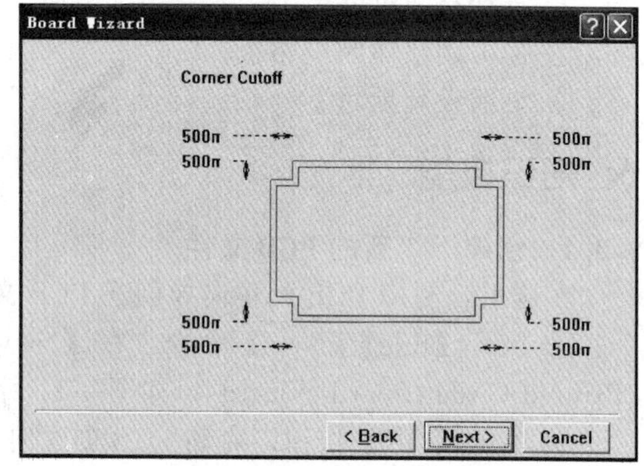

图 9-16 四周切角尺寸设置

⑦ 在如图 9-17 所示的对话框中，设置 PCB 板的相关设计信息，然后单击【Next】，进入下一步。

⑧ 在如图 9-18 所示的对话框中，设置新建 PCB 板的设计层数。这里选择第一项“双层板-电镀过孔”即可，然后单击【Next】按钮，进入下一步。

⑨ 设置过孔或盲孔。因为该 PCB 板中使用的是过孔，所以在如图 9-19 所示的对话框中选择【Thruhole Vias only】(穿透型过孔)，然后单击【Next】按钮，进入下一步。

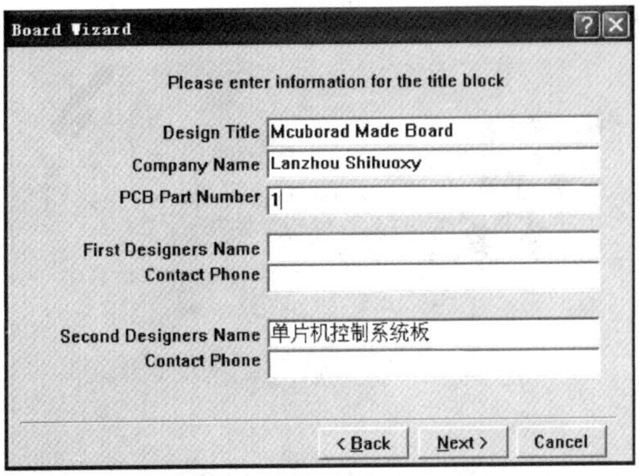

图 9-17　设置 PCB 板的相关设计信息

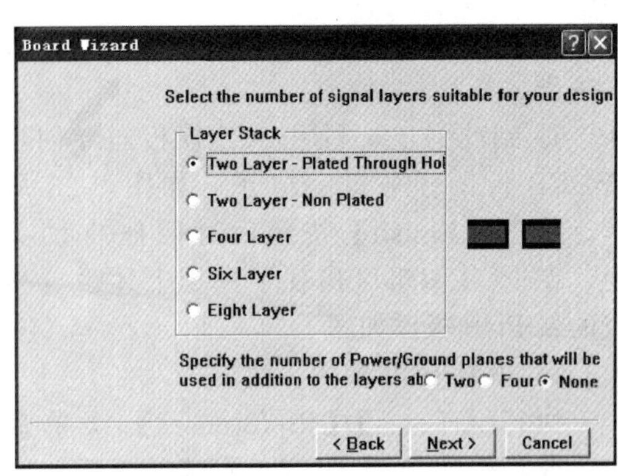

图 9-18　设置 PCB 板的设计层数

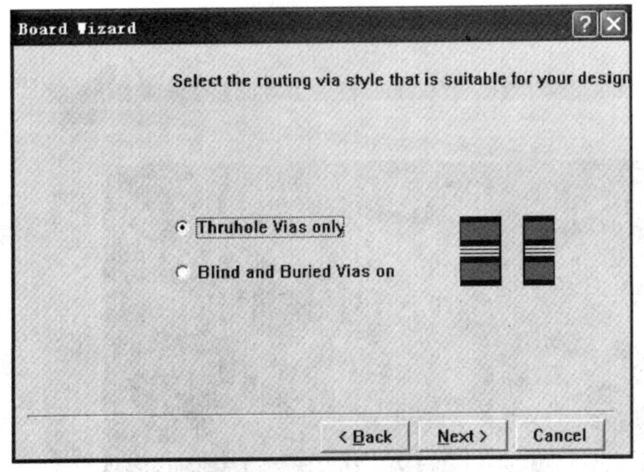

图 9-19　设置电路板中用过孔还是盲孔

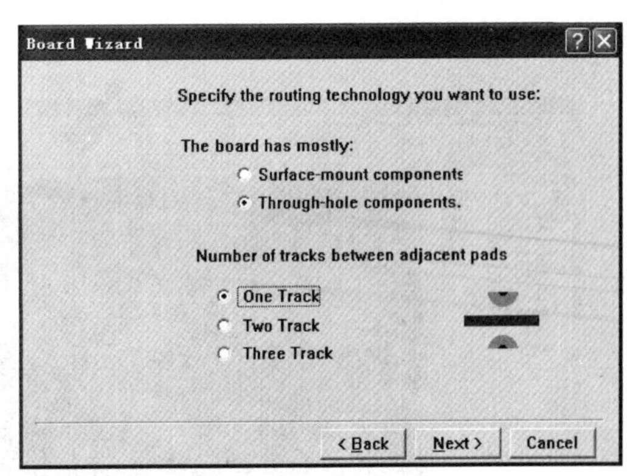

图 9-20　元件安装类型设置

⑩ 设置 PCB 板元件的安装类型。在如图 9-20 所示的对话框中，选择【Through-hole components】(插装元件)，然后设置在两个相邻的焊盘之间最多允许通过一条导线。单击【Next】按钮，进入下一步。

⑪ 设置电路板中布导线相关尺寸。在如图 9-21 所示的对话框中，可以设置元件间布线的参数。一般使用默认值即可，单击【Next】按钮，进入下一步。

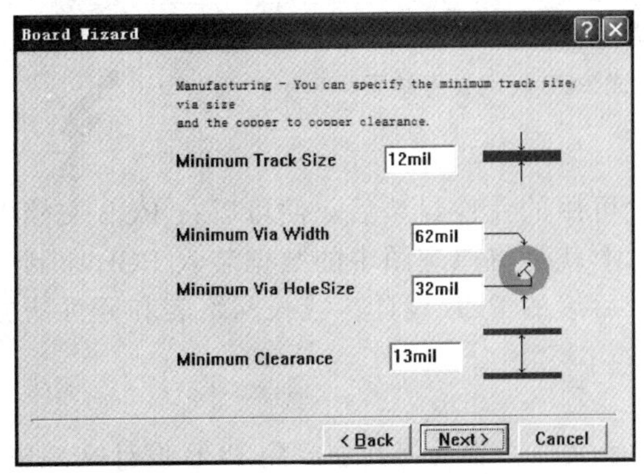

图 9-21　设置电路板中布导线相关尺寸

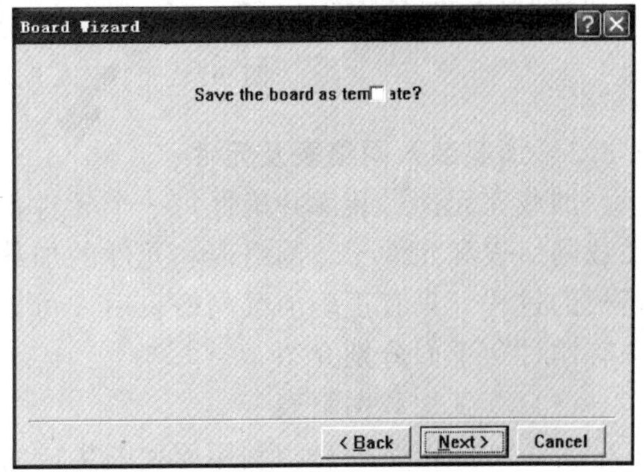

图 9-22　是否保存模板设置

⑫ 将设置保存为模板。在如图 9-22 所示的对话框中，选择【Save the board astemplate】复选框，将本次设计的 PCB 保存为模板，如不选择复选框，则以上设置只适用

于本项目的设计，单击【Next】按钮，进入下一步。

⑬ 到此为止，利用PCB模板向导创建新PCB板的任务就完成了。如图9-23所示，单击【Finish】按钮，对话框自动关闭，在PCB编辑区出现了根据上述设置生成的新PCB板，如图9-24所示。

图9-23 完成PCB设置

9.3.2 设置PCB板的参数

执行【Tools】/【Preferences】菜单命令，或者按快捷键【T】+【P】，打开如图9-25所示的【Preferences】对话框，设置PCB编辑环境中的各个参数。在这里都采用系统默认设置即可，直接进入下一个设计环节。

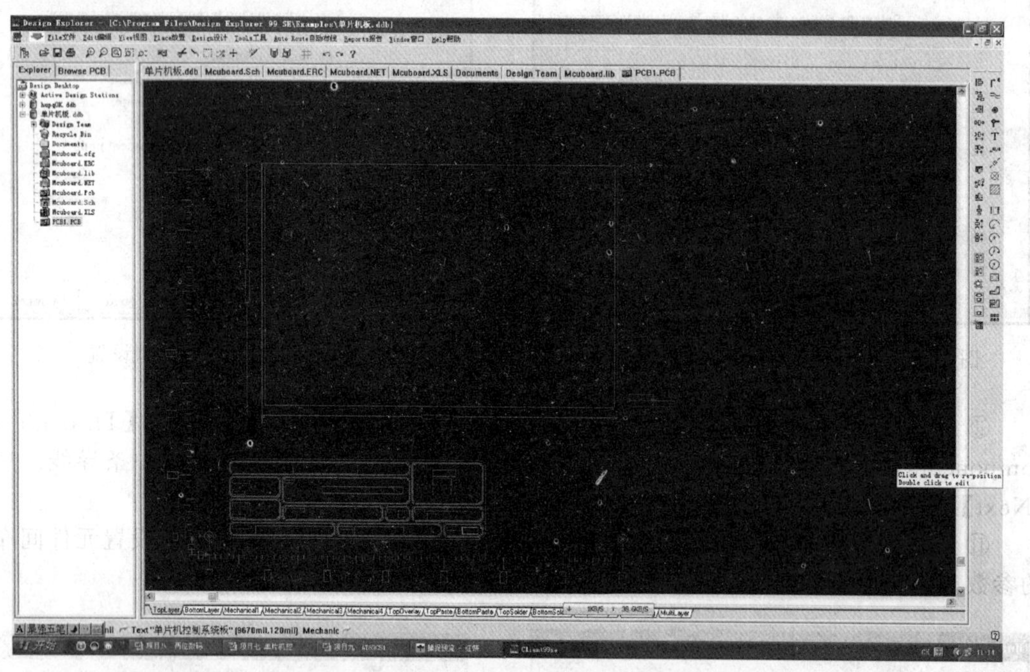

图9-24 利用PCB向导完成PCB板的设置结果

9.3.3 加载装入网络表及元件

加载完元件封装库并确保每一个元件都包含可用的元件封装后，便可以在PCB文档中加载网络表和元件了。网络表和元件的加载实际上就是将原理图中的数据装入PCB印制电路板的过程。只有正确加载网络表后才可以进行后续的PCB设计。载入网络表和元件的方法有两种，下面分别介绍。

（1）手工加载网络表

手工加载网络表是指利用原型图生成的网络表文件，手动将其加载到PCB设计文档中，操作过程如下。

① 执行菜单命令【Design】/【Load Nets】，打开载入网络表和元件设置对话框。

② 在弹出对话框的【Netlist File】项中，输入所要载入的网络表文件名及其路径，或按【Browse】按钮，弹出“网络表文件选择”对话框。本项目选择“Mcuboard.NET”网

络文件，生成如图 9-26 所示的对话框。

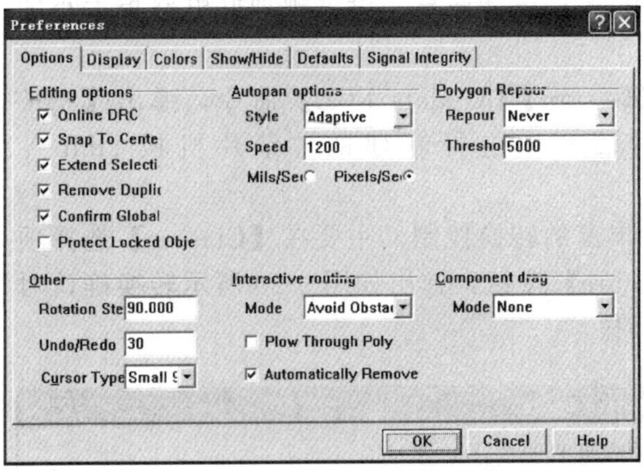

图 9-25　PCB 编辑环境参数设置对话框

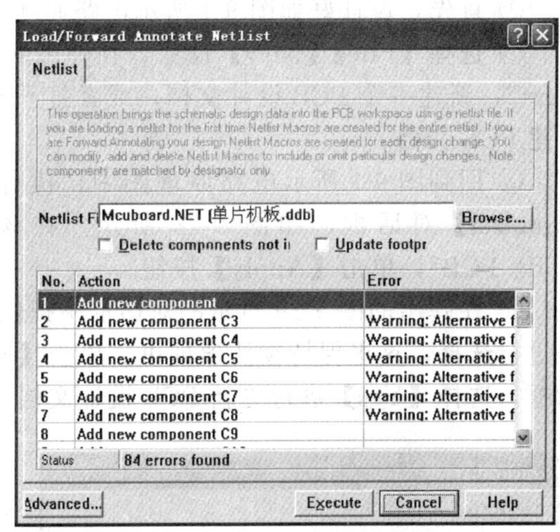

图 9-26　装入网络表产生的宏

③ 如果载入的网络表有错误和警告就对提出来的错误点在原理图中反复进行修改，加载元件所需的封装库，如库中没有该元件的封装，就要设计元件封装，并加载到元件库中。元件封装的设计和网络表错误的排除前面项目中已讲过，在此不再赘述。重新生成网络表和加载网络表，直到生成的宏没有错误，按【Execute】按钮，装入网络表和元件到规划好的 PCB 板中，执行结果如图 9-27 所示。

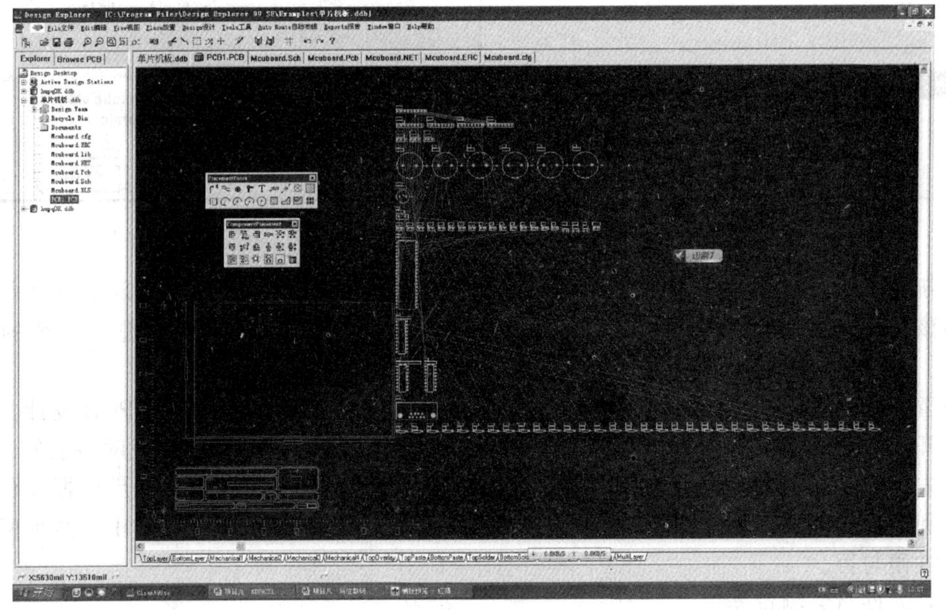

图 9-27　执行加载网络表后的结果

（2）利用设计同步器自动加载网络表

Protel 99 SE 提供了无缝的原理图和 PCB 的衔接，当设计完成电路原理图后，可以通过设计同步器自动将原理图设计映射到 PCB 编辑区中。当然，在装入原理图的网络与元器件之前，应该先编译设计项目，根据编译信息检查该项目的原理图是否存在错误。如果有错误，应及时修改，否则加载网络和元器件到 PCB 文档时会产生错误，从而导致加载失败。

利用设计同步器自动加载网络表的操作过程如下。

① 首先，设计好如图 9-1 所示电路原理图。

② 选择【File】/【New】命令，在弹出的【New Document】对话框中选择“PCB Document”，新建一个 PCB 设计文档，或者打开利用 PCB 设计向导，设置规划好电路板大小的新建 PCB 文档。

③ 回到图 9-1 所示电路原理图中，执行【Design】/【Update PCB】命令，弹出【Synchronizer】对话框，如图 9-28 所示。在该对话框中选择新建的“单片机板 .ddb \ PCB1. PCB”，单击【Apply】按钮。

④ 在弹出的图 9-29 所示的对话框中提供了丰富的转换控制，主要在【Classes】选择项中进行选择，这里保持默认值即可。单击【Execute】按钮，弹出如图 9-30 所示转换确认对话框，选择【Yes】进行更新 PCB 设计文档的操作。

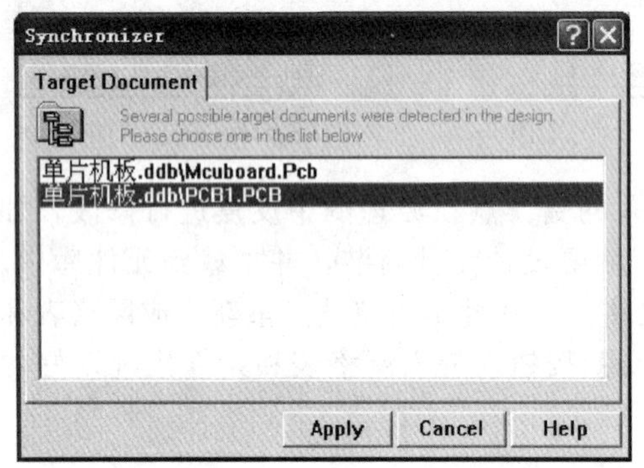

图 9-28 Synchronizer 对话框

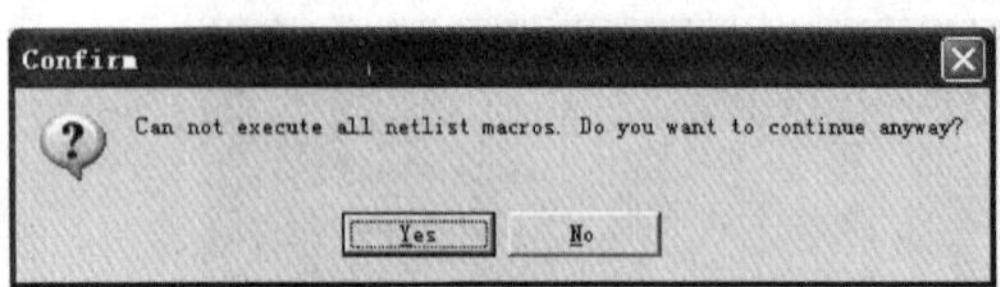

图 9-30 转换确认对话框

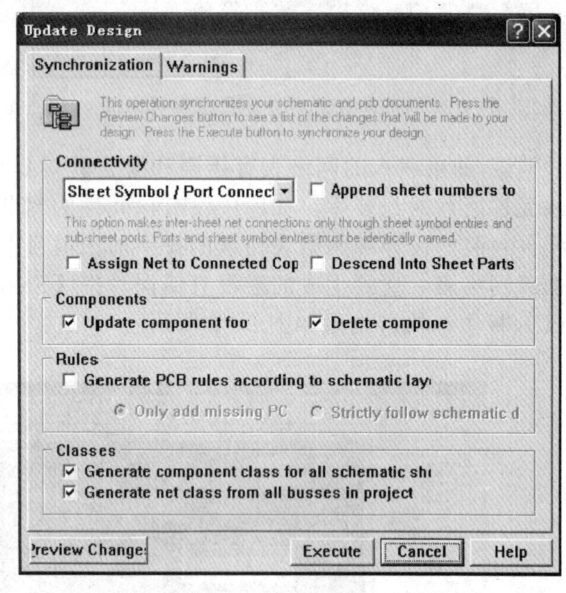

图 9-29 Update Design 对话框

更新完毕后，在 PCB 设计文档中便可以看到，所有的元器件及元件之间的连线都已经映射到该文件中。加载网络表后的 PCB 图如图 9-31 所示。此时，即可进行后续的 PCB 设计。

注意，利用设计同步器自动加载网络表的时候，应该首先保证新建的 PCB 设计文档要处于打开状态，否则没有结果。手动加载网络表和利用设计同步器自动加载网络表的区别是后者事先不需要规划电路板的大小，而是先把元件导到新建的 PCB 中，然后根据元件的大小形状和元件的多少规划电路板的大小，如图 9-32 所示。读者可自行分析比较两种网络表使用得方便与否。

（3）元件封装浏览器

Protel 99 SE 为用户提供了大量的元件封装库，在进行电路板设计时，如设计者对库中的元件封装不熟悉，就需要浏览并加载元件封库。Protel 99 SE 在 PCB 编辑管理器中提供了方便的元件封装库浏览器。在 PCB 编辑管理器的【Browse】区域中选择【 Libraries】，则进入元件封装库浏览器，如图 9-33 所示。元件封装库浏览器主要由【Browse】区域和【Components】区域构成，下面分别进行介绍。

①【Browse】区域　元件封装库浏览器的【Browse】区域用于管理元件封装库。其中

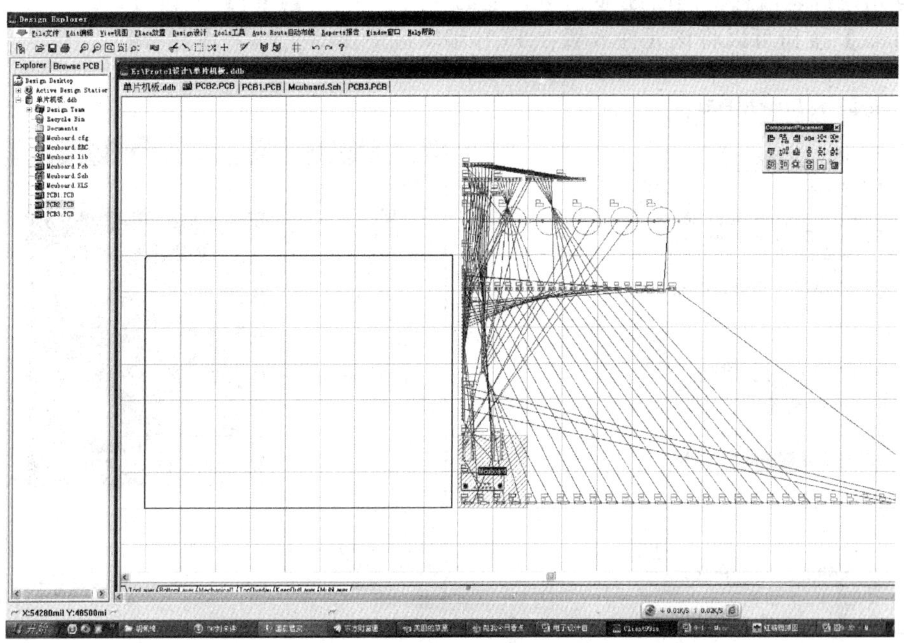

图 9-31　设计同步器在规划电路板中导入元件的结果

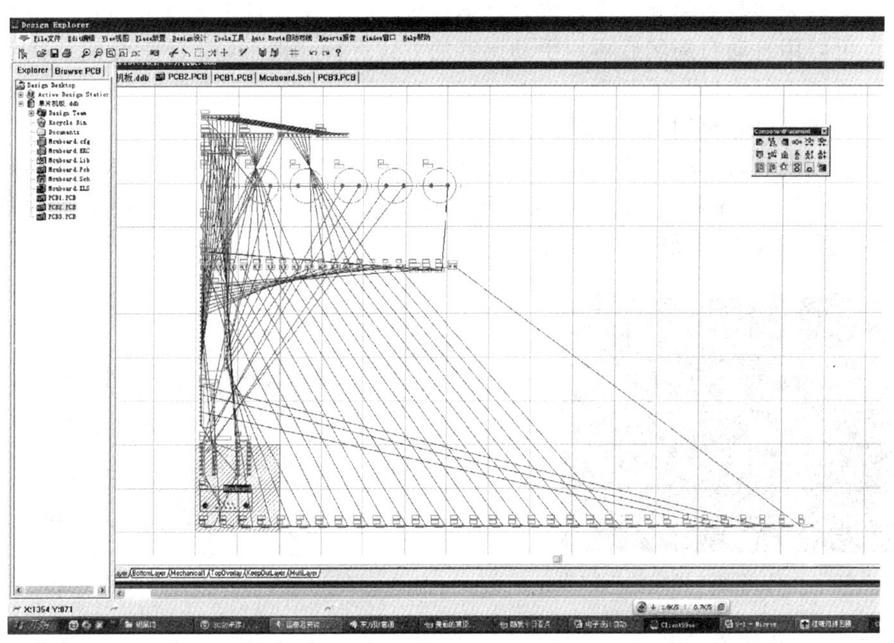

图 9-32　设计同步器在没有规划电路板时调入元件的结果

列出了当前可使用的元件封装，用户可以添加及浏览元件封装库。选中元件封装库，单击【Browse】按钮，弹出【Brows Libraries】对话框，如图 9-34 所示。用户可以在其中浏览该元件封装库中的元件。在对话框中，单击【Edit】按钮可以编辑元件封装，单击【Place】按钮可以将该元件放置在 PCB 中。用户可以通过【Add】/【Remove】按钮来添加、删除元件封装库。

②【Components】区域　元件封装库浏览器的【Components】区域列举了当前元件库

中的所有元件封装信息，同时还显示该封装的样式。单击【Edit】按钮可以编辑元件封装，单击【Place】按钮可以将该元件放置在 PCB 编辑区中。

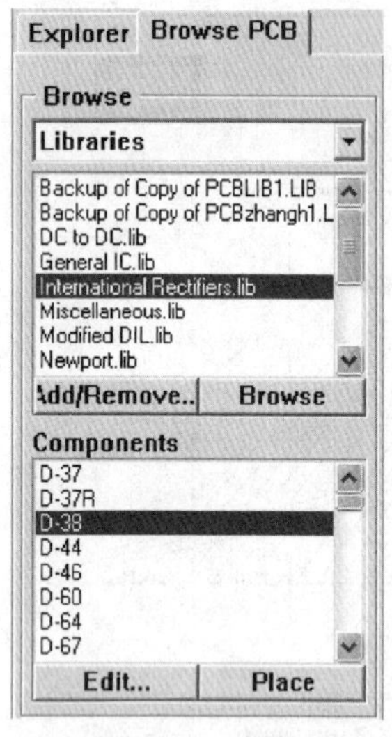

图 9-33 元件封装浏览器

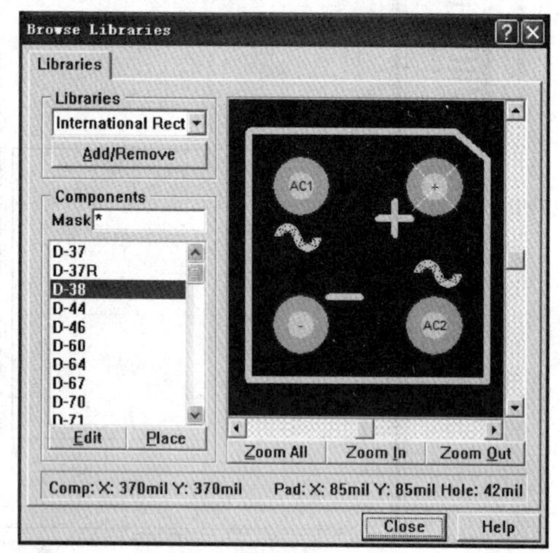

图 9-34 Brows Libraries 对话框

9.3.4 元件布局

自动布局对大多数的设计来说，效果并不理想，由于本设计中元件并不是太多可以用手动布局，也可以用自动布局然后再用手动调整的方式进行元件布局。下面介绍一些手动布局时的操作技巧。

(1) 手动布局时隐藏网络飞线功能

在进行手动布局时，移动器件期间，敲键盘字母“N”可以使网络飞线暂时消失，当元件移动到指定位置后，网络飞线会自动恢复。这样做可减小布局时飞线对视线的影响，如 9-35 所示中电源插座在移动时的飞线不见了。

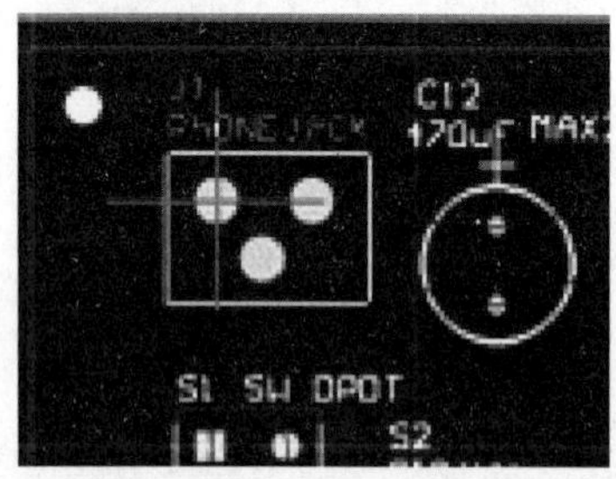

图 9-35 元件移动时飞线消失效果

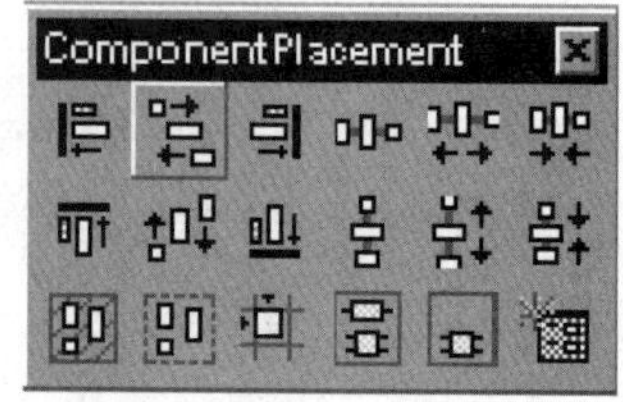

图 9-36 元件布局工具条

“飞线”是与导线有关的另外一种线，常称之为飞线，也称预拉线。飞线是在引入网络表后，系统根据规则生成的，用来指引布线的一种连线。

飞线与导线是有本质的区别的。飞线只是一种形式上的连线，它只是形式上表示出各个焊点间的连接关系，没有电气的连接意义。导线则是根据飞线指示的焊点间连接关系布置的，具有电气连接意义的连接线路。

(2) 新增加 X 轴和 Y 轴元件布局格点

当元件移动或放置时，X、Y 方向可以按不同的格点移动。只要选【Design】/【Options】菜单命令，在【Options】对话框中设置适合的格点就可以了。

(3) 布局工具条的应用

执行【View】/【Toolbars】/【Component Placement】菜单命令，切换布局工具条。利用布局工具条可以方便地将元件按顶部、底部、左边、右边对齐等操作。功能等同【Tools】/【Ineractive Placement】中的选项，如图 9-36 所示为元件布局工具条。

(4) 布局中的动态长度分析器

在移动元件时，Protel 99 SE 的基于连接长度动态分析器会自动分析布局好坏，并且动态显示绿线（表示好）、红线（表示坏），图 9-37 中虚线圈中电源插座用红线表示移动位置不好。

(5) 只显示用到的层

在 Protel 99 SE 的【Design】/【Options】功能选项中设置只显示用到的信号层、电源层、机械层等，就可以很清楚地看到 PCB 文件的层数，使图面变得清晰。如图 9-38 所示，把丝印层显示取掉后的显示效果，此时要移动某个元件时，元件就会突显出来，如图 9-38 中虚线圈中的 74LS47 元件。

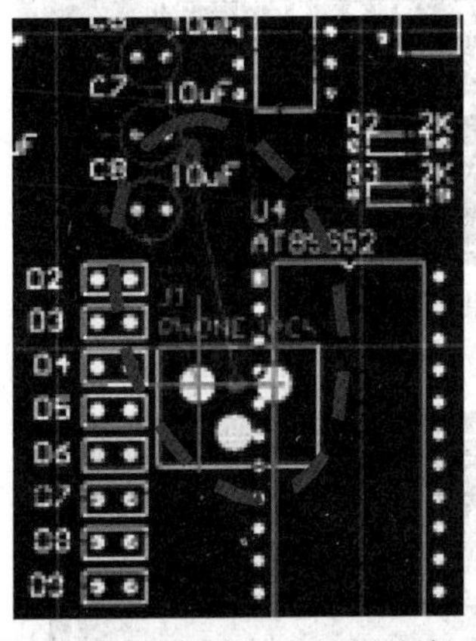

图 9-37　元件布局中好坏的表示

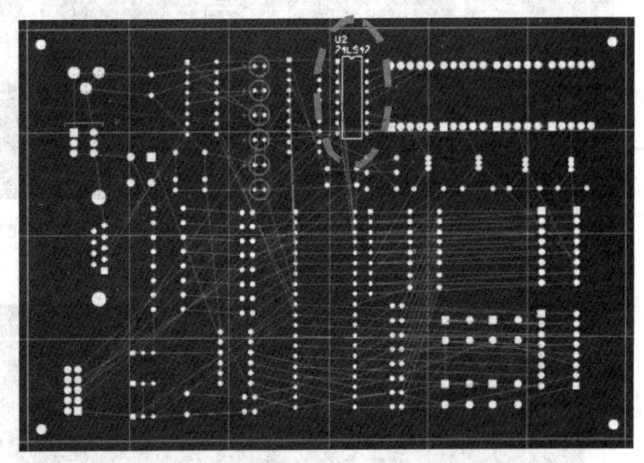

图 9-38　不显示丝印层时元件的显示效果

(6) 手动布局完成后的元件排列效果

图 9-39 所示为手动布局后单片机控制系统板的最后效果图。

(7) 元件布局后的 3D 效果图

Protel 99 SE 提供了印制电路板的 3D 效果显示功能，使用该功能可以显示 PCB 的清晰立体效果，如图 9-40 所示。

9.3.5　自动布线

在【Design】/【Rules】设置好布线规则后，就可以进行自动布线了。Protel 99 SE 可以实现全局布线，也可以对用户指定的区域、网络或者元件等进行布线。自动布线的有关命令在菜单【Auto Route】的子菜单命令下，布线设置和全局布线操作已在项目 8 中讲过。

(1) 对指定网络进行布线

Protel 99 SE 可以对指定的网络进行布线，此时，用户首先要自定义自动布线的网络，然后按照以下步骤进行布线。

① 执行【Auto Route】/【Net】命令，光标变成十字状，用十字光标点中要布线的网络，则该网络立即被布线。注意，十字光标要放在网络飞线上，不能放在元件焊盘上，如图 9-41 所示为电源 Vcc 网络被布线的结果。双击导线可对布线的宽度进行编辑。

② 当设计者选择需要进行布线的网络，十字光标靠近焊盘时单击，弹出如图 9-41 所示的菜单（该菜单对于不同的焊盘可能会有所不同），一般应该选择【Pad】选项或者【Con-

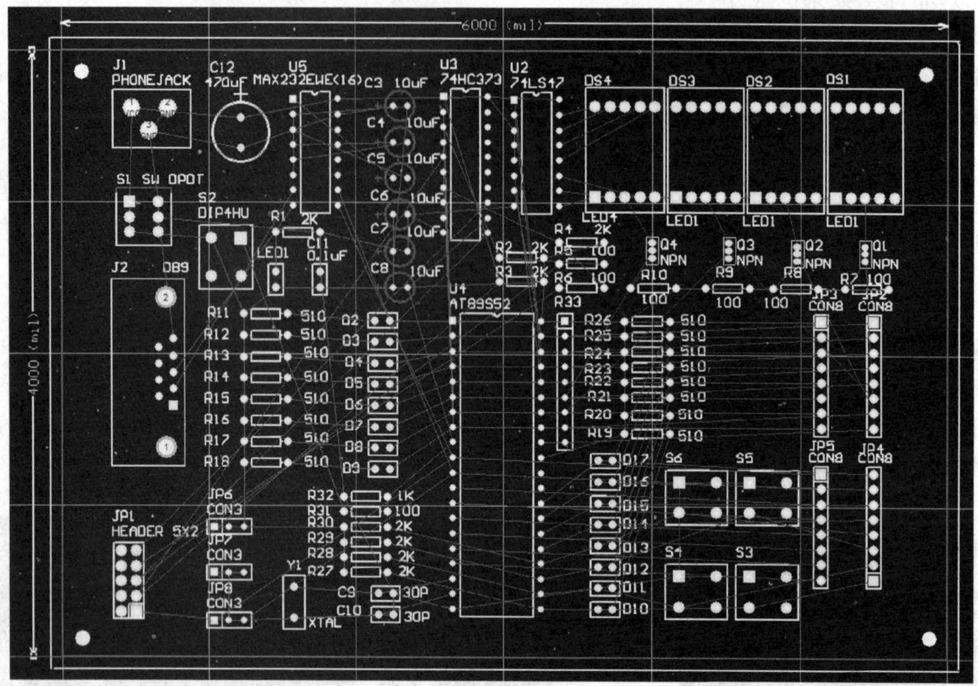

图 9-39　单片机控制系统板布局效果

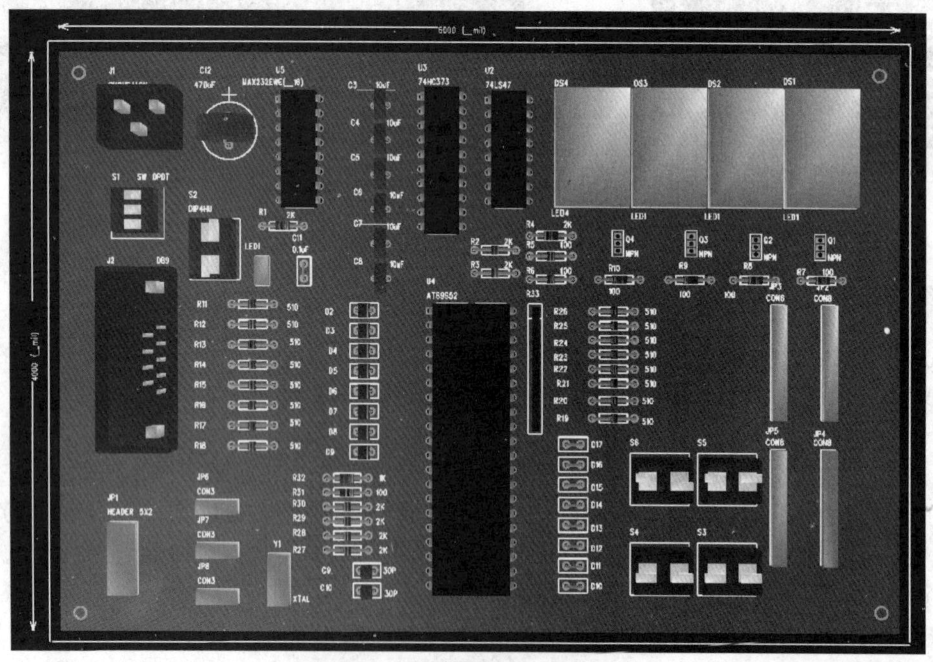

图 9-40　元件排列后的 3D 效果图

nection】选项，而不选择【Component】选项，因为【Component】选项仅仅局限于当前元件的布线。布线结果和图 9-42 所示相同。

（2）两连接点间进行布线

Protel 99 SE 中，对选定的两连接点进行布线，可以按照以下步骤进行。

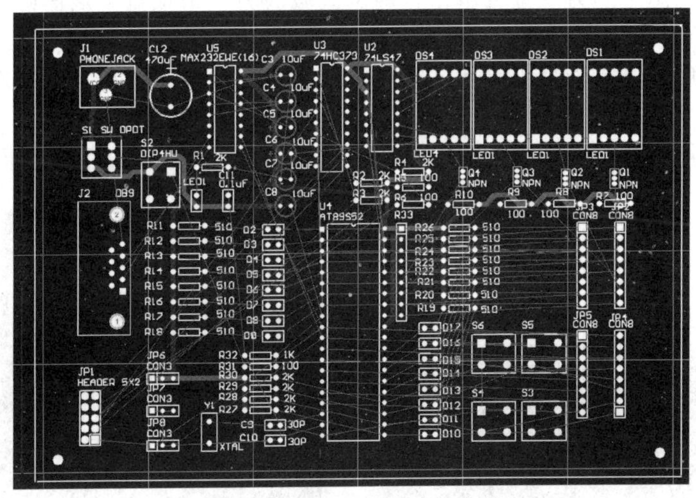

图 9-41　指定网络布线的结果

① 执行【Auto Route】/【Connection】命令，光标变成十字状。将光标移动到 PCB 图中某两点间的连线上单击，系统就会自动在这两点间进行布线。

② 布线完成后，光标仍为十字状，还可以继续对其他连接进行布线。右击工作区或者按【Esc】键，即可退出连接点布线状态。图 9-43 所示为对元件 J1 和 C12、J1 和 S1 两点布线的结果。

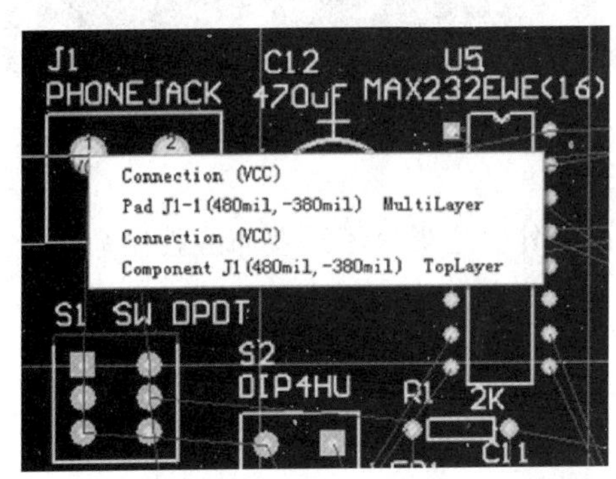

图 9-42　指定网络布线选择对话框

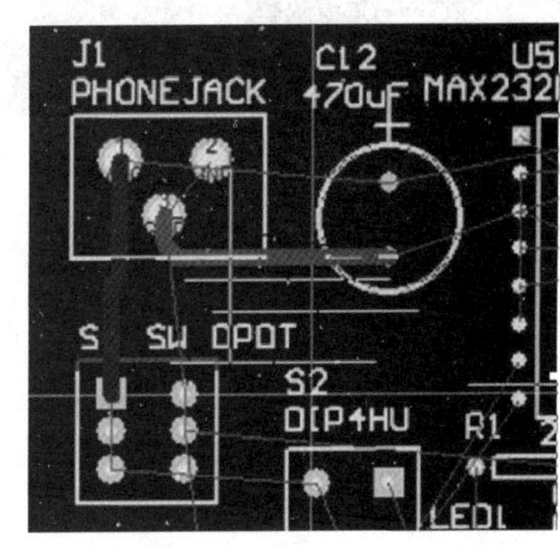

图 9-43　指定两点布线结果

(3) 对指定元件进行布线

在 Protel 99 SE 中，对指定元件进行布线，可以按照以下步骤进行。

① 执行【Auto Route】/【Component】命令，光标变成十字状。将光标移动到要布线的元件上单击，系统就会自动对此元件进行布线。

② 布线完成后，光标仍为十字状，还可以继续对其他元件进行布线。右击工作区或者按【Esc】键，即可退出元件布线状态。如图 9-44 所示为元件 MAX232 被选中后的布线结果。

(4) 对指定区域进行布线

在 Protel 99 SE 中，对指定区域进行布线，可以按照以下步骤进行。

① 执行【Auto Route】/【Area】命令，光标变成十字状。将光标移动到图中要布线的位置单击，确定区域的一个顶点。

② 移动光标到图中的另一位置单击，确定区域的另一个顶点，从而确定选择的矩形虚框。此时系统就会自动对此区域进行布线。

③ 布线完成后，光标仍为十字状，还可以继续对其他区域进行布线。右击工作区或者按【Esc】键，即可退出区域布线状态。

如图 9-45 所示为对图中虚框内的矩形区域，进行指定区域布线后的结果。

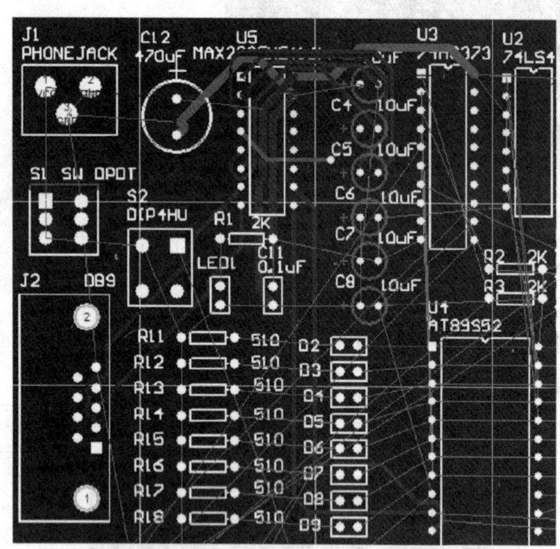

图 9-44 元件 MAX232 被选中后的布线结果

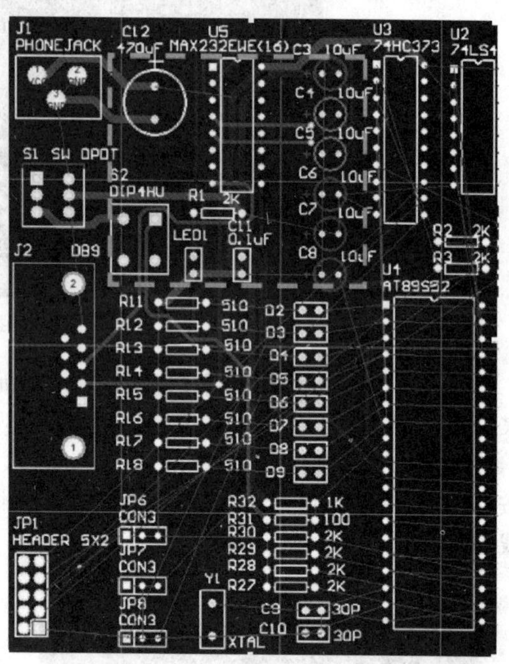

图 9-45 对指定区域进行布线的结果

(5) 布线控制命令

在【Auto Route】菜单中，除了以上 4 个布线命令外，还提供了一些布线控制命令，主要包括如下几个命令。

①【Stop】：终止当前自动布线进程。

②【Reset】：对电路板重新布线。

③【Pause】：暂停自动布线。

④【Restart】：重新开始自动布线。

用户可以根据设计的需要选择使用上述功能，由于它们的使用比较简单，就不再举例说明使用过程。

9.3.6 自动布线拆除

自动拆除布线的过程是自动布线的逆过程，它可以拆除全部或有选择地拆除已布线路。

(1) 自动拆除全部布线

执行【Tools】/【Un- Route】/【All】命令后，整个电路板上所有已布好的线路将全部被拆除，回到飞线状态。

(2) 拆除指定网络的布线

执行【Tools】/【Un-Route】/【Net】命令后，产生十字光标，用十字光标点中某个已布线网络的任何部分，该网络的布线即被拆除。

(3) 拆除指定连线的布线

执行【Tools】/【Un-Route】/【Connection】命令后，产生十字光标，用十字光标点中某个已布线的两个焊盘的连线，该连线的布线即被拆除。

（4）拆除指定元件的布线

执行【Tools】/【Un-Route】/【Component】命令后，产生十字光标，用十字光标点中某个已布线的元件，则与该元件焊盘连接的所有布线即被拆除。

9.3.7　手工调整印制电路板

对电路板执行自动布线后，可以完成绝大部分的电路板布线任务。Protel 99 SE 的自动布线功能虽然强大，但有时自动布线的结果不尽如人意，此时便需要用户手工调整布线。

（1）手工调整布线

① 对于已布线的电路图，将工作层切换到顶层（Top Layer），使顶层为当前工作层。

② 执行【Tools】/【Un-Route】/【Component】命令后，产生十字光标，用十字光标点中某个已布线的元件，则与该元件焊盘连接的所有布线即被拆除。

③ 执行【Place】/【Interactive Routing】命令，对取消布线的对象进行重新布线。其他位置的布线调整方法相同。如图 9-46 所示为对元件 J1、C12、S1 进行手工布线调整前后的对比图。

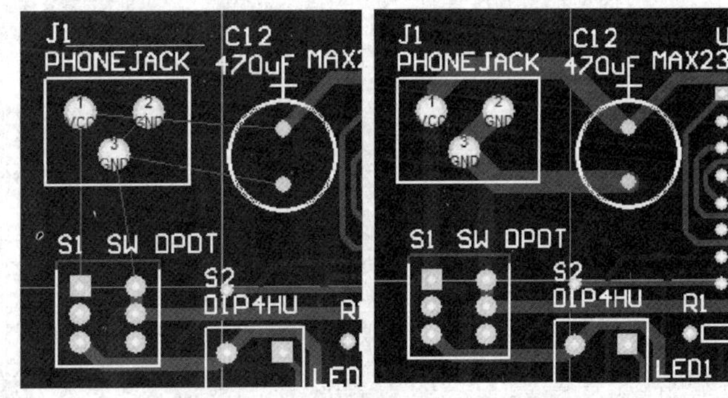

图 9-46　手工布线调整前后的对比图

（2）加宽电源线和接地线

电路中的电源和接地线通过的电流往往较大，为了提高电路板的可靠性，一般需要把电源线和接地线加宽。在 Protel 99 SE 中，可以在设置布线设计规则时设置增加电源线和接地线的宽度，也可以在自动布线完成后，直接在电路板上加宽电源线和接地线。加宽电源线和接地线的操作步骤如下。

① 双击需要加宽的电源线和地线的走线，弹出【Track】对话框，如图 9-47 所示。

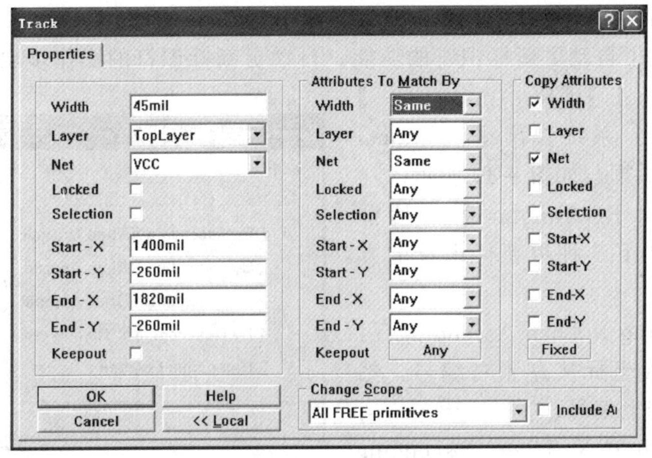

图 9-47　全局属性修改对话框

② 在【Track】对话框中，将【Width】文本框中的数值调整为实际需要的宽度，如要该设计中选 45mil，单击全局编辑功能按钮【Global】，在打开的全局编辑对话框中的【Width】中选择【Same】，【Net】选择【Same】，别的选项为【Any】，在【Copy Attributes】（复制属性）复选项中勾选【Width】和【Net】，然后单击【OK】按钮，即可改变所选导线的宽度。同时，电路中所有电源网络和地线网络的线宽全都改成了相同宽度。

其他位置的布线调整方法相同，加宽电源线和接地线后的单片机控制系统板如图 9-48 所示。

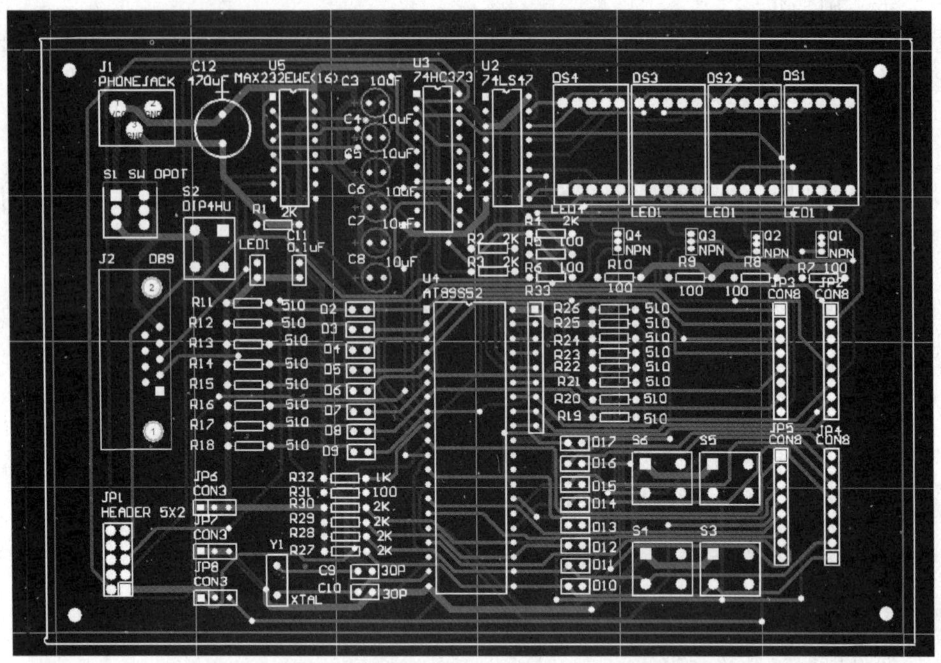

图 9-48　全部电源线和地线加宽后的单片机控制板效果图

有时，加宽的走线会显示为“Error Marks”的颜色，这是由于走线加宽后，违反了导线间的安全距离设计规则，此时应调整走线的形状，使不同走线和网络间没有相互接触及违法安全距离的现象。

（3）自动更新标识符

在电路原理图的设计过程中，Protel 99 SE 提供了自动管理元件标识符的功能。在 PCB 设计中，同样提供了自动更新标识符的功能。自动更新标识符的操作步骤如下。

① 执行【Tools】/【Re-Annotate …】（反向标注）命令，系统弹出【Positional Re-Annotate】对话框，如图 9-49 所示。

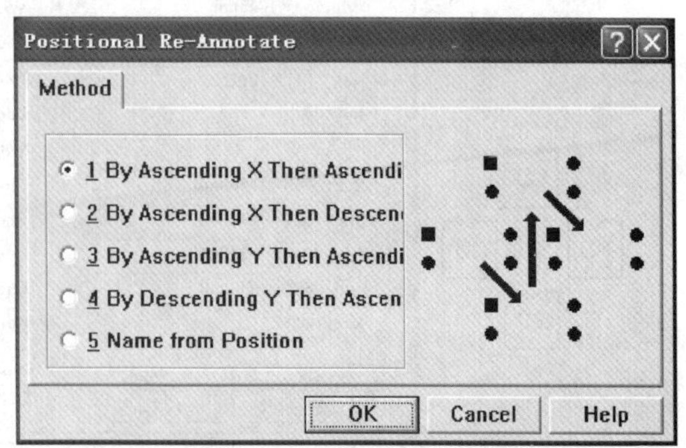

图 9-49　反向标注模式选择对话框

在【Positional Re-Annotate】对话框中，系统提供了如下 5 种更新标识符的方式，意义解释如下。

- By Ascending X Then Ascending Y：该选项表示先按横坐标从左到右编号，然后按纵坐标从下到上编号。
- By Ascending X Then Descending Y：该选项表示先按横坐标从左到右编号，

然后按纵坐标从上到下编号。

- By Ascending Y Then Ascending X：该选项表示先按纵坐标从下到上编号，然后按横坐标从左到右编号。
- By Descending Y Then Ascending X：该选项表示先按纵坐标从上到下编号，然后按横坐标从左到右编号。
- Name from Position：该选项表示按坐标位置进行编号。

② 在该设计中选择【1By Ascending Y Then Ascending X】模式。

③ 选择完更新标识符的模式后，单击【OK】按钮，系统将自动按照选定的模式对元件符号进行重新编号。更新标识符后的 PCB 图，如图 9-50 所示。同时，元件标识符重新定义后，系统将生成一个“Mcuboard. WAS”文件，记录元件标识符新旧变化情况。读者可对图 9-48 和图 9-50 中相同元件的标号变化情况进行比较，看变化前后有何异同。

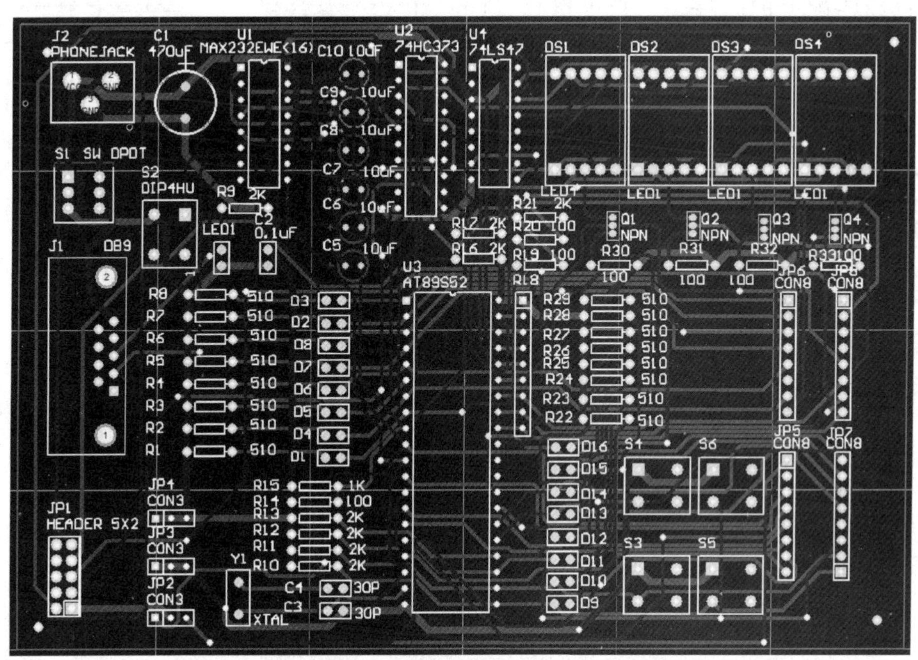

图 9-50 更新标识符后的单片机控制系统板图

9.3.8 更新设计项目

电路原理图和 PCB 图是紧密联系着的两个设计文档，但是利用同步器可将各自的编辑环境中修改一些参数统一起来，避免出现原理图和 PCB 图不同步的情况。同步器支持以下四种变化：

① 元件编号变化；

② 元件注释变化；

③ 元件封装变化；

④ 删除元件。

如果设计者修改了 PCB 图中的某些参数，例如元件标号，此时在 PCB 的编辑环境下，由 PCB 更新原理图的操作步骤如下。

(1) 由 PCB 更新原理图

Protel 99 SE 提供了电路原理图和 PCB 图之间的双向更新功能。用户在设计的任何阶段，只要修改了电路原理图或者 PCB 图中的任何一个，便可以通过自动更新功能将更改反映到另一个设计文档中。

① 执行【Design】/【Update Schematics】命令，弹出如图 9-51 所示的【Update Design】对话框。

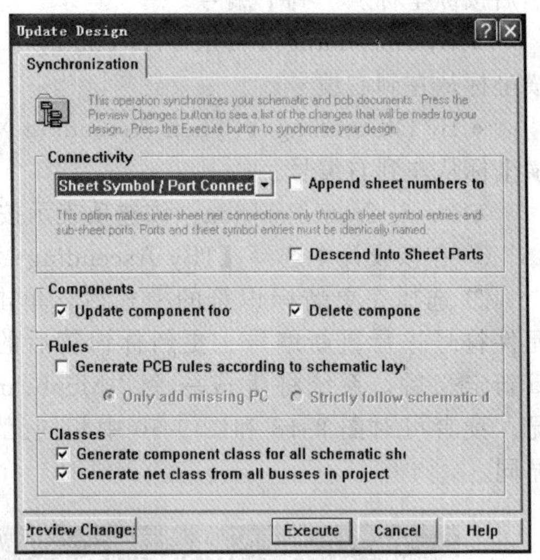

图 9-51　更新设计对话框

② 在该对话框中，单击【Preview Changes】按钮，弹出【Confirm component associations】对话框，如图 9-52 所示。在该对话框中显示了电路参数匹配的修改信息。

对话框左边两个列表分别列出 PCB 与原理图中没有匹配上的元件和属性，对话框右边列表表示已经匹配上的元件。用户可以在【Unmatched reference】栏的列表选择一个 PCB 元件，再在【Unmatched target】栏的列表选择一个与之相匹配的原理图元件，然后按【>】按钮，将匹配好的元件放进【Matched components】栏的列表中。最后按【Apply】按钮生成更新原理图的宏，如图 9-53 所示。

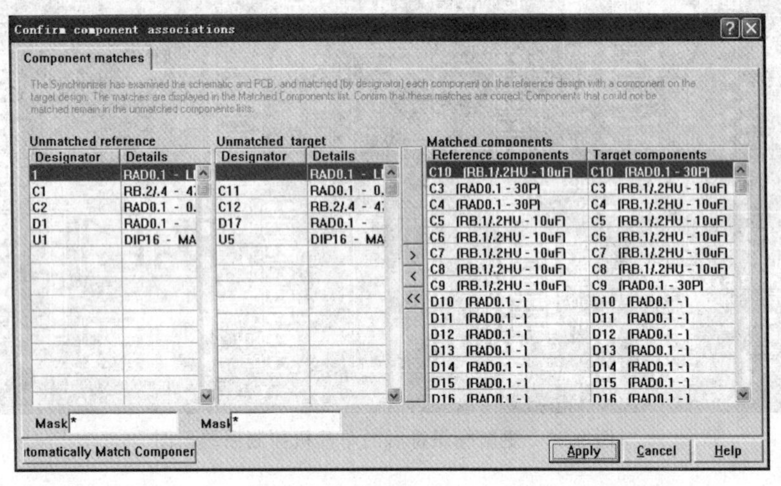

图 9-52　【Confirm component associations】对话框

③ 单击对话框中的【Execute】按钮，列表中的宏就会被执行，原理图就接受了这些更新。为保证宏在执行时不发生错误，可以先按【Report】按钮，产生一个名为“Mcuboard1. SYN”的报表，如图 9-54 所示。这个报表列出了执行每一条宏时的情况，并报告错误及错误原因。用户可根据错误原因对错误加以修改，最后再更新原理图。

（2）由原理图更新 PCB

如果设计者修改了电路原理图中的某些参数，例如元件标识符，此时在电路原理图的编辑环境下，由原理图更新 PCB 图需要选择【Design】/【Update PCB】命令，同样弹出【Update Design】对话框，接下来的操作和 PCB 更新原理图的操作方法相同，这里不再赘述。

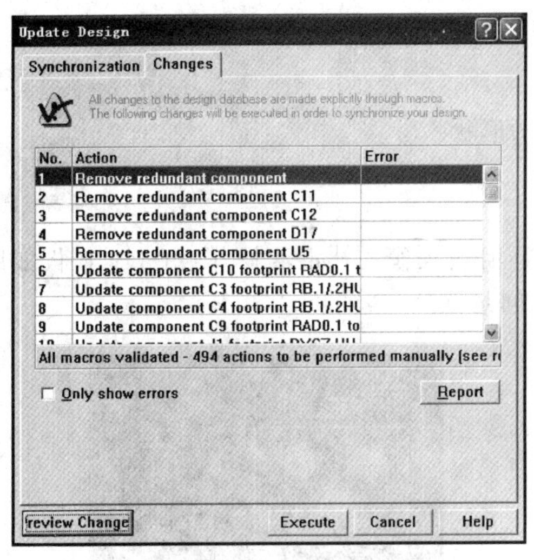

图 9-53　更新原理图宏列表

```
Protel Synchronization report
==========================================
Date  :  6-Nov-2011
Time  :  00:22:09

Reference document:  Documents\PCB2.PCB
Target document:     Documents\Sheet1.Sch
==========================================

ERRORS: 494 macros can not be executed:
------------------------------------------

Macro 1: Redundant Net
Remove redundant net
Macro not supported.

Macro 2: Redundant Net
Remove redundant net
Macro not supported.

Macro 3: Redundant Net
Remove redundant net
Macro not supported.

Macro 4: Redundant Net
Remove redundant net
Macro not supported.

Macro 5: Redundant Net
Remove redundant net
Macro not supported.
```

图 9-54　原理图更新报表信息

任务 9.4　电路板布线的后期处理

任务能力目标

① 焊盘补泪滴。

② 放置不同宽度的导线。

③ 放置屏蔽导线。

④ 放置矩形铜膜填充块。

⑤ 放置多边形覆铜。

⑥ 放置字符串。

⑦ 放置尺寸标注。

⑧ 元器件安全间距设置。

知识技能

9.4.1　焊盘补泪滴

补泪滴是在导线与焊盘（或过孔）的连接处放置一段泪滴状的过渡。补泪滴的主要作用是为了加强机械强度，避免电路板要钻孔或焊接时导线与焊盘的接触点处出现应力集中而使导线断裂。

补泪滴操作步骤如下。

① 执行【Tools】/【Teardrops】命令，弹出【Teardrop Options】对话框，如图 9-55 所示。在该对话框中，包括如下 3 个设置区域。

- 【General】区域　用于设置进行补泪滴操作的对象。

【All Pads】复选框：设置是否所有焊盘都补泪滴。

【All Vias】复选框：设置是否所有过孔都补泪滴。

【Selected Objects Only】复选框：设置是否只将被选取的组件补泪滴。

【Force Teardrops】复选框：设置是否强制性补泪滴。

【Create Report】复选框：设置是否生成补泪滴的报告文件。

- 【Action】区域　用于设置补泪滴的操作。

【Add】：用于添加补泪滴。

【Remove】：用于删除补泪滴。

- 【Teardrop Style】区域　用于设置补泪滴的形状。

【Arc】：用于设置圆弧形泪滴。

【Track】：用于设置导线状泪滴。

② 设置完毕后，单击【OK】按钮即可进行补泪滴操作。补泪滴操作后的PCB板如图9-56所示，从图9-56中可以看出，导线和焊盘之间是逐渐过渡的。

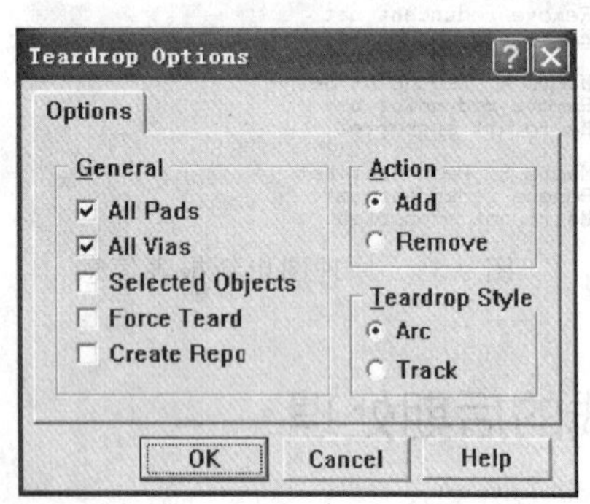

图 9-55　【Teardrop Options】对话框

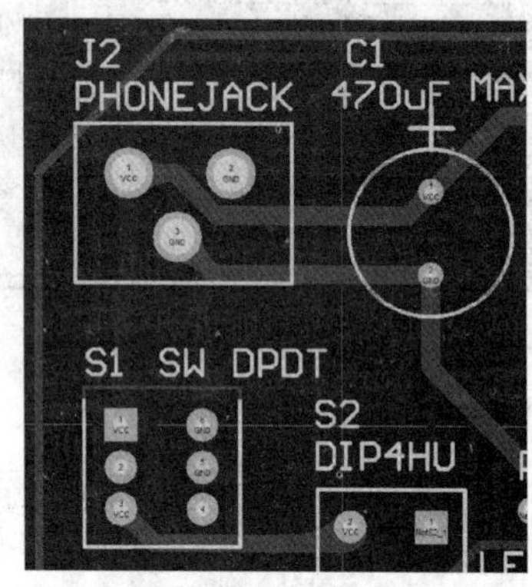

图 9-56　补泪滴操作后的效果图

9.4.2　放置不同宽度的导线

在电路板上放置导线时由于空间限制或其他特殊要求，一条连续的导线可能由多段不同宽度的导线构成。例如当导线穿过两个焊盘时，由于焊盘之间的间距较小，粗的导线在当前设定的安全间距限制规则下不可能穿过两个焊盘，自动布线时会出现布线报错，这时就要用手工来调整导线的宽度，或者是修改图件之间的安全间距限制规定。

（1）设定规则放置不同宽度的导线

① 执行【Design】/【Rules】命令，在弹出的布线宽度限制设计规则设置对话框中，将导线宽度设置在一个适合设计要求的正确范围之内，如图9-57所示。

② 在布线宽度限制设计规则设置对话框中的【Width Constraint】栏中，一条导线的布

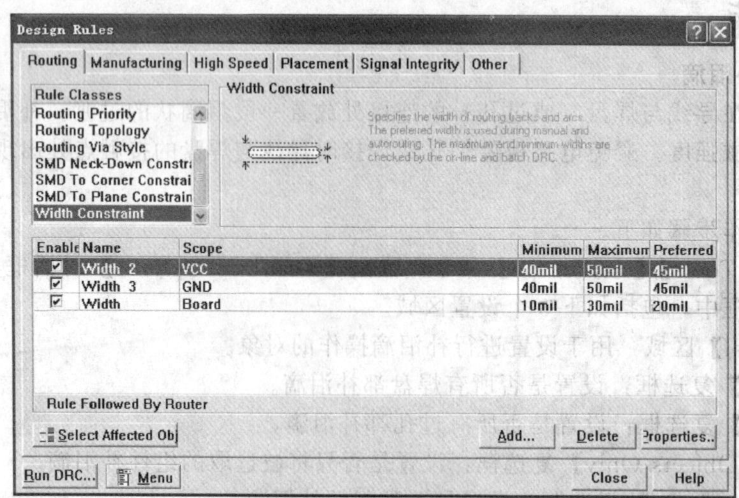

图 9-57　不同网络线宽的设置

线宽度可由以下 3 个参数来确定。

- Minimum（最小值）：布线宽度的最小值。
- Maximum（最大值）：布线宽度的最大值。
- Preferred（首选值）：布线宽度的首选值，即当前采用的导线宽度。

如果某个网络的导线要求有不同的宽度，那么这些宽度值必须处在对应的走线宽度约束范围之内，即大于（或等于）布线宽度的最小值，小于（或等于）布线宽度的最大值。这样执行自动布线后，不同的网络就按设定有不同的线宽。

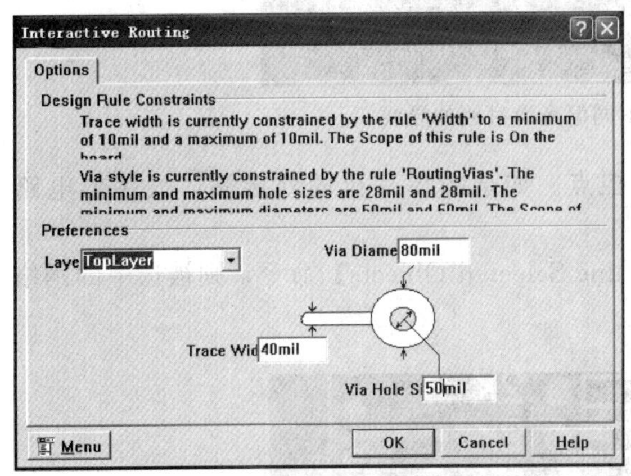

图 9-58　手工画线设置第一段导线的宽度

（2）手工画不同宽度导线

① 执行【Place】/【Track】命令，在导线的放置起点位置单击鼠标左键。

② 按下【Tab】键，打开【Interactive Routing】(导线属性）设置对话框，对导线的宽度进行设置，如图 9-58 所示。

③ 单击对话框中的【OK】按钮，将鼠标移动到合适的位置后单击鼠标左键，放置第一段导线，同时开始放置第二段导线。

④ 再次按下【OK】键，在导线属性设置对话框中设置第二段导线的宽度。

⑤ 单击对话框中的【OK】按钮，将鼠标移动到合适的位置后单击鼠标左键，放置第二段导线。不同宽度导线的效果如图 9-59 所示。

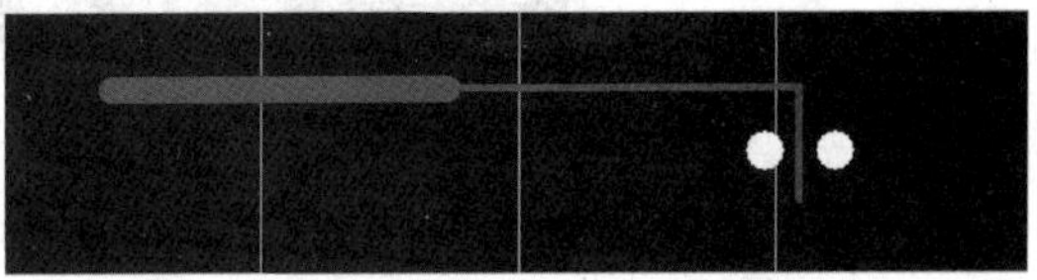

图 9-59　放置不同宽度导线的效果图

（3）放置过度光滑宽度不同的导线

放置不同宽度但光滑过渡的导线的具体操作方法如下。

① 首先在电路板上放置一条宽度为 10mil 的导线，然后按下【Tab】键，在弹出的导线属性设置对话框中将导线的宽度修改成 80mil。

② 在刚绘制好的导线的一端放置焊盘，焊盘的外径尺寸为最宽导线 80mil 宽度，接着再绘制一段宽度为 30mil 的导线。

③ 执行菜单命令【Tools】/【Teardrops】，打开如图 9-55 所示的焊盘泪滴选项设置对话框，在该对话框中选中【Selected Objects】（选中的图件）和【Track】复选项，只对处于选中状态的焊盘执行添加泪滴的操作，否则，添加泪滴的操作将对所有焊盘及其相连的导线都有效。

④ 单击【OK】按钮，即可为焊盘添加上泪滴效果。

⑤ 删除焊盘即可得到不同宽度但光滑过渡的导线，所画导线的最后效果如图 9-60 所示。

9.4.3　放置屏蔽导线

放置屏蔽导线是指通过接地线将某些导线或网络包住，因此放置屏蔽导线也称为【包地】。放置屏蔽导线的目的是为了防止信号干扰。放置屏蔽导线的操作步骤如下。

① 首先选取需要放置屏蔽导线的对象，执行【Edit】/【Select】/【Connected Copper】选择对象命令，光标变成十字状。

② 单击需要屏蔽的对象，然后按住【Shift】键，逐一选取焊盘和连线，即可将其快速

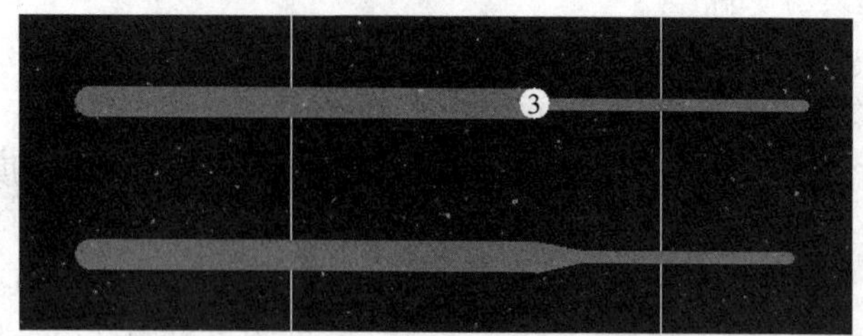

图 9-60　宽度不同但光滑过渡的导线

选中，被选中对象变成选取颜色并出现操控点。如选择单片机的外接晶体振荡器电路的包地。

③ 放置屏蔽导线，执行【Tools】/【Outline Selected Objects】命令，则被选中的网络可被接地线包住，包地效果如图 9-61 所示。

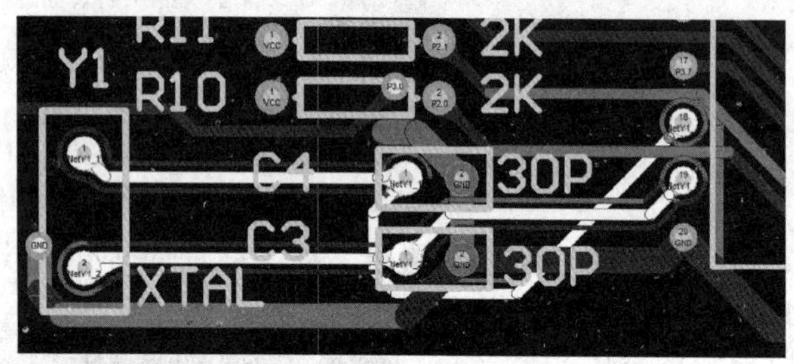

图 9-61　对单片机晶体振荡器进行包地

包围导线离被包围导线的距离取决于布线规则中规定的最小间距值的大小。

9.4.4　放置矩形铜膜填充块

矩形铜膜填充块是放置在 PCB 电路板上的大块铜区域，其具有导线的功能，这样可以增加电路板上电流的强度。矩形铜膜填充通常放置在 PCB 板的顶层（Top Layer）、底层（Bottom Layer）或多层板设计中的内部电源层（Internal Plane）上。放置矩形铜膜填充块的方法有三种。

方法一：执行【Place】/【Fill】命令。

方法二：单击工具栏中放置矩形铜膜填充按钮▩。

方法三：使用快捷键，按【P】+【F】组合键命令。

（1）放置矩形铜膜填充块

① 启动放置矩形铜膜填充命令，光标变成十字状。

② 将光标移到合适的位置单击左键，确定矩形铜膜填充的左上角位置。继续移动鼠标，此时矩形填充以浮动状态随光标移动，到合适的位置时单击左键，确定右下角位置，即可完成矩形铜膜填充的放置。例如在图 9-62 所示的控制板底层接地线间放置矩形铜膜填充最终效果如图 9-62 所示。

（2）矩形填充膜属性设置

在放置矩形铜膜填充时按【Tab】键，或者双击矩形铜膜填充，系统弹出【Fill】属性对话框，如图 9-63 所示。

在该对话框中可设置矩形铜膜填充的属性，主要包括如下几项设置。

①【Layer】：用于设置矩形铜膜填充的板层。

②【Net】：用于设置矩形铜膜填充所连接的网络。

③【Rotation】：用于设置矩形铜膜填充旋转的角度。

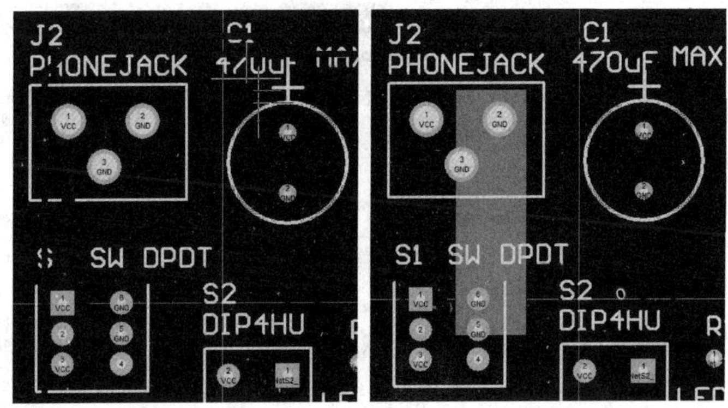

图 9-62　在接地线间放置矩形铜膜填充

④【Corner 1-X】：用于设置矩形铜膜填充第一个顶点的 X 坐标。

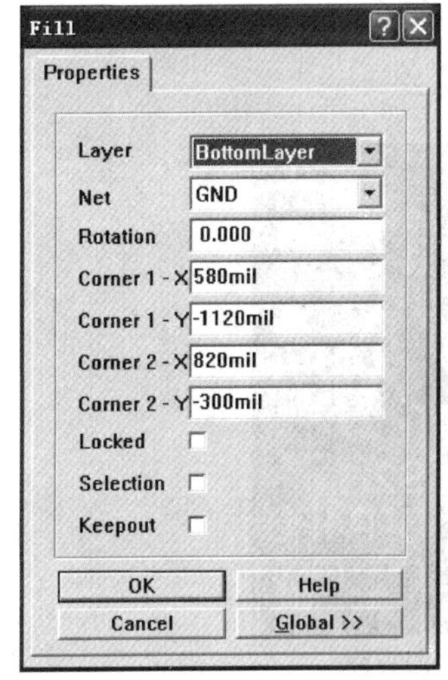

图 9-63　矩形填充块属性对话框

⑤【Corner 1-Y】：用于设置矩形铜膜填充第一个顶点的 Y 坐标。

⑥【Corner 2-X】：用于设置矩形铜膜填充第二个顶点的 X 坐标。

⑦【Corner 2-Y】：用于设置矩形铜膜填充第二个顶点的 Y 坐标。

⑧【Locked】：用于设置该矩形铜膜填充是否被锁定。

⑨【Selection】：用于设置该矩形铜膜填充是否被选中。

⑩【Keepout】：用于设置该矩形铜膜填充是否禁止布线。

（3）矩形铜膜的修改

单击已放置的矩形铜膜填充，该矩形铜膜填充便进入修改状态，对矩形铜膜填充可以进行修改，如移动、旋转、删除和改变大小等操作。处于修改状态下的矩形铜膜填充有 10 个控制点，共分为三类。

① 矩形铜膜填充周边的 8 个控制点用于改变矩形铜膜填充的大小。

② 矩形铜膜填充中央的十字形状操控点用于移动矩形铜膜填充。

③ 矩形铜膜填充中与十字形状控制点相连的操控点用于进行旋转操作。

（4）改变矩形铜膜填充的大小

改变矩形铜膜填充大小的操作步骤如下。

① 将光标放在矩形铜膜填充周边的 8 个操控点中的任意一个上。

② 单击鼠标左键，光标变成十字状，此时矩形铜膜填充以浮动状黏附在光标上。

③ 移动鼠标，就可以改变矩形铜膜填充的长度或宽度，移动光标到合适的大小后，松开鼠标左键即可完成大小的调整。

9.4.5　放置多边形覆铜

多边形覆铜平面是将电路板焊盘及导线之外的空白区域铺满铜膜或铜网，其可以放置在任何信号层，通常将铜膜接地。在 PCB 板上放置覆铜平面是为了提高电路板的抗干扰能力。如果要对线路进行包地或补泪滴，那么覆铜应放在最后来做。

启动放置覆铜平面命令有两种方法。

方法一：执行【Place】/【Polygon Plane】命令。

方法二：在放置工具栏中，单击放置覆铜命令键 。

执行放置覆铜平面命令后，系统自动弹出【Polygon Plane】对话框，如图 9-64 所示。该对话框用于设置放置覆铜平面的方式，主要包括如下几个区域。

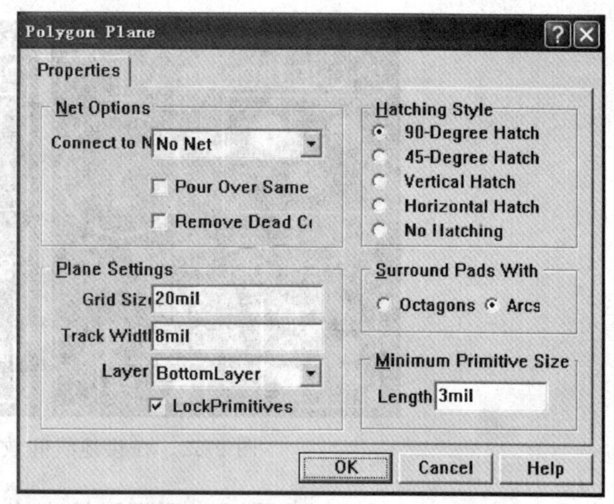

图 9-64 Polygon Plane 对话框

(1)【Net Options】区域

该区域用于设置覆铜连接的网络及是否删除死铜等，主要包括如下几项设置。

①【Connect to Net】下拉列表：用于设置覆铜所连接的网络，通常将覆铜连接到地线（GND）上。如果此项选择“No Net”，则表示覆铜不连接任何网络。如图 9-65 所示为覆铜不与任何网络连接和与网络地连接的对比图，注意图 9-65(a) 与图 9-65(b) 虚线圈内的区别。

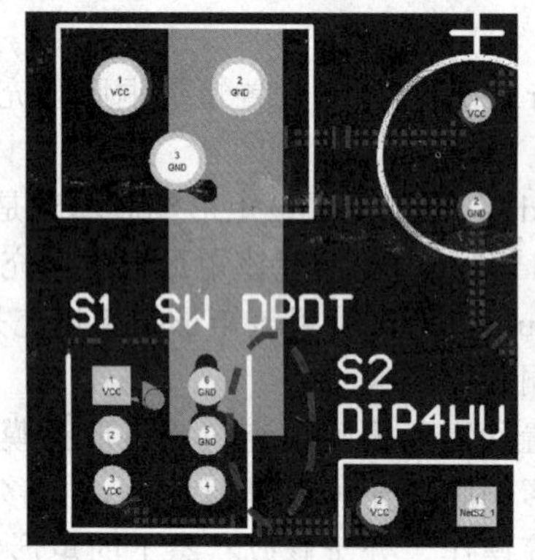

(a) 不与任何网络连接

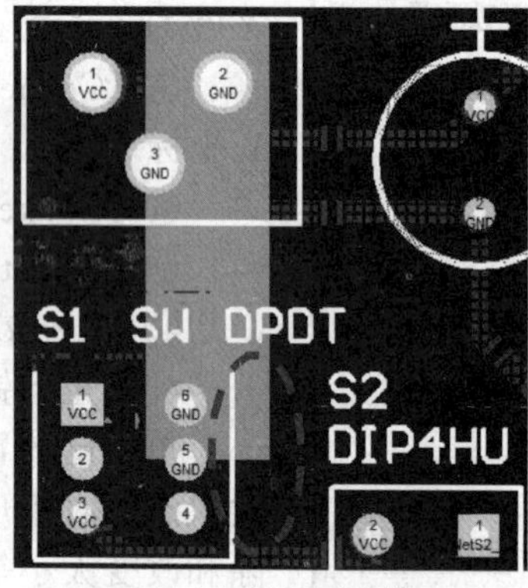

(b) 与网络 GND 连接

图 9-65 覆铜与网络不连接与连接的对比图

②【Pour Over Same Net】复选框：用于设置如果覆铜遇到的导线就在覆铜连接的网络时，覆铜是否直接覆盖导线。如图 9-66 所示为覆铜与所在网络导线覆盖与不覆盖的对比图，注意图 9-66(a) 与图 9-66(b) 虚线圈内的区别。

③【Remove Dead Copper】复选框：用于设置是否删除死铜，所谓“死铜”是指无法连接到指定网络的一小块孤立覆铜。如图 9-67 所示为覆铜去掉死铜与不去掉死铜的对比图，

(a) 与所在网络导线覆盖 (b) 不与所在网络导线连覆盖

图 9-66 覆铜与所在网络导线覆盖与不覆盖对比图

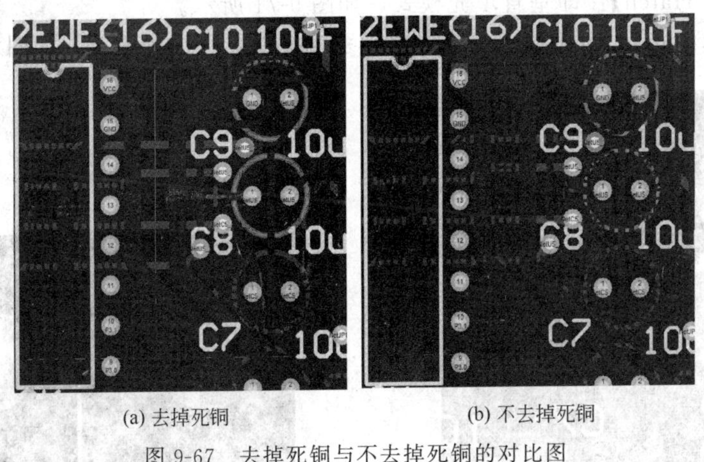

(a) 去掉死铜　　(b) 不去掉死铜

图 9-67　去掉死铜与不去掉死铜的对比图

注意图 9-67(a) 与图 9-67(b) 中间的区别。

(2)【Hatching Style】区域

该区域用于设置覆铜的布线形式，有如下几种填充模式。

①【90-Degree Hatch】：即 90°填充模式，如图 9-68 所示。

图 9-68　用 90°导线覆铜

图 9-69　用 45°导线覆铜

②【45-Degree Hatch】：即 45°填充模式，如图 9-69 所示。

③【Horizontal Hatch】：即水平填充模式，如图 9-70 所示。

图 9-70　细导线水平覆铜

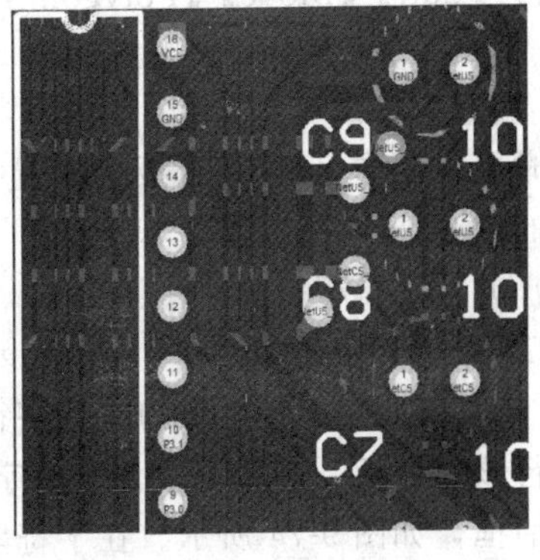

图 9-71　粗导线垂直覆铜

④【Vertical Hatch】：即垂直填充模式，如图 9-71 所示。

⑤【No Hatching】：即无填充模式，此时系统将以空心进行填充，如图 9-72 所示。

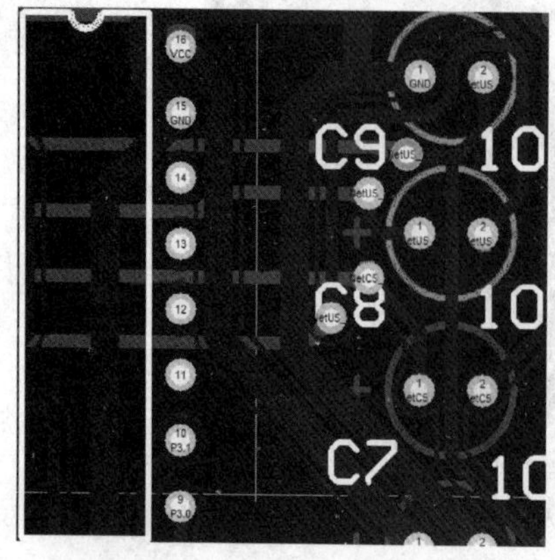

图 9-72 无填充模式覆铜

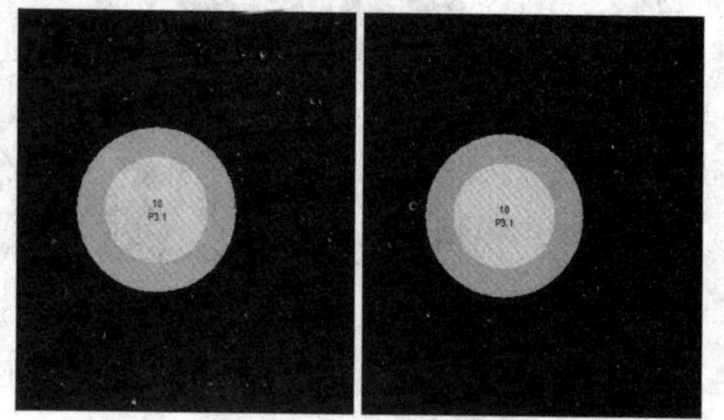

图 9-73 覆铜与焊盘间的环绕形式

(3)【Surround Pads With】区域

该区域用于设置覆铜和焊盘间的环绕形式，有如下两种选择。

①【Octagons】：即八边形形状。

②【Arcs】：即弧线形状。

图 9-73 所示为两种覆铜与焊盘间的环绕形式。

(4)【Plane Settings】区域

该区域用于设置放置覆铜平面的参数，主要包括以下几项设置。

①【Grid Size】：用于设置覆铜的网格尺寸。

②【Track Width】：用于设置覆铜导线的线宽。

③【Layer】下拉列表：用于设置覆铜平面放置的板层。

④【LockPrimitives】复选框：用于设置是否将覆铜内的导线锁定为一个整体。如果不选中此项，那么覆铜将被看作导线来处理；如果选中此项，则覆铜区域被作为一个整体处理，系统默认设置为选中此项。

(5)【Minimum Primitive Size】区域

该区域用于设置覆铜线的最小长度限制。在【Length】文本框中可以输入最小线段长度。该值设定得小，多边形光滑精细，但用时多；该值设定得大，多边形粗糙，但用时少。

(6) 多边形覆铜形状的改变

执行【Edit】/【Move】/【Polygon Vertices】命令来编辑多边形的顶点，在编辑多边形顶点时用【Delete】键可用于删除顶点。

9.4.6 放置字符串

有时要在制作好的 PCB 板上放置字符串，用于描述电路板的信息，并在打印输出时显示描述的内容。

(1) 放置字符串

① 方法一：执行【Place】/【Strings】菜单命令。

② 方法二：按工具栏中的放置字符串图标 T 。

执行该命令后，产生一个浮于十字光标上的字符串【String】，按【Tab】键弹出字符串属性对话框，如图 9-74 所示。在字符串属性对话框中的【Text】栏中输入要放置的字符串内容“Mcuboard”，按【OK】按钮关闭对话框，此时输入的新字符串便浮于光标上，按

【X】键可使字符串左右翻转，按【Y】键可使字符串上下翻转。再移动光标到适当的位置，单击鼠标左键，该字符串即被放到 PCB 板上，如图 9-75 所示。

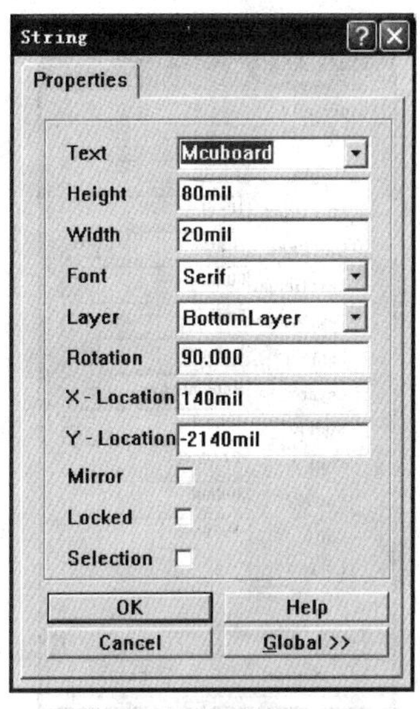

图 9-74　字符串属性对话框

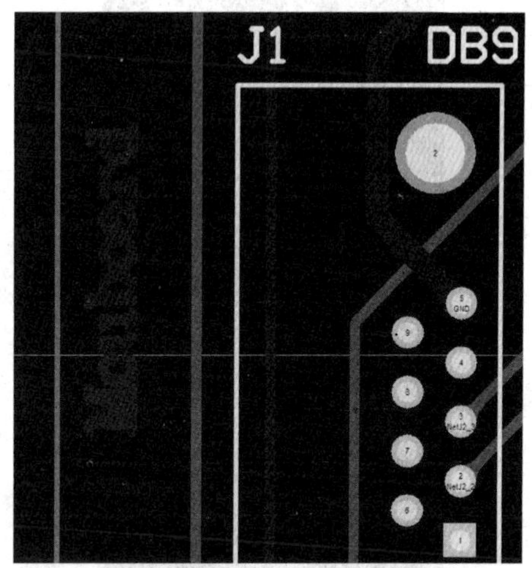

图 9-75　PCB 板放置字符串后的效果

(2) 字符串属性编辑

在放置字符串时按【Tab】键或双击该字符串，或执行【Edit】/【Change】命令，用产生的十字光标点击字符串，屏幕将弹出字符串属性对话框，如图 9-74 所示。

字符串属性对话框中各栏说明如下。

①【Text】：输入字符串的内容。

②【Height】：设定字符串文字高度。

③【Width】：设定字符串文字粗细。

④【Font】：设定字符串文字字体。

⑤【Layer】：设定字符串所在板层。

⑥【X-Location】：设定字符串的 X 坐标。

⑦【Y-Location】：设定字符串的 Y 坐标。

⑧【Rotation】：设定字符串旋转角度。

⑨【Mirror】：设定字符串是否镜像。

⑩【Locked】：设定是否锁定该字符串。

⑪【Selection】：设定字符串是否处于被选取状态。

9.4.7　放置尺寸标注

在 PCB 设计中有时要标注出某些元件的尺寸，以利于连续设计或制造。启动放置尺寸标注可以采用如下几种方法。

(1) 放置尺寸标注

① 方法一：执行【Place】/【Dimension】命令。

② 方法二：在放置工具栏中，单击放置尺寸标注按钮。

③ 方法三：使用快捷键命令，按【P】+【D】。

执行该命令后，产生一个浮于十字光标上的箭头，并显示当前尺寸为 0 (mil)，单击左键确定起点，然后拖动鼠标到要测量的终点，单击左键，即可放置一个尺寸标注。此时系统仍处于放置尺寸标注状态，可以继续放置下一个尺寸标注。放置完毕后，右击工作区，退出放置尺寸标注命令，如图 9-76 所示。在设计中随时按【Q】键，显示单位在公制（mm）和英制（mil）之间转换，使用非常方便。

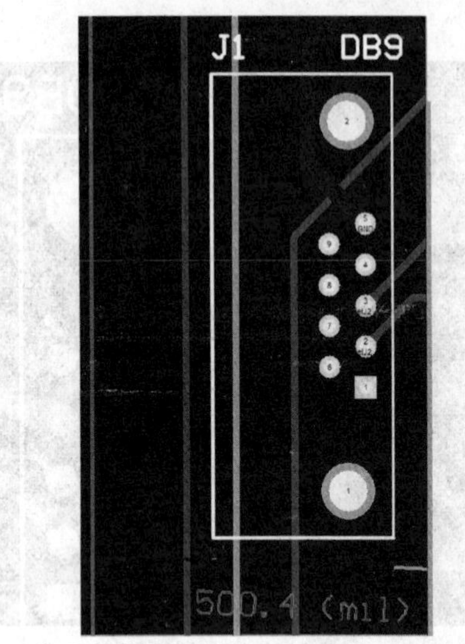

图 9-76 在 PCB 板上放置元件尺寸标注

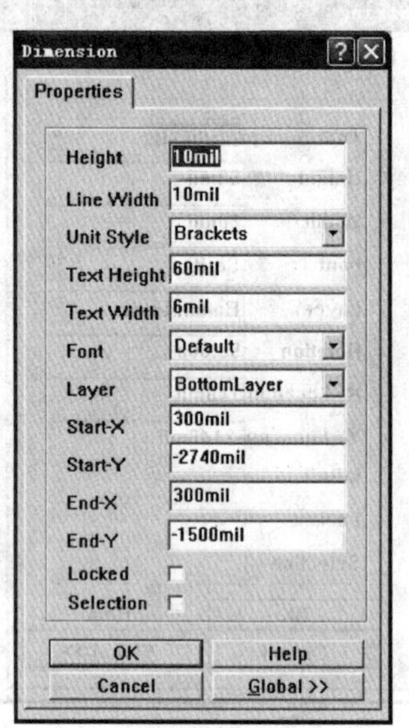

图 9-77 尺寸标注对话框

（2）尺寸标注属性编辑

在放置尺寸标注时，按【Tab】键，或者在 PCB 电路板上双击已放置的尺寸标注，系统弹出【Dimension】对话框，如图 9-77 所示。

在尺寸标注对话框中主要的设置如下。

①【Height】：用于设置尺寸标注的高度。

②【Line Width】：用于设置尺寸标注的线宽。

③【Unit Style】：用于设置尺寸标注的单位样式，共有 3 种形式。

④【Text Height】：用于设置尺寸标注文本的高度。

⑤【Text Width】：用于设置尺寸标注文本的宽度。

⑥【Font】：用于设置尺寸标注的字体，这里可以选择“Default”、“Sans Serif”和“Serif”。

⑦【Layer】：用于设置尺寸标注放置的板层。

⑧【Start-X】、【Start-Y】：用于设置尺寸标注的起始 X、Y 坐标。

⑨【End-X】：用于设置尺寸标注的终止 X 坐标。

⑩【End-Y】：用于设置尺寸标注的终止 Y 坐标。

⑪【Locked】：用于锁定尺寸标注。

⑫【Selection】：用于设置尺寸标注的选中状态。

对数设置完成后，单击【OK】按钮，完成尺寸标注的设置。

9.4.8 元器件安全间距设置

在电路板的设计过程中，经常会遇到如何合理设置元器件安全间距限制，使元器件能紧凑地放置在一起，使装配元件看起来漂亮。在电路板中当两个元器件距离较近时，在线 DRC 就会立即报错，并高亮显示距离过近的元器件。其实这是一个关于元器件安全间距限制设计规则的问题。元器件封装和网络表载入到 PCB 编辑器中后，系统将提供一个默认的元器件安全间距限制设计规则。因此，如果激活了在线 DRC 设计校验，一旦元器件之间的距离小于系统设定的安全距离，那么在线 DRC 设计校验就会报错，并高亮显示距离过近的元器件。

元器件安全间距限制设计规则有利于防止元器件之间距离过近而导致的装配干涉，但是对于电路板尺寸要求尽量小，而元器件又较多的电路板设计来说就不是十分有利了。对于这种电路板，往往采用手动布局，而且需要将元器件尽量靠近，只需考虑到导电图件的安全间距，保证元器件在安装时不发生干涉，那么元器件外形就可以部分重叠，这样就可以大大节约电路板的空间。此时为了保证在重叠元器件时系统不报错，用户可以关闭在线 DRC 设计校验。

执行【Tools】/【Design Rule Check...】菜单命令，进入 DRC 设计检验对话框，然后取消对【Component Clearance】（元器件安全间距限制设计规则）复选项的勾选，如图 9-78 所示。

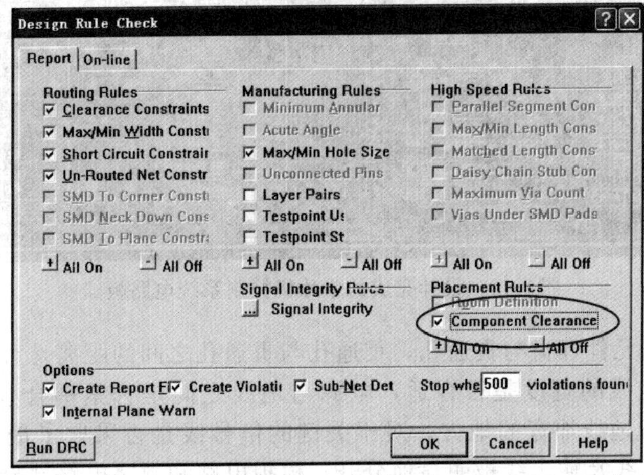

图 9-78　元器件安全间距限制设计规则对话框

任务 9.5　PCB 设计规则检查和打印输出

任务能力目标

① PCB 设计规则检查。

② 电路板信息报表输出。

③ 设计层次信息表输出。

④ 网络状态报表输出。

⑤ 电路板输出。

知识技能

9.5.1　PCB 设计规则检查（DRC）

经过前面原理图和 PCB 的设计和最后的细节处理后，产生了如图 9-79 所示的漂亮的单片机控制系统 PCB 板，它有没有错误、能不能用，还要经过最后的 PCB 规则检查后，才能确定它是不是一块设计合格的电路板。

布线设计完成后，需认真检查布线设计是否符合设计者所制定的规则，同时也需确认所制定的规则是否符合印制板生产工艺的需求，一般检查有如下几个方面：线与线，线与元件

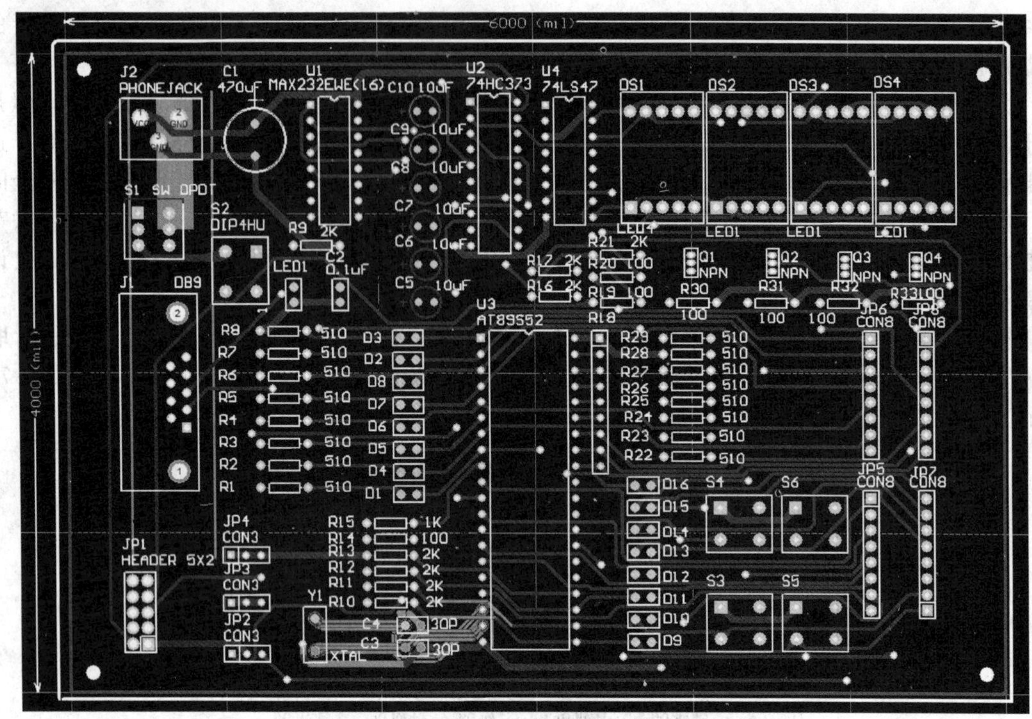

图 9-79　设计完成的单片机控制系统电路板

焊盘，线与贯通孔，元件焊盘与贯通孔，贯通孔与贯通孔之间的距离是否合理，是否满足生产要求，电源线和地线的宽度是否合适，电源与地线之间是否紧耦合（低的波阻抗），在PCB中是否还有能让地线加宽的地方，对于关键的信号线是否采取了最佳措施，如长度最短，加保护线，输入线及输出线被明显地分开，模拟电路和数字电路部分是否有各自独立的地线，后加在PCB中的图形（如图标、注标）是否会造成信号短路，对一些不理想的线形进行修改，在PCB上是否加有工艺线，阻焊是否符合生产工艺的要求，阻焊尺寸是否合适，字符标志是否压在器件焊盘上，以免影响元件安装质量。多层板中的电源地层的外框边缘是否缩小，如电源地层的铜箔露出板外容易造成短路。

① 执行菜单命令【Tools】/【Design Rule Check】，系统弹出【DesignRule Check】对话框。按照设计要求设置检查相关的内容。

② 单击设计规则检验对话框左下角的【Run DRC】按钮，运行设计规则校验，程序结束后，将会产生一个检验情况报告表。单片机控制系统电路板检验的具体内容如图 9-80 所示。

从运行 DRC 检查输出的报告可以看出，图 9-79 所示的 PCB 电路板没有设计规则错误，红圈所示的地方显示电源 Vcc 网络、接地 GND 网络和整个电路的布线没有违反设计规则的地方，错误显示为 0。同时，报告也指出还有很多地方的布线宽度还可以再加宽些，报告详细指出了可加宽布线的元件坐标和布线层信息，说明该电路板还有许多需要改进的地方，但目前的设计使用没有问题。

9.5.2 电路板状态信息表

电路板状态信息表提供了用户电路板的所有信息，包括电路板尺寸，电路板上焊盘、过孔的数量和电路板上元件的封装等信息。

① 打开 PCB 板文件，执行【Reports】/【Board Information】命令，弹出【PCB Information】对话框，如图 9-81 所示。

```
Protel Design System Design Rule Check
PCB File : Documents\Mcuboard1.PCB
Date     : 6-Nov-2011
Time     : 22:41:35

Processing Rule : Width Constraint (Min=8mil) (Max=50mil) (Prefered=45mil) (Is on net VCC )
Rule Violations :0

Processing Rule : Width Constraint (Min=10mil) (Max=50mil) (Prefered=45mil) (Is on net GND )
Rule Violations :0

Processing Rule : Width Constraint (Min=8mil) (Max=30mil) (Prefered=10mil) (On the board )
Rule Violations :0

Processing Rule : Hole Size Constraint (Min=1mil) (Max=100mil) (On the board )
   Violation        Pad J1-1(710mil,-2615mil)  MultiLayer  Actual Hole Size = 110mil
   Violation        Pad J1-2(710mil,-1629mil)  MultiLayer  Actual Hole Size = 110mil
Rule Violations :2

Processing Rule : Clearance Constraint (Gap=10mil) (On the board ),(On the board )
   Violation between Track (1678.983mil,-3744mil)(2109.302mil,-3744mil)  TopLayer and
                     Arc (2109.302mil,-3669.302mil)  TopLayer
   Violation between Track (1678.983mil,-3696mil)(2109.302mil,-3696mil)  TopLayer and
                     Arc (2109.302mil,-3669.302mil)  TopLayer
   Violation between Track (1678.983mil,-3744mil)(2109.302mil,-3744mil)  TopLayer and
                     Arc (2109.302mil,-3770.698mil)  TopLayer
   Violation between Track (1678.983mil,-3696mil)(2109.302mil,-3696mil)  TopLayer and
                     Arc (2109.302mil,-3770.698mil)  TopLayer
   Violation between Track (2178.899mil,-3667.159mil)(2223.029mil,-3623.029mil)  TopLayer and
                     Arc (2231.698mil,-3720mil)  TopLayer
   Violation between Track (2212.841mil,-3701.101mil)(2249.941mil,-3664mil)  TopLayer and
                     Arc (2231.698mil,-3720mil)  TopLayer
   Violation between Track (2178.899mil,-3667.159mil)(2223.029mil,-3623.029mil)  TopLayer and
                     Arc (2160mil,-3648.302mil)  TopLayer
   Violation between Track (2212.841mil,-3701.101mil)(2249.941mil,-3664mil)  TopLayer and
                     Arc (2160mil,-3648.302mil)  TopLayer
   Violation between Track (1620mil,-3604mil)(2109.302mil,-3604mil)  TopLayer and
                     Arc (2109.302mil,-3529.302mil)  TopLayer
   Violation between Pad U3-19(2660mil,-3580mil)  MultiLayer and
                     Track (2616.971mil,-3656.971mil)(2651.389mil,-3622.552mil)  TopLayer
   Violation between Track (2083.029mil,-3623.029mil)(2107.159mil,-3598.899mil)  BottomLayer and
                     Arc (2088.302mil,-3580mil)  BottomLayer
   Violation between Track (2124mil,-3649.941mil)(2141.101mil,-3632.841mil)  BottomLayer and
                     Arc (2088.302mil,-3580mil)  BottomLayer
   Violation between Track (2083.029mil,-3623.029mil)(2107.159mil,-3598.899mil)  BottomLayer and
                     Arc (2160mil,-3651.698mil)  BottomLayer
   Violation between Track (2124mil,-3649.941mil)(2141.101mil,-3632.841mil)  BottomLayer and
                     Arc (2160mil,-3651.698mil)  BottomLayer
   Violation between Track (2376.971mil,-3796.971mil)(2651.389mil,-3522.552mil)  BottomLayer and
                     Arc (2608.787mil,-3480mil)  BottomLayer
   Violation between Track (2350.059mil,-3756mil)(2617.448mil,-3488.611mil)  BottomLayer and
                     Arc (2608.787mil,-3480mil)  BottomLayer
   Violation between Track (2376.971mil,-3796.971mil)(2651.389mil,-3522.552mil)  BottomLayer and
                     Arc (2660mil,-3531.213mil)  BottomLayer
   Violation between Track (2350.059mil,-3756mil)(2617.448mil,-3488.611mil)  BottomLayer and
                     Arc (2660mil,-3531.213mil)  BottomLayer
   Violation between Track (2120mil,-3500mil)(2180mil,-3500mil)  BottomLayer and
                     Arc (2160mil,-3580mil)  BottomLayer
   Violation between Track (2180mil,-3500mil)(2260mil,-3580mil)  BottomLayer and
                     Arc (2160mil,-3580mil)  BottomLayer
Rule Violations :113

Violations Detected : 115
Time Elapsed        : 00:00:01
```

图 9-80　运行 DRC 检查后输出的报告

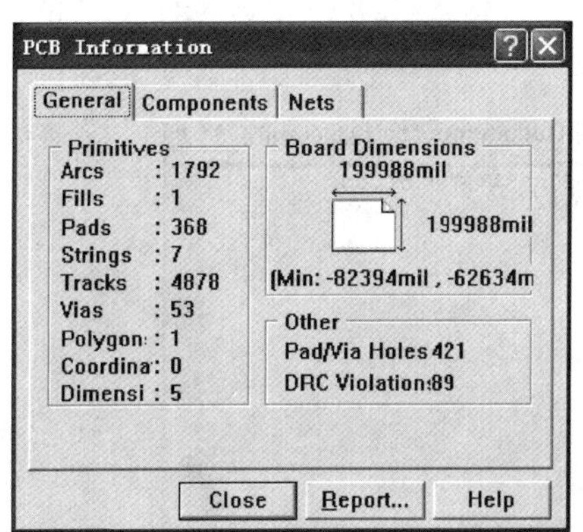

图 9-81　PCB Information 对话框

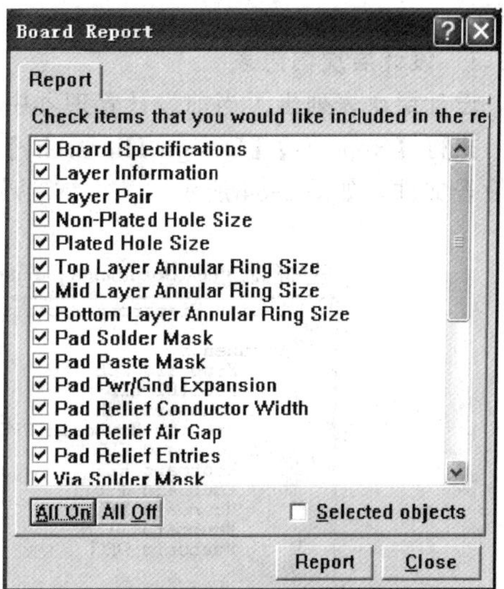

图 9-82　Board Report 对话框

② 选择普通报表按【Report...】按钮，弹出【Board Report】对话框，如图 9-82 所示。在该对话框中选择相关的报表信息项，按【Report】按钮，产生名为“Mcubord.REP”的电路板信息报表，如图 9-83 所示。在该表中详细列出了制造 PCB 板的信息。

单片机板.ddb | Documents | Mcuboard.PCB | Documents.rep | Mcuboard.lib | Mcuboard.REP

Specifications For Mcuboard.PCB
On 7-Nov-2011 at 19:46:22

Size Of board 5.79 x 3.93 sq in
Equivalent 14 pin components 0.88 sq in/14 pin component
Components on board 89

Layer	Route	Pads	Tracks	Fills	Arcs	Text
TopLayer		0	472	0	6	0
BottomLayer		0	470	0	0	0
TopOverlay		0	439	0	5	178
KeepOutLayer		0	4	0	0	0
MultiLayer		368	0	0	0	0
Total		368	1385	0	11	178

Layer Pair	Vias
Top Layer - Bottom Layer	53
Total	53

Non-Plated Hole Size	Pads	Vias
Total	0	0

Plated Hole Size	Pads	Vias
28mil (0.7112mm)	56	53
30mil (0.762mm)	12	0
32mil (0.8128mm)	174	0
35mil (0.889mm)	62	0
38mil (0.9652mm)	9	0
40mil (1.016mm)	40	0
48mil (1.2192mm)	10	0
90mil (2.286mm)	3	0
110mil (2.794mm)	2	0
Total	368	53

Top Layer Annular Ring Size	Count
10mil (0.254mm)	12
18mil (0.4572mm)	110
22mil (0.5588mm)	65
24mil (0.6096mm)	9
30mil (0.762mm)	67
32mil (0.8128mm)	10
34mil (0.8636mm)	44
35mil (0.889mm)	36

图 9-83 电路板信息报表

9.5.3 设计层次信息表

设计层次表列出了当前设计管理器中设计者使用的所有文档。

执行【Reports】/【Design Hierarchy】命令，系统自动生成当前设计管理器中所有文档的报表文件，如图 9-84 所示。

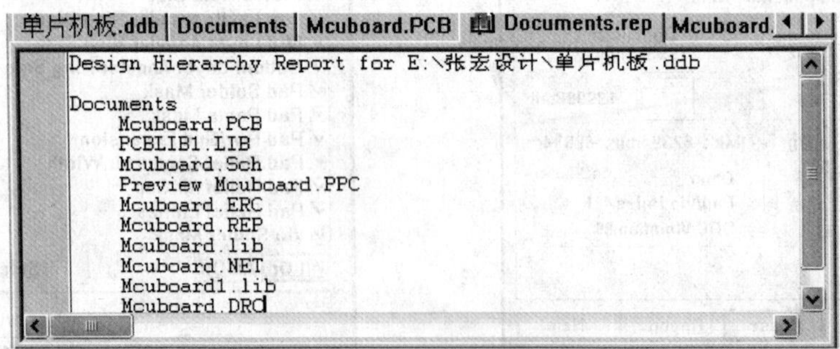
单片机板.ddb | Documents | Mcuboard.PCB | Documents.rep | Mcuboard.

Design Hierarchy Report for E:\张宏设计\单片机板.ddb

Documents
Mcuboard.PCB
PCBLIB1.LIB
Mcuboard.Sch
Preview Mcuboard.PPC
Mcuboard.ERC
Mcuboard.REP
Mcuboard.lib
Mcuboard.NET
Mcuboard1.lib
Mcuboard.DRC

图 9-84 设计层次信息报表

9.5.4　网络状态报表

网络状态报表列出了电路板中每个网络的长度。

执行【Reports】/【Nitlist status】命令，系统生成如图 9-85 所示的网络状态报表文件。

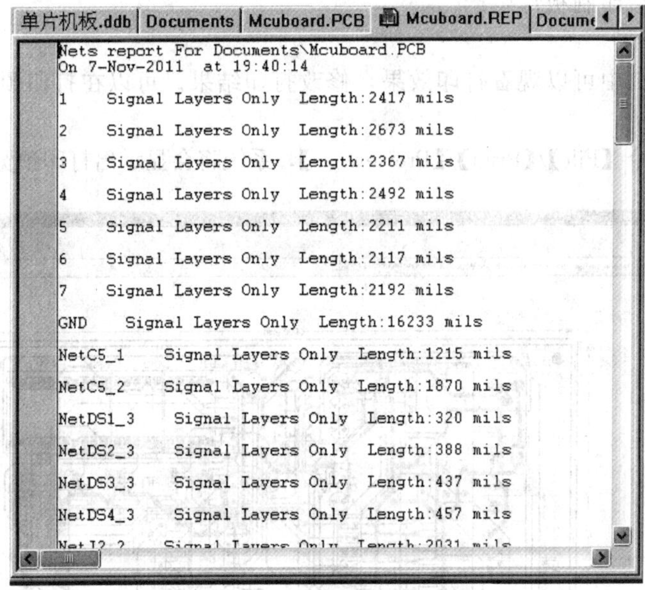

图 9-85　网络状态报表

9.5.5　电路板输出

完成电路板布线工作并调整好电路板后，就可以将设计成果输出了，接下来的工作就是根据设计输出文件由专业厂家来制造电路板，或自己手工制作电路板了。

(1) 生成 Gerber 文件

在所有设计完成之后，需要把 PCB 文件拿到制板厂家去做印制板。如果厂家有 Protel 98 或 Protel 99 SE，可以用 Protel 99 SE 中【File】/【Save as】命令，选择存储文件格式为设计库文件，然后导出 PCB 文件给厂家。如果厂家没有这两种版本文件，需生成 Gerber 文件给厂家。具体操作如下。

首先打开设计好的 PCB 文件“单片机板 . ddb”设计数据库中的“Mcuboard. Pcb”文件，执行【File】/【CAM Manager】命令，按照图 9-86 所示输出导航，可以方便地生成光绘

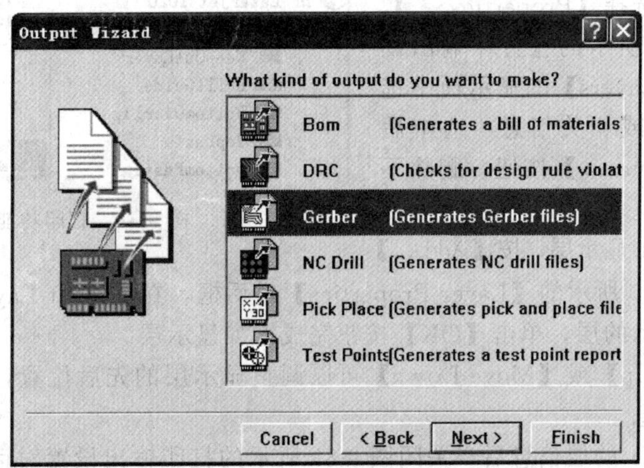

图 9-86　Gerber 文件输出导航

文件和数控钻孔文件。所有输出文件被保存在【CAM Manager】文件夹下。

光圈文件的后缀为“Mcuboard. APT”，“Gerber”文件的后缀为“Mcuboard. G”，钻孔文件的后缀为“Mcuboard. DRR”和“Mcuboard. TXT”。将所有文件导出到一个指定目录下，压缩后即可交给印制板厂生产。

（2）打印预览

在 Protel 99 SE 中可以观看打印效果，修改打印结果。可以在打印预览中任意添加层或删除层。

① 执行菜单命令【File】/【Print】/【Preview...】，系统将会显示出打印预览，如图 9-87 所示。

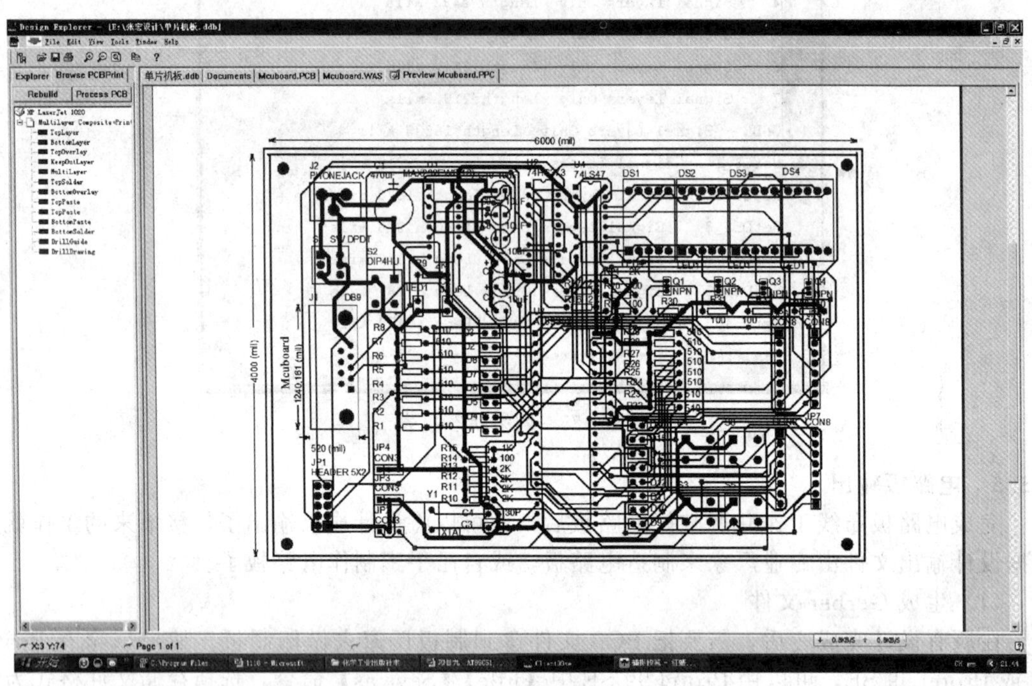

图 9-87 打印预览效果图

② 在左侧的窗口中用鼠标单击【Browse PCBPrint】栏，用左键点击选中，右键单击【Multilayer Composite Print】，弹出如图 9-88 所示的窗口，选择【Properties...】，系统弹出如图 9-89 所示的【打印输出设置】对话框，在【Layers】的显示项中选择不需要显示的层或相关信息，选中后单击下面的【Remove...】按钮，删除不需要打印的图层。

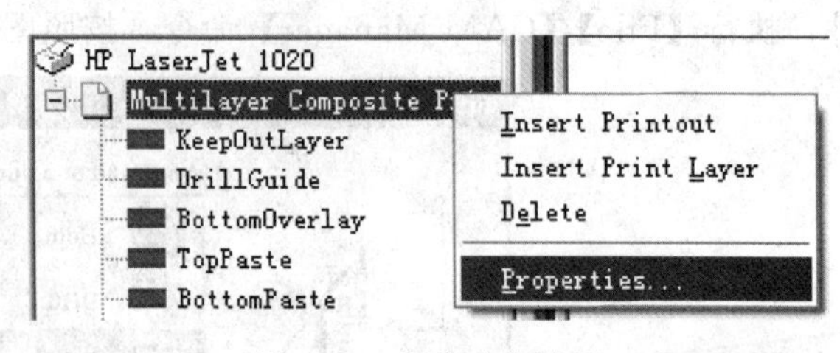

图 9-88 打印功能设置

③ 如果想要增加显示层，按【Add...】按钮，弹出如图 9-90 所示的【Layer Properties】对话框，在【Print Layer Type】的下拉菜单中选择要增加显示的层，单击【OK】按钮完成增加显示层。

④ 按【Move Up】或【Move Down】可以调整显示层的先后位置，使调在最上面的层显示出最完整的信息。

⑤ 选择好要显示的层信息后，关闭图 9-89 所示的打印输出设置对话框，完成打印预览的设置。图 9-91 所示是删除“TopLayer”和“BottomLayer”层后的打印预览。

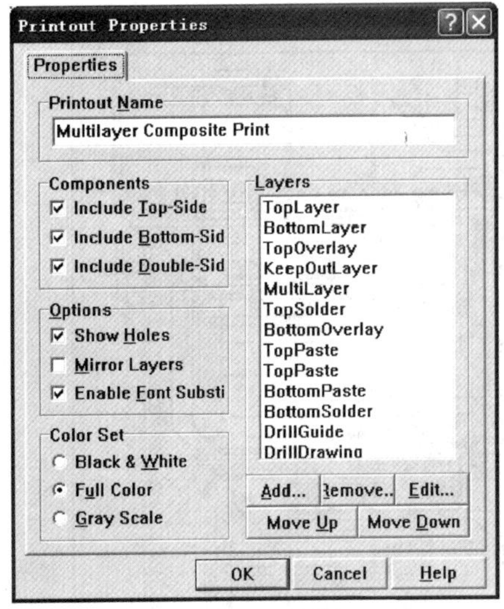

图 9-89　打印输出设置对话框

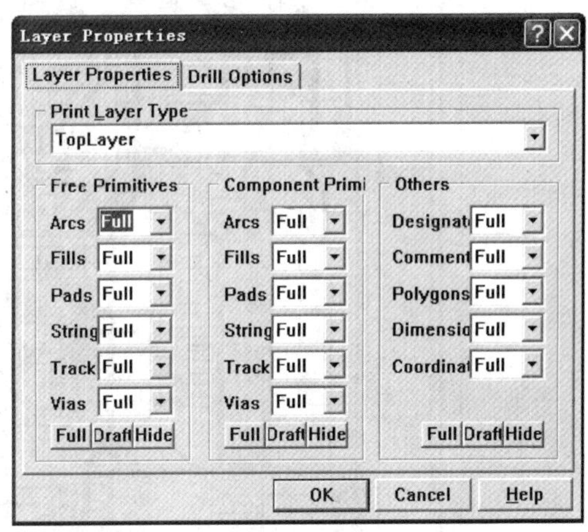

图 9-90　显示层增加选择对话框

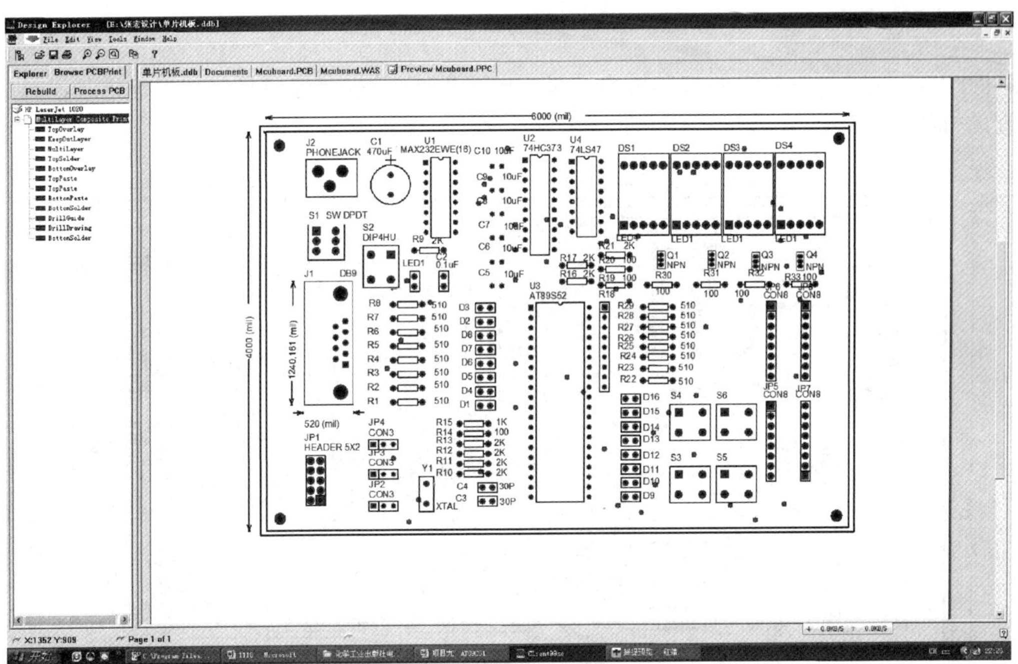

图 9-91　删除“TopLayer”和“BottomLayer”层后的打印预览

（3）合并打印

① 在【打印输出设置】对话框中把所有的层全部选中加到显示层，关闭该对话框。

② 执行【File】/【Print All】菜单命令，系统将开始进行打印任务。这时把所有层显示的内容全部打印在一张图纸上。合并打印输出的结果如图 9-92 所示。

（4）分层打印

有时为了检查或制造的需要，需要分层打印设计图。

① 在【打印输出设置】对话框中把不需要的层全部移除，关闭该对话框。

② 执行【File】/【Print Current】菜单命令，系统将开始进行打印任务。图 9-93 所示

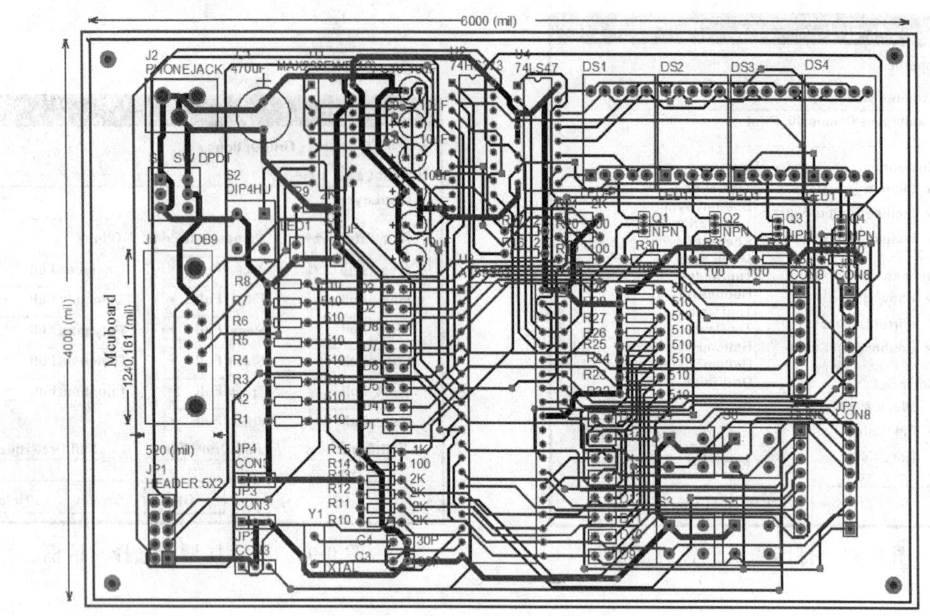

图 9-92　合并打印设计图的效果

为移除“BottomLayer”后的打印输出结果。图 9-94 为只打印底层导线与焊盘进行设计缺陷检查的打印输出图。

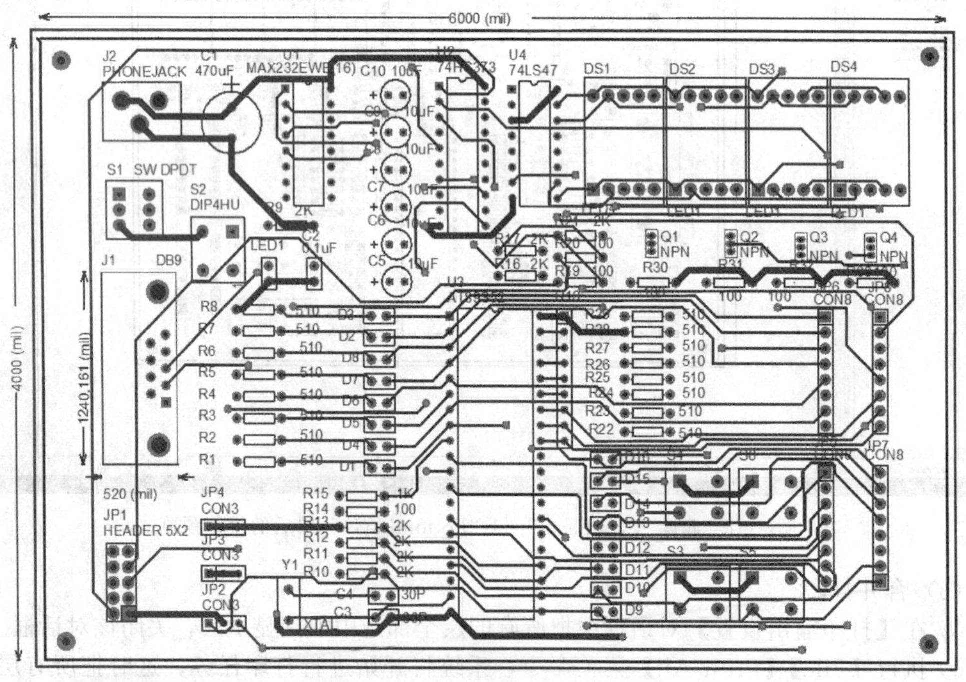

图 9-93　打印顶层图纸输出结果

③ 打印其他层的设置方法和打印顶层相似，在此就不再赘述。

通过以上操作，就可以完成印刷电路板的打印工作了。至此单片机控制系统板的电路板设计阶段工作就全部完成。

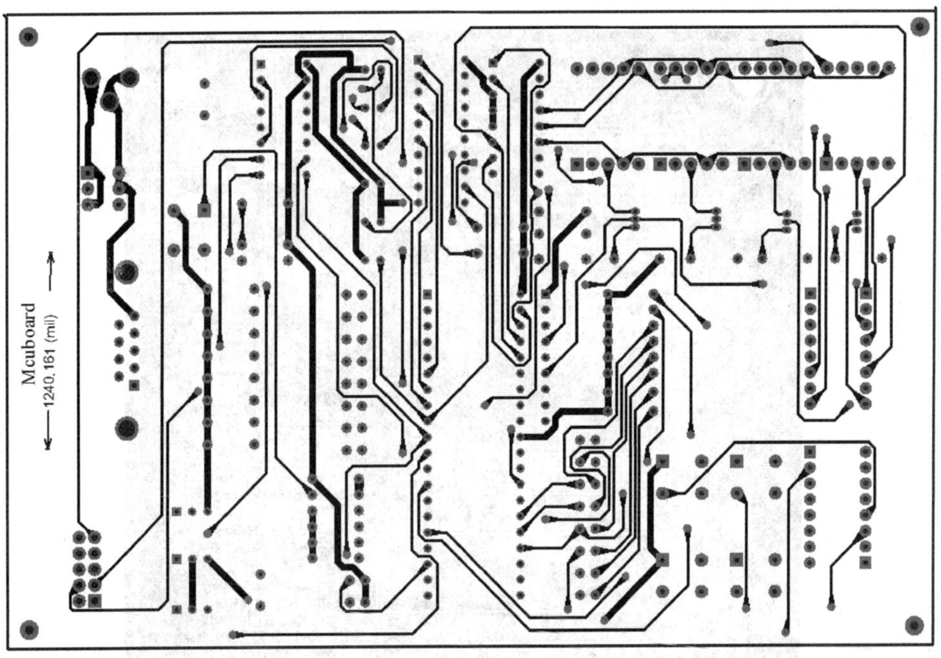

图 9-94　底层导线与焊盘的打印图

项目练习

请按照图 9-95 所示的单片机控制系统板原理图，用双面板设计它的 PCB 板。图 9-96 为它的参考设计 PCB 板，同学们可以按照图示的元件排列位置进行布线。图 9-97 为设计制作好的单片机系统控制板样品。

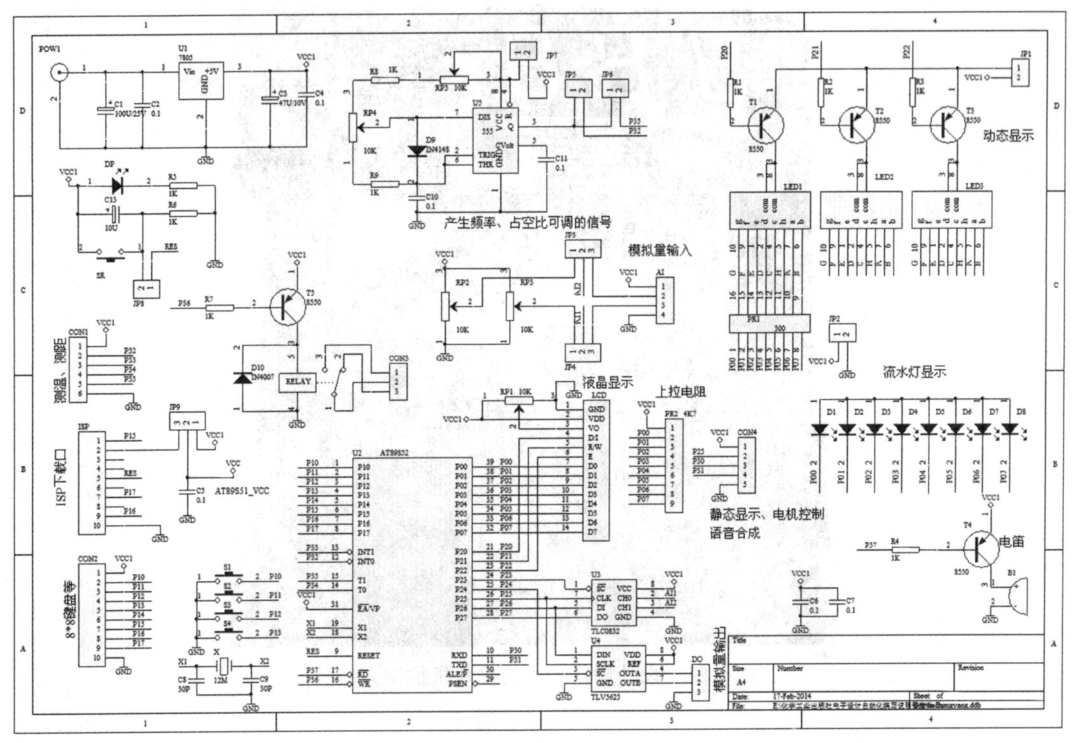

图 9-95　单片机控制系统板原理图

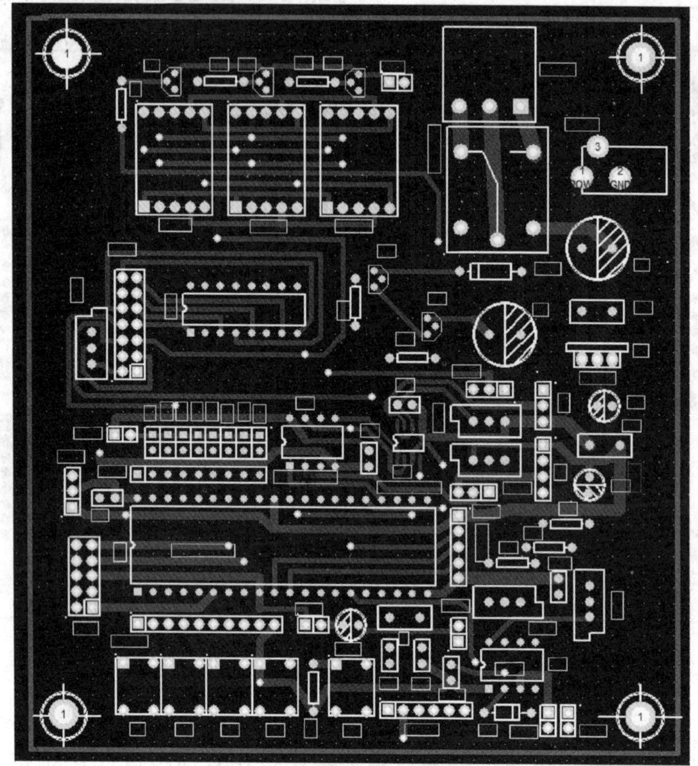

图 9-96 单片机控制系统板参考设计 PCB 图

图 9-97 设计制作完成的单片机控制系统板

附　　录

附录1　常用菜单英文-中文对照表

英文菜单名	对应中文菜单名	英文菜单名	对应中文菜单名
Add Component	添加元件	Clear	清除
Add Sheet Entry	添加方块图入口	Close Design	关闭设计数据库
Add/Remove Library	添加/删除库	Close All	全部关闭
Align	对齐	Command Status	命令状态栏
Align Bottom	底对齐	Connection	连接
Align Left	左对齐	Coordinate	坐标
Align Right	右对齐	Copy	复制
Align Top	顶对齐	Copy Component	复制元件
Annotate	编号	Create Netlist	创建网络表
Arc(Any Angle)	圆角弧	Create Sheet From Symbol	由方块图生成原理图
Arc(Center)	圆心弧	Create Symbol From Sheet	由原理图生成方块图
Arc(Edge)	边沿弧	Cross Reference	交叉参考表
Arcs	圆弧	Current Origin	当前坐标
Area	区域	Customize	自定义
Arrange Icons	排列图标	Cut	剪切
Auto Placement	自动放置	Delete	删除
Auto Placer	自动布局	Deselect	撤销选择
Auto Route	自动布线	Design Manager	设计管理器
Absolute Origin	绝对原点	Design Rule Check	设计规则检查
Back Annotate	反向编号	Details	详细信息
Beziers	贝塞尔曲线	Dimension	尺寸标注
Bills Of Materials	元件清单	Directives	标识符
Board Information	电路板信息	Distribute Horizontally	水平平均分布
Border	边界	Distribute Vertically	垂直平均分布
Browse Library	浏览元件库	Drag	拖动
Bus	总线	Drag Selection	拖动选中部分
Bus Entry	总线入口	Drag Track End	拖动连线端点
Cascade	级联	Drawing Tools	绘图工具栏
Center Horizontal	水平中心对齐	Electrical Grid	电气栅格
Center Vertical	垂直中心对齐	Ellipses	椭圆

续表

英文菜单名	对应中文菜单名	英文菜单名	对应中文菜单名
Elliptical Arc	椭圆弧	Page Setup	页面设置
ERC	电气规则检查	Part	子元件
Exit	退出	Paste	粘贴
Export	导出	Paste Array	阵列粘贴
Export To Spread	导出到电子表格	Paste Component	粘贴元件
File	文件	Pause	暂停
Find Text	查找文本	PCB Layout	PCB 布线
Find Next	查找下一个	Pin	端子
Fit All Objects	适合全部实体	PLD	可编程逻辑器件
Fit Document	适合文档	Polygon Plane	多边形敷铜
Font	字体	Polygons	多边形
Format	格式	Port	端口
Help	帮助	Power Objects	电源实体
Hole	通孔	Power Port	电源端口
Import	导入	Preferences	参数设置
Import Project	导入项目	Print/Preview	打印/预览
Increment Part Number	增加元件编号	Properties	属性
Inside Area	区域内部	Re-Annotate	重新编号
Interactive Placement	交互式放置	Rectangle	矩形
Interactive Routing	交互式布线	Redo	重做
Jump	跳转	Refresh	刷新
Jump To Error Marker	跳转至错误标记	Remove Component	删除元件
Line	线条	Remove Part	删除子元件
Load Nets	载入网络表	Rename	重命名
Main Tools	主工具栏	Rename Component	重命名元件
Measure Distance	测量距离	Reset Error Markers	删除错误标记
Move	移动	Restart	重启
New Design	新建设计数据库	Round Rectangle	圆角矩形
New Part	新建子元件	Rules	规则
No ERC	忽略电气规检查	Save All	全部保存
Number	编号	Save As	另存为
Open	打开	Set Reference	设置参考点
Open Full Project	打开整个项目	Set Shove Depth	设置推挤深度
Option	选项	Setup	设置
Origin	原点	Shove	推挤
Outside Area	区域外	Show Hidden Pins	显示隐藏端子
Pad	焊盘	Signal Integrity	信号完整性

续表

英文菜单名	对应中文菜单名	英文菜单名	对应中文菜单名
Snap Grid	捕捉栅格	Toggle Units	单位切换
Status Bar	状态栏	Undo	撤销
Stop Auto Placer	停止自动布局	Un-Route	撤销布线
String	字符串	Update	更新
Teardrop	泪滴	Update Schematics	更新原理图
Text Frame	文本框	Via	过孔
Tile	平铺	View	视图
Tile Horizontally	水平平铺	Visible Grid	可视化栅格
Tile Vertically	垂直平铺	Wire	导线

附录 2　印制电路板常用英文词汇中文意义

缩　写	英文全写	中文意义
AF	Adhesive Faec	胶黏剂面
AI	Auto Insertion	自动插件
AOI	Automatic Optical Inspection	自动光学检查
ATE	Automatic Test Equipment	自动测试
ATM	Atmosphere	气压
B. M	Base Material	基材
BAP	Break Away Planel	可断拼板
BB	Bare Board	裸板
BEW	Battery Electro Welder	电池电极焊接机
BFS	Base Film Surface	基膜面
BGA	Ball Grid Array	球形矩阵封装
BL	Bonding Layer	粘接层
BM	Basis Materia	基体材料
BP	Back Plane	背板
BD	Briding	桥接
BUM	Build Up Mulitlayer printed board	积层多层印制板
BUPB	Build Up Printed Board	积层印制板
CBCCL	Ceramics Base Copper Clad Laminates	陶瓷基覆铜箔板
CBGA	Ceramic bga	陶瓷球形矩阵封装
CCD	Charge Coupled Device	监视连接组件
CCL	Copper Clad Laminate	覆铜箔层压板
CCS	Copper Clad Surface	铜箔面

续表

缩　写	英文全写	中文意义
CF	Compact Flash Memory Card	MP3、PDA 数字相机记忆卡
CL	Cover Layer	覆盖层
CLCC	Ceramic Leadless Chip Carrier	陶瓷端子
CM	Core Material	内层芯板
COB	Chip On Board	芯片直接贴附在电路板上
CP	Conductive Pattern	导电图形
CPL	Composite Laminate	复合层压板
CSB	Ceramic Substrate Printed Board	陶瓷印制板
CSP	Cut to Size Panel	剪切板
CSP	Chip Scale Package	芯片尺寸包装
CTE	Coefficient of Thermal Expansion	热膨胀系数
CTL	Conductor Trace Line	导线
CWD	Cross Wise Direction	横向
DB	Daughter Board	子板
DD	Dataplay Disk	微型光盘
DIM	Depaneling Machine	电路板切割机
DIP	Dual In Line Package	双列直插封装
DOE	Design Of Experiment	实验计划法
DSB	Double Sided printed Board	双面印制板
EBC	Edge Board Contact	板边插头
EGS	Epoxy Glass Substrate	环氧玻璃基板
EMS		专业电子制造服务
Epoxide FFCCL	Epoxide synthetic Fiber Fabric Copper Clad Laminates	环氧合成纤维布覆铜箔板
Epoxide CCL	Epoxide cellulose paper Copper Clad Laminates	环氧纸质覆铜箔板
Epoxide FCCL	Epoxide woven glass Fabric Copper Clad Laminates	环氧玻璃布基覆铜箔板
EPPB	Electroconductive Paste Printed Board	导电胶印制板
FC	Flush Conductor	齐平导线
FFC	Flexible Flat Cable	挠性扁平电缆
FLUX		助焊剂
FPT	Fine Pitch Technolo	微间距技术
GRID		网格
HC	Hybrid Circuit	混合电路
IA	Information Appliance	信息家电产品
IC	Integrate Circuit	集成电路

续表

缩　写	英文全写	中文意义
INCH		英寸
IR	Infra Red	红外线
ISO		国际认证
ITC	Inter Connection	互连
JIS		日本工业标准
LAMINATE		层压板
LCC	Leadless Chip Carrier	集成电路插座
	Legend	字符
LGA		LGA 封装
LWD	Length Wise Direction	纵向
M. S. D. S		国际物质安全资料
M. B	Mother Board	母板
	Mark	标志
MBCCL	Metal Base Copper Clad Laminate	金属基覆铜层压板
MBGA	Micro bga	微小球形矩阵封装
MCB	Molded Circuit Board	模塑电路板
MCBM	Metal Clad Bade Material	覆金属箔基材
MCCCL	Metal Core Copper Clad Laminate	金属芯覆铜箔层压板
MCM	Multi Chip Module	多层芯片模块
MELF	Metal electrode face	二极管
MLB	Mulitlayer printed board	多层印制板
MPCB	Mulitlayer Printed Circuit Board	多层印制电路板
MQFP	Metalized qfp	金属四方扁平封装
MS	Membrane Switch	薄膜开关
NCP	Non Conductive Pattern	非导电图形
NONCFC		无氟氯碳化合物
ORT		持续性寿命测试
OXIDE		氧化物
PATTERN		图形
PB	Printed Board	印制板
PBA	Printed Board Assembly	印制板装配
PBGA	Lastic Ball Grid Array	塑料球形矩阵封装
PC	Printed Circuit	印制电路
PCB	Printed Circuit Board	印制电路板
PMB	Mulitlayer prited wiring board	多层印制线路板

续表

缩　写	英文全写	中文意义
PMT		产品成熟度测试
Polyester FCCL	Ployester woven glass Fabric Copper Clad Laminates	聚酯玻璃布覆铜箔板
PTH	Plated Thru Hole	过孔
PW	Printed Wiring	印制线路
PWB	Printed Wiring Board	印制线路板
QFP	Quad Flat Package	四边扁平封装
RPB	Rigid Printed Board	刚性印制板
S. P	Support Pin	支撑柱
SIP	Single In line Package	单列直插封装
SIR	Surface Insulation Resistance	绝缘阻抗
SM	Stiffener Material	增强板材
SMC	Surface Mount Component	表面贴装组件
SMD	Surface Mount Device	表面贴装元器件
SME	Surface Mounting Equipment	表面安装设备
SMT	Surface Mount Technology	表面贴装技术
	Solder Balls	锡球
	Solder Bars	焊锡条
	Solder Mask	阻焊漆
	Solder Side	焊接面
	Solder Skips	漏焊
	Solder Splash	锡渣
	Solder Wires	焊锡线
	Solderability	焊锡性
	Soldering Iron	烙铁
S. O. P	Standard Operation Procedure	标准操作手册
SOP	Small Out Line Package	小外形封装
SOT	Small Out line Transistor	晶体管
SPS		交换式电源供应器
SPWB	Stamped Printed Wiring Board	模压印制板
SSB	Single Sided printed Board	单面印制板
SSOP	Shrink Small Outline Package	收缩型小外形封装
T. M	Taping Machine	芯片打带包装机
TAB	Tape Automaticed Bonding	带状自动结合
TFC	Thick Film Circuit	厚膜电路

续表

缩　写	英文全写	中文意义
TFCCL	Teflon Fiber glass Copper Clad Laminates	聚四氟乙烯玻璃纤维覆铜箔板
TL	Transmission Line	传输线
Touch Up		补焊
TQFP	Tape Quad Flat Package	带状四方扁平封装
TTHC	Thin Film Hybrid Circuit	薄膜混合电路
ULS	Unclad Laminate Surface	层压板面
UTL	Ultra Thin Laminate	超薄型层压板
UV	Ultraviolet	紫外线

附录 3　Protel 99 SE 常用元件库中英文对照表

7SEGDISP. lib	七段数码管库
74xx. lib	通用 74 系列数字集成电路库
BJT. lib	双极型三极管
BUFFER. lib	缓冲器库
CAMP. lib	电流放大器库
CMOS. lib	CMOS 数字集成电路库
COMPARATOR. lib	比较器库
CRYSTAL. lib	石英晶体库
DIODE. lib	二极管库
IGBT. lib	绝缘栅双极性晶体管库
JFET. lib	结型场效应晶体管
MATH. lib	具有各种数学功能的两端口元件库
MESFET. lib	砷化镓场效应晶体管库
MISC. lib	杂元件库，包括模数、数模和锁相等电路
MOSFET. lib	金属氧化物场效应管库
OPAMP. lib	运算放大器库
OPTO. lib	光耦器库
REGULATOR. lib	稳压电源库
RELAY. lib	继电器库
SCR. lib	晶闸管库
SWITCH. Lib	开关元件库
TIMER. lib	时基电路库
TRANSFORMER. Lib	变压器元件库
TRANSLINE. Lib	传输线元件库
TRIAC. lib	双向晶闸管库
TUBE. lib	电子管库
UJT. lib	单结晶体管库
Miscellaneous Devices. ddb	常用原理图常用库文件
Dallas Microprocessor. ddb	常用原理图常用库文件
Intel Databooks. ddb	常用原理图常用库文件

Protel DQS Schematic Libraries. ddbPCB
Protel DOS Schematic 4000 Cmos . Lib （40XX 系列 CMOS 管集成块元件库）
Protel DOS Schematic Analog Digital. Lib （模拟数字式集成块元件库）
Protel DOS Schematic Comparator. Lib （比较放大器元件库）
Protel DOS Shcematic Intel. Lib （INTEL 公司生产的 80 系列 CPU 集成块元件库）
Protel DOS Schematic Linear. lib （线性元件库）
Protel DOS Schemattic Memory Devices. Lib （内存存储器元件库）
Protel DOS Schematic Synertek. Lib （SY 系列集成块元件库）
Protes DOS Schematic Motorlla. Lib （摩托罗拉公司生产的元件库）
Protes DOS Schematic NEC. lib （NEC 公司生产的集成块元件库）
Protes DOS Schematic Operationel Amplifers. lib （运算放大器元件库）
Protes DOS Schematic TTL. Lib （晶体管集成块元件库 74 系列）
Protel DOS Schematic Voltage Regulator. lib （电压调整集成块元件库）
Protes DOS Schematic Zilog. Lib （齐格格公司生产的 Z80 系列 CPU 集成块元件库）

参 考 文 献

[1] 老虎工作室 王力，张伟编著．Protel 99 SE典型实例．北京：人民邮电出版社，2006.

[2] 黄智伟编著．印制电路板（PCB）设计技术与实践．北京：电子工业出版社，2009.

[3] 本书编写组编著．Protel 99 SE电路设计案例精解．北京：机械工业出版社，2010.

[4] 姜雪松，程绪建，王鹰等编著．印制电路板工程设计．北京：机械工业出版社，2010.

[5] 赵广林编著．轻松跟我学Protel 99 SE电路设计与制板．北京：机械工业出版社，2009.

[6] 高明远主编．Protel DXP电路设计与应用．北京：化学工业出版社，2010.

[7] 吉雷主编．Protel 99从入门到精通．西安：西安电子科技大学出版社，2000.

[8] 刘华东主编．电子CAD技术——Protel 99电路设计．北京：清华大学出版社，2007.

[9] 赵建领等编著．Protel 99 SE设计宝典．北京：电子工业出版社，2009.

[10] 缪晓中主编．电子CAD技术——Protel 99 SE. 北京：化学工业出版社，2009.